SpringerWienNewYork

Josef Tomasits
Paul Haber

Leistungsphysiologie

Grundlagen für Trainer, Physiotherapeuten und Masseure

Dritte, neu bearbeitete Auflage

SpringerWienNewYork

Dr. Josef Tomasits
Zentrallabor, AKH der Stadt Linz, Österreich

Ao. Univ.-Prof. Dr. Paul Haber
Klinische Abteilung für Pulmologie, Universitätsklinik für Innere Medizin IV, Wien, Österreich

© 2008 Springer-Verlag / Wien
Printed in Germany

SpringerWienNewYork ist ein Unternehmen von
Springer Science + Business Media
springer.at

Umschlagbilder: istock / Young male swimming the freestyle / Rayna Januska (links);
GettyImages / Woman running on beach, low angle view / Caroline Woodham (rechts)
Satz: Composition & Design Services, Minsk, Belarus
Druck und Bindung: Strauss GmbH, 69509 Mörlenbach, Deutschland

Gedruckt auf säurefreiem, chlorfrei gebleichtem Papier – TCF
SPIN: 12028139

Mit 49 (teils farbigen) Abbildungen

Bibliografische Information der Deutschen Bibliothek
Die Deutsche Bibliothek verzeichnet diese Publikation in der Deutschen Nationalbibliografie;
detaillierte bibliografische Daten sind im Internet über http://dnb.ddb.de abrufbar.

ISBN   978-3-211-72018-9 SpringerWienNewYork
ISBN   3-211-25221-5 2. Auflage SpringerWienNewYork

Vorwort zur 3. Auflage

Innerhalb von nur 4 Jahren ist bereits die 3. Auflage dieses Buches notwendig geworden. Das freut uns sehr und spornt uns gleichzeitig an, immer wieder neue Erkenntnisse und Verbesserungen einzuarbeiten. Wir danken für die zahlreichen Anregungen, die wir gerne angenommen und in dieser Auflage umgesetzt haben. So wurde die neue Auflage mit dem Kapitel über „Frauen betreiben Sport" ergänzt, um so auch differenzierter auf die geschlechtsspezifischen Unterschiede eingehen zu können.

Uns ist die Zeitnot in Studium und Praxis wohl bekannt, deshalb haben wir einige neue Abbildungen eingefügt, denn „ein Bild sagt oft mehr als tausend Worte". Ebenso wurden Lernziele und Textpassagen optisch hervorgehoben, um auch die Freude beim Lesen und beim Studium nicht zu kurz kommen zu lassen.

Wir wünschen uns, dass die Lektüre physiologische Fakten und Zusammenhänge verständlich macht und darüber hinaus das funktionelle Denken schult. Ein solches Denken ist nicht nur eine entscheidende Grundlage für fachgerechtes Handeln, es ist auf vielen Gebieten auch die Basis von rationalen Entscheidungen schlechthin.

Abschließend wünschen wir allen unseren Lesern viel Spaß und Erfolg beim Training, weil das Buch eine praktische Umsetzung der physiologischen Grundlagen ermöglichen soll.

Wien, im Oktober 2007

Josef Tomasits
Paul Haber

Inhaltsverzeichnis

1 Grundlagen

1.1 Woher beziehen wir Energie?

Lernziele

Pflanzen im Energiekreislauf
Assimilation
ATP-Bildung

Der Ursprung aller biologisch verwertbaren Energie sowohl im Tier- als auch im Pflanzenreich ist zunächst die Sonne (siehe Abb. 2). Allerdings kann die Strahlungsenergie direkt nur von Pflanzen genutzt werden (mit Hilfe des grünen Blattfarbstoffes Chlorophyll), jedoch nicht von Mensch und Tier. Dieser Vorgang ist als Photosynthese bekannt. Die Pflanzen speichern die Strahlungsenergie in Form von Adenosin-Tri-Phosphat (ATP).

ATP entsteht durch Bindung von insgesamt 3 Molekülen Phosphorsäure an das große Molekül Adenosin. ATP wird über die Zwischenstufen Adenosin-Mono-Phosphat (AMP) und Adenosin-Di-Phosphat (ADP) synthetisiert.

ATP ist ein chemischer Energiespeicher, ähnlich wie eine gespannte Feder ein physikalischer Energiespeicher ist. Die Energie ist in den Atombindungen gespeichert und wird auch Bindungsenergie genannt. Durch die Abspaltung von Phosphorsäure wird die gebundene Energie wieder frei und steht für die eigentlichen Lebensvorgänge wieder zur Verfügung. Diesbezüglich unterscheidet sich die Funktion des ATP nicht in pflanzlichen und tierischen Organismen.

Bei der Spaltung von ATP entstehen ADP und freie Phosphorsäure, die dann in den Chloroplasten wieder zu ATP resynthetisiert werden. Die freiwerdende Energie wird von der Pflanze genutzt, um aus dem Kohlendioxid (CO_2 aus der Luft dient als Pflanzennahrung) und Wasser (H_2O) Kohlenhydrate (Zucker, Stärke, Zellulose), Fette und – zusätzlich mit dem Stickstoff aus dem Boden und der Luft – Aminosäuren und Proteine zu synthetisieren.

Pflanzen synthetisieren verschiedene Zuckerarten, Aminosäuren und Fette. Die Speicherform der Kohlenhydrate in den Pflanzen ist die Stärke (siehe Abb. 1), die wir Menschen durch unser Verdauungsenzym Amylase (hauptsächlich aus der Bauchspeicheldrüse) verdauen können.

Pflanzen synthetisieren auch Aminosäuren, durch zusätzlichen Einbau von spezifischen Molekülgruppen, wie z.B. Aminogruppen, aber auch Fette.

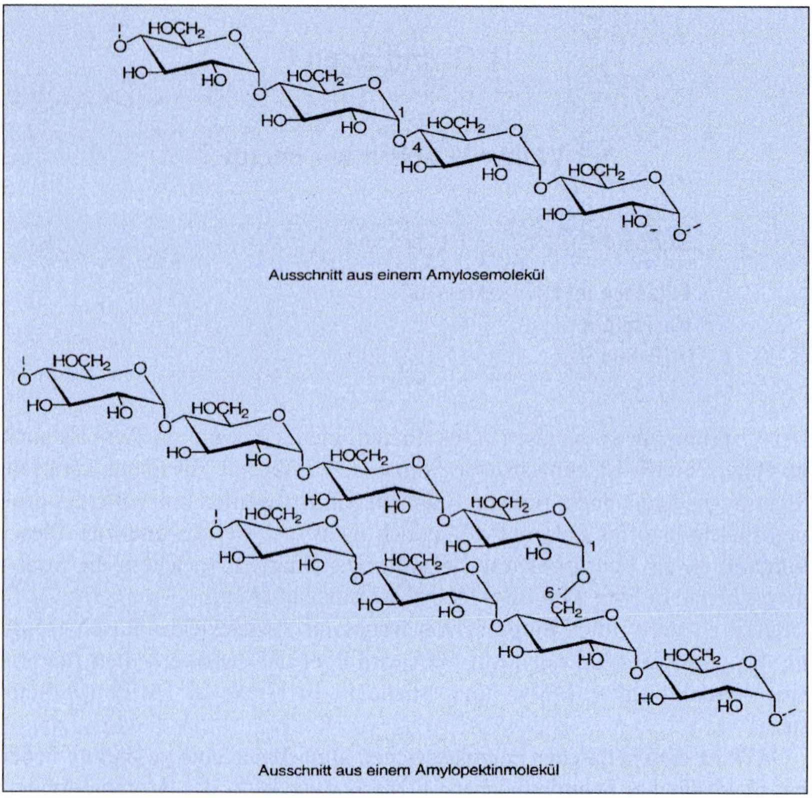

Ausschnitt aus einem Amylosemolekül

Ausschnitt aus einem Amylopektinmolekül

Abb. 1. Aufbau des Glykogens

In diesen Stoffen ist ebenfalls sehr viel Bindungsenergie gespeichert, die auf dem Umweg über die ATP-Synthese in den Chloroplasten von der Sonne stammt. Diese Vorgänge werden Assimilation genannt. Dabei wird der für die Synthese überflüssige Sauerstoff aus dem Wasser an die Luft abgegeben.

Die von den Pflanzen synthetisierten Stoffe und die darin gespeicherte Energie ist die Grundlage des Energiestoffwechsels der tierischen Organismen, also auch der Menschen. Pflanzenfresser nutzen die von den Pflanzen zur Verfügung gestellten Stoffe direkt als Nährstoffe. Dabei wird der Synthesevorgang der Pflanzen im Prinzip nur umgekehrt: die Kohlenstoffketten werden bis zu ihren Ausgangsprodukten CO_2 und Wasser oxidiert und dann an die Umgebung abgegeben. Dafür müssen tierische Organismen zur Bildung des Wassers jene Menge an Sauerstoff (O_2) aufnehmen, die zuvor von den Pflanzen abgegeben wurde. Dieser Vorgang, der chemisch eine Oxidation („Verbrennung") ist, läuft in jeder tierischen Zelle in den Mitochondrien ab und wird als Gewebsatmung bezeichnet.

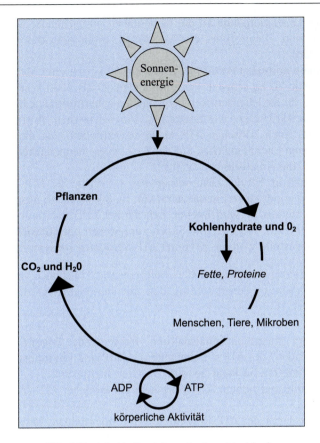

Abb. 2. Vereinfachte Darstellung des Energiekreislaufes

Die dabei freiwerdende Bindungsenergie wird auch von den tierischen Zellen zur Bildung von ATP verwendet. ATP ist dann der eigentliche universelle Energielieferant für alle nur möglichen energieumsetzenden Prozesse. So wird die aus der Umwandlung von ATP zu ADP und Phosphat freigesetzte Energie nicht nur für Muskelkontraktionen benötigt, sondern auch zur Produktion von Magensäure oder exotischen Erscheinungen wie z.B. das Leuchten von Glühwürmchenschwänzen.

1.1.1 ATP-Menge und Kreatinphosphatgehalt des Menschen

Der menschliche Organismus enthält insgesamt ca. 80 g ATP, was einer Energiemenge von maximal 2 kcal entspricht. Diese Menge kann aber keinesfalls total aufgebraucht werden, da die Aufrechterhaltung der Zellstrukturen, die Aktivität von Ionenpumpen, die Aufrechterhaltung der Körperwärme und andere vitale Lebensvorgänge an die Anwesenheit ausreichender ATP-Mengen gebunden sind. Daher führt ein ATP-Abfall unter 40% des Ruhewertes zum Zelltod!

An einem normalen Berufsalltag setzt ein 80 kg schwerer Mann ca. 2500 kcal und eine 70 kg schwere Frau etwas weniger als 2000 kcal um. Davon werden 2/3 für die lebensnotwendigen basalen Lebensvorgänge benötigt und nur 1/3 für Aktivitäten, wie Bewegung. Um bei raschem Anstieg des Energiebedarfs einen kritischen ATP-Abfall zu verhindern, hat die Zelle noch einen weiteren Energiespeicher, auf der Basis einer energiereichen Phosphatverbindung, das Kreatinphosphat (KP).

Der Gehalt an KP der Zelle beträgt das 3–5-fache der ATP-Menge und repräsentiert damit einen Energievorrat von ca. 8 kcal. Durch Abspaltung von Phosphorsäure aus KP wird Energie frei, die bei kurzdauernder Bewegung benötigt wird, z.B. Wechsel vom Sitzen zum Stehen oder Gewicht anheben. Nach der Belastung wird das KP unter ATP-Verbrauch wiederaufgebaut.

> Die Energie für die Resynthese energiereicher Phosphate stammt aus der Oxidation (= Verbrennung) der mit der Nahrung zugeführten Nährstoffe.

Die bei der Kreatinphosphatspaltung freiwerdende Energie dient der „Wiederaufladen" des ATP's. Dabei wird aus ADP und Phosphorsäure wieder ATP resynthetisiert. So kann bei einer raschen Steigerung des Energieumsatzes (Sprint) und hohem ATP-Verbrauch ein kritischer ATP-Abfall verhindert werden.

Da diese Form der ATP-Resynthese ohne unmittelbare Mitwirkung von Sauerstoff erfolgt, wird sie anaerob genannt. Zusätzlich gibt es für die ATP-Resynthese noch andere Stoffwechselvorgänge, wie der ebenfalls anaerobe Zuckerabbau (anaerobe Glykolyse), sowie die aerobe Oxidation von Glukose und Fettsäuren, deren ATP-Bildungsraten aber deutlich geringer sind.

> **Überprüfungsfragen**
>
> Wieviel ATP hat der Mensch?
> Wieviel Kreatinphosphat enthält die Zelle?
> Was ist die Aufgabe des Kreatinphosphats?
> Was bedeutet anaerob?

1.2 Welche Energiequellen werden im Muskelstoffwechsel genutzt?

Lernziele
Glykolyse
Glykolysehemmung
Pasteur-Effekt
Glykogenolyse
Brenztraubensäure, Pyruvat, Laktat
Azidose
Katecholamine
Zitronensäure
Atmungskette

Alle lebenden Zellen beziehen ihre Energie zur Aufrechterhaltung ihrer Lebensfunktionen aus den gleichen Stoffwechselvorgängen. Die Basis des Energiestoffwechsels ist der oxidative Abbau (=Verbrennung) von Kohlenhydraten und Fetten. (Der Aufbau und Erhalt der Strukturen wird durch den Baustoffwechsel bewerkstelligt, der die Hauptmenge des zugeführten Eiweißes beansprucht.)

1.2.1 Energiebereitstellung aus Glukose

1.2.1.1 Glykolyse

Die Glykolyse ist der Abbau der Glukose und dient somit der Energiebereitstellung. Üblicherweise liegt Glukose in ihrer Speicherform Glykogen im Muskel und in der Leber vor. Daher müssen zuvor einzelne Glukosemoleküle aus dem Glykogen abgespalten werden. Dieser Vorgang wird Glykogenolyse genannt.

Die Glykolyse läuft außerhalb der Mitochondrien, im Zytoplasma ab. Dabei muss ein Molekül Glukose, dessen Gerüst aus einer Kette aus 6 Kohlenstoffatomen aufgebaut ist, in 2 Moleküle mit je 3 Kohlenstoffatomen gespalten werden (siehe Abb. 1). Bei dieser Spaltung, die ohne Sauerstoffverbrauch, also anaerob abläuft, werden netto 2 Moleküle ATP pro Molekül Glukose gebildet.

Was passiert mit den Endprodukten der Glykolyse?

Das Endprodukt der Glykolyse ist die Brenztraubensäure (Pyruvat). Für das Pyruvat gibt es 3 verschiedene Verwertungsmöglichkeiten:

- Pyruvat wird nach Abspaltung von CO_2 zu aktivierter Essigsäure (Acetyl-CoA), die im weiteren Verlauf vollständig zu CO_2 und H_2O abgebaut wird.

- Pyruvat wird in Oxalessigsäure (Oxalacetat) umgewandelt. Die Oxalessigsäure spielt im Zitratzyklus eine Schlüsselrolle (s.u.).
- Pyruvat wird bei zunehmender Konzentration in Milchsäure (Laktat) umgewandelt. Wenn die Kapazität der aeroben Energiebereitstellung überfordert ist, kann das gesamte gebildete Pyruvat nicht zur Gänze oxidativ im Zitratzyklus abgebaut werden. Damit steigt die Pyruvat-Konzentration in der Muskelzelle und führt zur Laktatbildung.

Wann entsteht eigentlich Laktat?

Laktat entsteht dann, wenn mehr Pyruvat entsteht, als in den Mitochondrien oxidativ weiter verarbeitet werden kann. Ursache ist eine zu hohe Belastungsintensität und damit verstärkter Zuckerabbau. Eine weitere Ursache wäre eine zu geringe Mitochondrienmasse im aktiven Skelettmuskel. Die Hauptursache einer zu geringen Mitochondrienmasse ist niedriges Trainingsniveau; bedingt durch viel zu geringem Trainingsumfang, d.h. mangelndes Grundlagenausdauertraining. Dann diffundiert das gebildete Laktat aus der Muskelzelle ins Blut, von wo es vor allem von Herz, Niere und Leber entnommen und metabolisiert wird.

> **Die Laktatbildung setzt immer dann ein, wenn der Energiebedarf größer ist als durch oxidativen Abbau bereitgestellt werden kann. Denn dann muss Energie zusätzlich durch den anaeroben Glukoseabbau bereitgestellt werden.**

Ob bei einer bestimmten Belastung Laktat gebildet wird oder Pyruvat vollständig oxidativ verarbeitet werden kann, hängt aber primär von der verfügbaren Mitochondrienmasse ab und nicht vom Sauerstoffdruck im Muskel (dieser ist bei gesunden Menschen immer normal, auch bei intrazellulärer Azidose, d.h. Übersäuerung).

Denn auch die anaerobe Energiebereitstellung findet bei normalem Sauerstoffdruck im Muskel statt. Der Begriff „anaerob" bezieht sich nur auf die Energiebereitstellung und nicht auf eine tatsächliche Sauerstoffabwesenheit, denn die gibt es schon deshalb nicht, weil mit zunehmender Belastungsintensität die Sauerstoffaufnahme noch weiter, um etwa das Doppelte, ansteigt.

Ein steigender Blutlaktatspiegel zeigt somit, dass die Muskelzelle nicht das gesamte, in der Glykolyse gebildete Pyruvat im Zitronensäurezyklus oxidieren kann, weil die Belastung so intensiv ist, dass mehr Pyruvat gebildet wird als durch die vorhandene Mitochondrienmasse abgebaut werden kann. Der Abbau des Laktats wird durch aktive Erholung stärker gefördert als nur durch Ruhe.

Rund 75% des gebildeten Laktats werden zur Energiebereitstellung in Leber, Herz und Niere oxidativ abgebaut. Der Rest an Laktat wird in der Leber wieder zu Glukose synthetisiert (sog. Cori-Zyklus).

Wie erfolgt die Kontrolle dieser komplexen Stoffwechselprozesse?

Das Enzym Phosphorylase ist das Schlüsselenzym und reguliert sowohl die Glykolyse als auch die Glykogenolyse, d.h. den Abbau des Glykogens, der Speicherform der Glukose. Stimuliert wird die Phosphorylase durch Adrenalin und durch freies ADP, während die Substanzen des Zitratzyklus dieses Enzym hemmen.

Bei geringer und mäßiger Belastungsintensität liegt nur wenig Adrenalin vor und es wird nur wenig ADP gebildet. Dabei ist die Glykolyse blockiert, denn nur hohe Adrenalin- und ADP-Konzentrationen enthemmen die Glykoloyse.

Die Hemmung der Glykolyse durch den Zitratzyklus wird Pasteur-Effekt genannt.

(In Anlehnung an die Entdeckung von Pasteur, dass die alkoholische Gärung=anaerober Glukoseabbau=Umwandlung des Traubenzuckers in Alkohol, durch Sauerstoffzufuhr gehemmt werden kann.)

Bei zunehmender Belastungsintensität, wenn der gesamte Energieumsatz größer ist als oxidativ bereitgestellt werden kann, wird der Pasteur-Effekt, also die Glykolysehemmung, durch die zunehmende ADP- und Adrenalin-Konzentration „überwunden" und die Glykolyse hochgefahren, ohne dass die Aktivität des Zitratzyklus und der aeroben Energiegewinnung nur im geringsten beeinträchtigt wird (läuft auf „Hochtouren" weiter).

Die Stresshormone Katecholamine (Adrenalin und Noradrenalin) aus den Nebennieren fördern den Glykogenabbau in Leber und Muskel (siehe Abb. 49). Katecholamine sind im KH-Haushalt die wichtigsten Stoffwechselregulatoren und hemmen u.a. die Sekretion von Insulin. Im Fettstoffwechsel fördern sie den Fettabbau (Lipolyse).

Insbesondere bei intensiver Belastung steigen die Katecholamine rasch auf hohe Werte (Blutkonzentration um das 16–18fache des Ausgangswertes). Diese Stresshormone hemmen einerseits die Insulinsekretion aus der Bauspeicheldrüse und führen andererseits zur Glukoseproduktion in der Leber. Da die Glukoseverwertung im arbeitenden Muskel jedoch nur max. 8mal ansteigen kann, steigt der Blutzucker, weil mehr produziert; als verbraucht wird. Üblicherweise führt eine Blutzuckererhöhung immer zu einer Insulinausschüttung. Jedoch nicht bei Stress. Denn die Katecholamine hemmen die Insulinsekretion. Biochemisch bildet sich eine intensive Belastung im Blut folgendermaßen ab: hohe Stresshormone, hoher Blutzucker und nur basales Insulin (siehe Abb. 49).

Schon kurz nach Ende der intensiven Belastung sinken die Katecholamine rasch ab und damit läßt die Insulinhemmung nach. Jetzt kann der hohe Blutzucker die Insulinausschüttung stimulieren. Die Nachbelastungsphase ist biochemisch charakterisiert durch: Stresshormone stark abnehmend bis schon

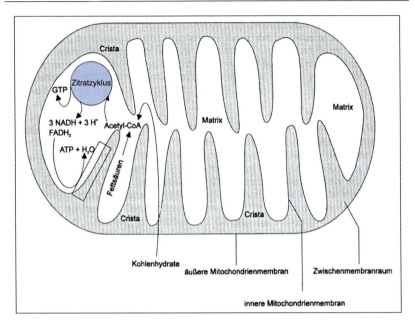

Abb. 3. In den Mitochondrien laufen Zitratzyklus und Atmungskette ab

basal, hoher Blutzucker und steigende Insulinkonzentration. Physiologisch gesehen beschleunigt diese Hormonkonstellation die Glukoseaufnahme in den Muskel und somit die Glykogenregeneration. Insulin spielt also in der Nachbelastungsphase eine wichtige Rolle!

Wie kann der Muskel bei intensiver Belastung, die produzierte Glukose oder ev. zugeführte Glukose, aufnehmen, wenn doch die Insulinausschüttung durch Katecholamine gehemmt wird? Durch Bewegung werden an der Muskelzellmembran vermehrt sog. GLUT4-Rezeptoren produziert. GLUT4 ist der Glukosetransporter der Muskelzelle und ermöglicht die Glukoseaufnahme auch ohne Insulin.

1.2.1.2 Zitronensäurezyklus

Der Zitronensäurezyklus ist die zentrale chemische Reaktion der oxidativen Energiebereitstellung, in der Zwischenprodukte des Kohlenhydrat-, Fett- und auch des Eiweißstoffwechsels oxidativ abgebaut werden. Der Abbau sowohl von Kohlenhydraten, Fettsäuren und Aminosäuren mündet zunächst in C_2-Bruchstücke, die als aktivierte Essigsäure (Acetyl-CoA) vorliegen.

Acetyl-CoA wird dann im Zitratzyklus weiter verarbeitet, wobei letztlich 2 Moleküle CO_2 und H^+ entstehen. Zum Schluss steht wieder Oxalacetat für einen weiteren Zyklus im Zitronensäurezyklus zur Verfügung.

Die Wasserstoffionen (H⁺) werden an die Atmungskette weiter gegeben, wo daraus schrittweise Wasser H_2O gebildet wird. Die benötigten Enzymsysteme des Zitratzyklus und der Atmungskette sind an den inneren Membranen der Mitochondrien lokalisiert.

1.2.1.3 Atmungskette (Oxidative Phosphorylierung)

Die eigentliche Atmung findet in den Zellen statt und zwar in den Mitochondrien. Dort werden die Nährstoffe, überwiegend Fettsäuren, Glukose und zum geringen Anteil auch Aminosäuren, unter Sauerstoffverbrauch zu CO_2 und H_2O abgebaut, was durch die Enzyme des Zitratzyklus und der Atmungskette bewerkstelligt wird.

In der Atmungskette wird dem Wasserstoff portionsweise Energie entzogen, mit der dann ATP gebildet wird (Atmungskettenphosphorylierung).

Am Ende der Atmungskette wird aus dem Wasserstoff, der in den vorausgegangenen Reaktionen den einzelnen Substraten (Glukose und Fettsäuren) entzogen wurde, mit Sauerstoff Wasser gebildet. Der mit der Atmung bei körperlicher Arbeit vermehrt aufgenommene Sauerstoff wird somit hauptsächlich erst am Ende der Atmungskette bei der aeroben Oxidation benötigt.

1.2.2 Unterschiede der anaeroben und aeroben Energiebereitstellung

Glukose hat im Stoffwechsel eine Sonderstellung, da sie sowohl aerob als auch anaerob, d.h. ohne Beteiligung von Sauerstoff, Energie bereitstellen kann. (Ausnahme sind die roten Blutkörperchen, die Erythrozyten, die keine Mitochondrien haben und Glukose nur anaerob zu Laktat abbauen können. Sie produzieren das basale Blutlaktat von bis zu 1 mmol/l.)

Die Unterschiede in der Energiebilanz von Glykolyse und weiterem oxidativen Abbau sind sehr groß. Mittels anaerober Glykolyse erfolgt eine schnelle, sauerstoffunabhängige Energiebereitstellung und die pro Zeiteinheit freigesetzte Energiemenge ist groß (auch wenn die Glykolyse insgesamt nur 2 Moleküle ATP pro Molekül Glukose liefert).

Ermöglicht wird die Glykolyse durch die im Zytoplasma der Zellen reichlich vorhandenen Enzyme. Durch die Unabhängigkeit von Sauerstoff ermöglicht die Glykolyse eine Leistung (=Energiemenge pro Zeiteinheit), die bis zu 100% über der maximalen aeroben Leistung liegt (am Ergometer bis zu 6 Watt/kg Körpergewicht, statt 3 Watt/kg KG). Diese Leistung kann aber maximal 30–40 Sekunden erbracht werden.

Bei geringerer Leistung kann die Glykolyse auch länger in Anspruch genommen werden, allerdings nur höchstens etwa 3 Minuten. Dann muss entweder wegen der hohen Laktatazidose (Übersäuerung) die Belastung abgebrochen werden oder die Glykolyse wird durch den Pasteur-Effekt herunter geregelt (und die Fortsetzung erfolgt durch oxidative Energiebereitstellung, jedoch mit deutlich geringerer Leistung).

Der Abbau der Brenztraubensäure auf aerobem Weg ist durch die Kapazität der dabei aerob wirksamen Enzyme begrenzt. Diese liegen in den Mitochondrien. Deshalb ist die Mitochondriendichte pro Zelle für die aerobe Leistung ein entscheidender Faktor. Wenn auch die Energieausbeute bei der aeroben Oxidation pro Glucosemolekül mit 38 Molekülen ATP relativ groß ist, ist die Leistung durch die Mitochondriendichte pro Zelle begrenzt.

Beim Abbau von Glukose wird für jedes verbrauchte Molekül O_2 ein Molekül CO_2 produziert. Das Verhältnis von mit der Atmung ausgeschiedenem CO_2 zu aufgenommenem O_2 (der respiratorische Quotient RQ) steigt bei ausschließlicher Glukoseverbrennung auf den Wert 1 an.

1 g Glukose ergibt bei vollständiger Verbrennung 4,5 kcal. Mit einem Liter Sauerstoff können bei ausschließlicher Glukoseverbrennung 5 kcal bereitgestellt werden. Die vollständige Verbrennung von 1 Mol Glukose (180 g) produziert 40 Mol ATP.

1.2.3 Energieversorgung mit Kohlenhydraten aus der Nahrung

Da die Pflanzenzellwände aus der für uns Menschen unverdaulichen Cellulose aufgebaut sind, muss Cellulose durch die Nahrungsmittelzubereitung, wie Mahlen oder Kochen etc. zuerst zerstört werden. Erst nach dem Mahlen des Getreides zu Mehl (für die Brot- oder Nudelherstellung etc.) bzw. Kochen von Reis oder Kartoffeln kann die Pflanzenstärke für unsere Verdauungsenzyme (Amylase) zugänglich und dadurch verdaut werden.

Bei der Verdauung werden aus der Stärke (siehe Abb. 1) einzelne Zuckermoleküle herausgelöst, die dann über die Darmzotten aufgenommen (resorbiert) werden und über den Blutweg zur Leber und den Muskeln gelangen und als Leber- oder Muskelglykogen gespeichert werden. Die unverdauliche Cellulose in der Nahrung dient als Ballaststoff der Darmmotilität.

1.2.3.1 Welche Zuckerarten gibt es?

Die Zuckernamen enden auf –ose, wie Glukose für Traubenzucker (Dextrose), Fruktose für Fruchtzucker (Lävulose), Laktose für Milchzucker, Maltose für Malzzucker. Saccharose ist unser Haushaltszucker, der aus Zuckerrüben und Zuckerrohr hergestellt wird. Saccharose ist ein Disaccharid, bestehend aus Glukose und Fructose und muss wie alle Disaccharide zuerst im Darm mittels Enzyme der Darmschleimhaut in ihre Bestandteile (2 Monosaccharide) gespalten werden, bevor sie resorbiert werden kann. Von den Körperzellen kann aber nur Glukose verarbeitet werden, daher müssen alle anderen Zuckerarten nach der Aufnahme über den Darm zuerst in der Leber in Glukose umgewandelt werden.

Tabelle 1. Größe und Bezeichnung verschiedener Zuckerarten

Anzahl der KH-Kettenglieder	Bezeichnung	Name	Nahrungsmittel
1	Einfachzucker (Monosaccharide)	Traubenzucker (Glukose, Dextrose, Fruchtzucker)	Honig, Süßwaren, Limonaden, Früchte, Fruchtzucker
2	Zweifachzucker (Disaccharide)	Rüben-, Rohrzucker, Malzzucker, Milchzucker	Haushaltszucker, Süßigkeiten, Marmelade, Malzbier, Milch
3–10	Mehrfachzucker (Oligosaccharide)	Künstliches Zuckergemisch	Energiedrinks, Kohlenhydratdrinks, Zwieback
über 10 (siehe Abb. 1)	Vielfachzucker (Polysaccharide)	Stärke, Glykogen, Zellulose	Kartoffeln, Reis, Getreide, Brot, Nudeln, Gemüse

Der Energiebedarf des Menschen sollte mindestens zur Hälfte aus Kohlenhydraten (möglichst Vielfachzucker in Brot, Kartoffeln, Reis, Mais, Früchten) gedeckt werden.

1.2.3.2 Wozu dient das Insulin und wann wird Insulin gebildet?

Die Glukoseresorption aus dem Darm wirkt gleichzeitig als Signal in der Bauspeicheldrüse (Pankreas) zur Ausschüttung des wichtigsten aufbauenden (anabolen) Hormons Insulin. Deshalb steigt Insulin parallel mit dem Blutzucker an und öffnet die „Glukosepforten" der Zellen. Die Folge ist ein Blutzuckerabfall. Bereits geringste Insulinmengen, die für den Zuckereinstrom nicht ausreichend wären, hemmen den Fettabbau (Lipolyse).

Die in die Zellen eingeschleuste Glukose kann im Energiestoffwechsel verwertet oder in Form von Glykogen in Leber und Muskelzellen gespeichert werden. Daher ist Insulin in der Nachbelastungsphase das wichtigste anabole Hormon. (Missbräuchlich als lebensgefährliches Insulindoping bekannt, da es durch den Blutzuckerabfall zur Unterzuckerung des Gehirns mit Todesfolgen gekommen ist.)

1.2.3.3 Wieviel Zucker kann der Mensch speichern?

Wegen der begrenzten KH-Speicher ist eine ausreichende KH-Zufuhr zum Erhalt eines guten „Füllungzustandes" wichtig. Der Energiegehalt aller vollen KH-Speicher zusammen macht nur etwa 2000 kcal aus. Im Vergleich dazu enthalten die Energiereserven des Depotfetts normalgewichtiger Personen mindestens 100.000 kcal. Deshalb sind fettarme und nicht KH-arme Diäten sinnvoll, weil die Fettspeicher niemals völlig entleert werden (außer in langanhaltenden extremen Notsituatuionen, wie Krieg). Die KH-Speicher reichen bestenfalls für 2 Stunden intensive Belastung aus und sind daher immer in Gefahr leer zu werden!

Bei normaler gemischter Kost enthält 1 kg Muskel bis zu 15 g Glykogen. Normalgewichtige Männer haben eine Muskelmasse von bis ca. 40% ihres Körpergewichts, Frauen bis zu 35%. Ein Mann mit 80 kg Körpergewicht hat bis zu 32 kg Muskelmasse, die bei vollem Glykogenspeicher fast 500 g Glykogen enthält. Zusätzlich sind noch fast 100 g Glykogen in der Leber gespeichert; jedoch nicht im Hungerzustand. Somit können alle Kohlenhydratspeicher, wenn sie voll sind, maximal 600 g Glykogen enthalten.

1.2.3.4 Wie werden die Zuckervorräte „angezapft"?

Die Energiebereitstellung aus Glykogen beginnt mit der Abspaltung einzelner Glukosemoleküle aus dem Glykogen (der sog. Glykogenolyse).

Dabei wird auf jedes Glukosemolekül mit Hilfe des Enzyms Phosphorylase eine Phosphatgruppe (vom ATP) übertragen, so dass die Glukose phosphoryliert, als Glukose-6-Phosphat, vorliegt. Diese „aktivierte Glukose" kann nicht mehr durch die Zellmembran transportiert werden und kann die Muskelzelle somit nicht mehr verlassen, weil ein geeignetes Transporterprotein fehlt. Es ist daher nicht möglich, dass die nicht verbrauchten Glykogenvorräte aus der nicht arbeitenden Muskulatur, über den Kreislauf, an die möglicherweise schon unter Glukosemangel leidende arbeitende Muskulatur transferiert werden!

Nur in der Leber gibt es phosphatabspaltende Enzyme (Phosphatasen), nicht jedoch im Muskel. Die Phosphatasen können die Phosphatgruppe vom Zucker wieder entfernen. Danach kann Glukose die Leberzelle wieder verlassen. Somit können die Glykogenvorräte der Leber zu Glukose abgebaut und über den Blutweg zum Hirn oder Muskel gelangen. Die Leber sichert auf diese Weise die basale Zuckerversorgung der Gehirn- und Nervenzellen (=Glukostatenwirkung).

Außerdem kann die Leber bei Belastung Glukose produzieren! Die Glukosesynthese aus Aminosäuren wird Glukoneogenese genannt. Da aber die Glukoneogenese relativ konstant ist, stellt die Glykogenolyse in der Leber den Hauptteil der Glukoseproduktion unter Belastung und ist somit die Ursache des Blutzuckeranstiegs.

1.2.3.5 Welche Auswirkung hat Zuckermangel und wie wird eine basale Hirnernährung gewährleistet?

Der Energiestoffwechsel des Zentralen Nervensystems (ZNS) ist ausschließlich auf Glukose angewiesen und benötigt täglich mindestens 100 g (ca. 5 g Glukose pro Stunde). Plötzlicher Blutzuckerabfall (Hypoglykämie) führt daher zu neurologischen Symptomen, wie verminderte Konzentration, gestörte Koordination, Schläfrigkeit. Bei weiterem Zuckerabfall kommt es zu Verwirrung, Krampfanfällen und letztendlich zum Koma.

Wenn es im Verlauf mehrstündiger Ausdauerbelastungen zu einer Erniedrigung des Blutzuckers kommen sollte, kann dies zu zerebralen Ausfallserscheinungen führen. Bei über 2 Stunden dauernden Belastungen kann der Blutzucker auf unter die Hälfte des Normalwertes abfallen. Die Folgen eines intrazellulären Glukosemangels sind Schwäche, Müdigkeit, erheblicher Leistungsabfall bis zu Leistungsabbruch und schließlich Erschöpfung.

> **Da schon in Ruhe (z.B. während des Schlafes) volle Leberglykogendepots innerhalb von 12–18 Stunden aufgebraucht werden, sollte man nie ohne Frühstück bzw. nie nach 12stündiger Nahrungskarenz trainieren!**

Um bei längerer Nachtruhe oder ohne Frühstück den normalen Blutzucker (etwa 100 mg/dl=1 g/l) zur basalen lebensnotwendigen Zuckerversorgung des ZNS sicherzustellen, bildet die Leber aus Aminosäuren Glukose (Glukoneogenese). Die Aminosäuren zur Glukosesynthese stammen aus dem Proteinabbau der Muskeln. Für die Glukoneogenese ist das Hormon Glukagon notwendig, das ebenso wie sein Gegenspieler Insulin, aus der Bauspeicheldrüse stammt. (Wegen der lebensnotwendigen Bedeutung des Glukagons zur Gewährleistung einer basalen ZNS-Versorgung ist bisher kein angeborener Glukagonmangel bekannt geworden).

Mittels Glukoneogenese kann die Leber maximal 10 g Glukose/Stunde synthetisieren. Das reicht jedoch nur für die lebensnotwendige basale Gehirnversorgung.

1.2.3.6 Wann kann es zu Zuckermangel kommen?

Bedingungen, welche zum intrazellulären Glukosemangel führen, sind daher:

- Hunger,
- kohlenhydratarme Ernährung,
- Diabetes mellitus, weil Insulinmangel zum Glukosemangel der Zellen führt,
- langdauernde Belastungen (über 2 Stunden), auch mit geringer Intensität. Trotz der Zufuhr kohlenhydrathaltiger Getränke kann es zum

Glukosemangel kommen, weil der Glukoseverbrauch dann meist größer ist, als die Zuckerzufuhr mittels Getränken.

Zusammenfassend: Die Belastungsintensität entscheidet welche, „Energiequellen" den Energiebedarf abdecken! Ab einer Belastungsintensität von über 50% $\dot{V}O_2$max dominiert zunehmend die Energiebereitstellung aus der Glukoseverbrennung! Schon unter Ruhebedingungen werden täglich etwa 3 g Glukose pro kg Körpergewicht benötigt. Davon werden bis zu 2/3 allein für die Ernährung des Gehirns und der Rest für Nieren, Leber und Muskulatur benötigt.

1.2.4 Energiebereitstellung aus Fetten

Fett ist wegen seiner hohen Energiedichte ein hervorragender Energiespeicher. Wir tragen mitunter beträchtliche Energiedepots mit uns herum. Schon normalgewichtige Menschen haben mindestens 10% der Körpermasse leicht mobilisierbares Depotfett, entsprechend einer Energiereserve von mindestens 100.000 kcal. Schon bei Schlanken würden die Fettdepots für die ausschließliche Energieversorgung über 2–3 Monate ausreichen. Dicke haben oft soviel Depotfett (100 kg = ca. 800.000 kcal), dass sie damit den Energiebedarf eines ganzen Jahres decken könnten – ohne zu essen!

Auch der Muskel enthält als Energiereserven nicht nur Kohlenhydrate (Glykogen) sondern auch Fett. Diese intramuskulären Fettspeicher sind feine Triglyceridtröpfchen mit einer Energiemenge von ca. 3.000 kcal.

Zusätzlich sind 5% der Körpermasse bei Männern und 15% bei Frauen so genanntes Baufett, das nur in extremen Hungerperioden zur Deckung des Energiebedarfs herangezogen wird und normalerweise Stützfunktionen erfüllt, wie z.B. das Nieren- oder Wangenfett oder Fett im Brustbereich.

1.2.4.1 Bei welcher Belastungsintensität ist die höchste Fettverbrennung?

Die Fettoxidation (FOX) des Depotfetts sichert den Energiebedarf in Ruhe und bei geringer Belastungsintensität. So wird bei geringen Belastungen (mit einer Intensität von 25% $\dot{V}O_2$max) nahezu der gesamte Energiebedarf durch die FOX des Depotfetts gedeckt, während bei einer Intensität von 50% $\dot{V}O_2$max die Energiebereitstellung nur noch zu etwa 50% aus der FOX stammt und zu 50% aus der KH-Oxidation.

Die FOX steigt bei Belastungen auf das 5–8fache gegenüber Ruhebedingungen. Auch wenn bei höherer Belastungsintensität die KH-Oxidation proportional höher als die FOX wird, ist jedoch die absolute FOX-Rate deutlich höher unter Ruhebedingungen. Denn der Energieumsatz bei 50% $\dot{V}O_2$max ist doppelt so hoch wie bei 25% $\dot{V}O_2$max, daher auch die FOX absolut höher.

Zusammenfassend: Die FOX ist bei Untrainierten und Trainierten bei einer Belastungsintensität von 50% $\dot{V}O_2$max am höchsten, jedoch können Trainierte eine doppelt so hohe Fettverbrennung bei dieser Intensität erreichen (0,45g FOX/min). Wenn nur Wasser als Flüssigkeitsersatz während und nach dem Training zugeführt wird, dann ist die Lipolyse auch nach dem Training bis zu 3–4 Stunden sehr hoch (sog. Nachbrenneffekt, jedoch nur, wenn nichts gegessen wird und nur Wasser getrunken wird.)

1.2.4.2 Wie erfolgt der Fettabbau?

In unseren Fettzellen, den Adipozyten, ist gespeichertes Neutralfett (Triglyzeride) enthalten (auch im Muskel als Fetttröpfchen, aber in wesentlich geringerer Menge). Der Fettabbau, die Lipolyse, beginnt in den Fettzellen, wo das Enzym Lipase 1 Molekül Fett in je 3 Fettsäuren und 1 Molekül Glyzerin spaltet. Das Glyzerin wird in die Glykolyse eingeschleust und über Pyruvat weiterverarbeitet.

Zunächst werden von den gespeicherten Triglyzeriden der Fettzellen freie Fettsäuren abgespalten. Die Fettsäuren werden anschließend über den Blutweg zur Muskulatur transportiert und können nach deren Aufnahme zur Energiebereitstellung verbrannt werden. Die Lipase, die für den Fettabbau entscheidend ist, wird schon durch geringste Insulinmengen gehemmt. Deshalb wird nach jedem Essen, insbesondere kohlenhydratreichem mit hohem glykämischen Index (siehe Kap. 16), das zu reichlicher Insulinsekretion aus der Bauchspeicheldrüse führt, die Lipolyse in den darauf folgenden 3–4 Stunden unterdrückt.

> Die Stresshormone (Katecholamine), Adreanalin (=Epinephrin) und Noradrenalin (=Norepinephrin), sind die wichtigsten lipolytisch wirksamen Hormone. Der Gegenspieler, das Insulin, hemmt die Lipolyse bereits in geringsten Mengen.

Adreanalin ist ca. 20 mal stärker lipolytisch wirksam als Noradrenalin. Schon geringe Adreanalinmengen (z.B. während des ruhigen Stehens) führen zur FOX und sichern so den basalen Energiebedarf. Leider hemmen hohe Katecholaminkonzentrationen die FOX (sog. antilipolytische Effekte), da sie über spezielle Rezeptoren an den Fettzellen wirken. Die „dicksten" Fettzellen haben die höchste Dichte dieser antilipolytischen Rezeptoren an ihrer Zelloberfläche.

Bei umfangreichem Ausdauertraining ist der Fettabbau primär durch die Abnahme der Katecholamine bedingt! Wie ist das möglich, wenn die Katecholamine die bedeutendsten lipolytischen Hormone sind? Durch die abnehmende Katecholaminkonzentration bei Ausdauersportlern kommt dann der antilipolytische Effekt der Katecholamine weniger zur Wirkung und es überwiegt der lipolytische Katecholamineffekt.

1.2.4.3 Wozu dient die Beta-Oxidation der Fettsäuren?

Die beim Fettabbau freigesetzten Fettsäuren werden anschließend in der so genannten Beta-Oxidation in Bruchstücke zu je 2 Kohlenstoffatomen zerlegt, die chemisch betrachtet Essigsäure sind. Die bei dieser Aufspaltung freiwerdende Energie wird dazu verwendet, die Essigsäure durch Verbindung mit dem Co-Enzym A zu aktivieren, d.h. chemisch besonders reaktionsfreudig zu machen (zu Acetyl-CoA).

Dieser Prozess erfordert bereits Sauerstoff, der aber nicht zur CO_2-Bildung und Energiebereitstellung beiträgt. Die Energiebereitstellung erfolgt erst, wenn Acetyl-CoA im Zitratzyklus verarbeitet wird. Dafür ist Oxalacetat erforderlich, das allerdings ausschließlich aus dem Glukoseabbau stammt. Daher können Fette ohne basalen Glukoseabbau nicht oxidativ abgebaut werden. Dies hat zum Merkspruch geführt:

Fette verbrennen im Feuer der Kohlenhydrate.

Bei der Zuckerkrankheit (Diabetes mellitus) besteht eine mangelhafte Kohlenhydratverwertung, weil ohne Insulin keine Glukose in die Zellen gelangen kann. (Daher auch die Symptome wie Müdigkeit und Gewichtsverlust.) Das kann zu einer energetisch lebensbedrohlichen Stoffwechselsituation führen. Die Zellen haben zwar genügend Fettsäuren zur Energiebildung, aber für ihren regelrechten Abbau fehlt das Oxalacetat aus dem Glukoseabbau; daher kommt es zur Bildung von sauren Ketonkörpern (u.a. am Acetongeruch der Atemluft wahrnehmbar).

Im Unterschied zum Glukoseabbau wird bei der FOX nicht für jedes über die Lunge eingeatmete Sauerstoffmolekül O_2 ein CO_2-Molekül ausgeatmet. Der Grund ist, dass ein Teil des Sauerstoffs für die nicht CO_2-bildende Beta-Oxidation selbst verbraucht wird. Dies ist erkennbar am sogenannten Respiratorischen Quotienten RQ. Der RQ ist das Verhältnis von ausgeatmetem CO_2 zu eingeatmetem O_2. Daher beträgt der RQ bei ausschließlicher Fettverbrennung 0,7. (Nur theoretisch, denn eine ausschließliche Fettverbrennung wäre ohne Glykolyse blockiert).

Durch Messung des eingeatmetem O_2 und ausgeatmetem CO_2 kann man daher einfach und schnell beurteilen, ob die Leistung primär durch Fett- oder Kohlenhydratverbrennung energetisch abgedeckt wird, bzw. durch einen Mischstoffwechsel von beiden.

Zusammenfassend: Die FOX ist bei geringer Belastungsintensität (bis zu 50% $\dot{V}O_2$max) die Hauptenergiequelle und nimmt mit zunehmender Belastungsintensität ab, auch wenn die Katecholamine zunehmen. Bei zunehmender Belastungsintensität wird die Energiebereitstellung aus dem Kohlenhydratabbau des Muskelglykogens wichtiger.

So stammt bei 50% $\dot{V}O_2$max bereits 50% des Energiebedarfs aus dem Glykogenabbau primär aus dem Muskel (und 10% aus der Leber). Der restliche Energiebedarf wird je zur Hälfte aus dem Muskeltriglyceridabbau und der Lipolyse des Depotfetts gedeckt. Bei höherer Belastungsintensität deckt der Muskel- und Leberglykogenabbau über 80% des Energiebedarfs.

1 g Fett ergibt bei vollständiger Verbrennung 9,5 kcal. Mit einem Liter Sauerstoff können bei ausschließlicher Fettverbrennung (nur theoretisch möglich) 4,7 kcal bereitgestellt werden.

1.2.5 Vergleich der Kohlenhydrate mit Fett

Fett ist mit 9,5 kcal pro Gramm ein hervorragender Energiespeicher (mehr als doppelt soviel wie Kohlenhydrate). Daher wird Fett als Energiespeicherstoff verwendet. Der Nachteil von Fett im Vergleich zu Kohlenhydraten ist die geringere Energiebereitstellung pro Liter Sauerstoff (4,7 gegenüber 5 kcal/l). Deshalb werden Belastungen mit geringer Intensität durch die FOX energetisch abgedeckt.

Wird der Sauerstoffantransport selbst aufwendig (Sauerstoffverbrauch der Herz- und Atemmuskulatur), wird auf die sauerstoffsparende Kohlenhydratverbrennung umgestellt.

> Da der wichtigste Regulator für die Auswahl der Substratoxidation die Belastungsintensität ist, entscheidet diese, welche Energiequellen „angezapft" werden.

Angezeigt wird die Umstellung von überwiegendem Fett- auf überwiegenden bis ausschließlichen Kohlenhydratstoffwechsel durch den Beginn des Laktatanstiegs im Blut. Der beginnt bei Untrainierten bei einer Belastungsintensität von 50–60% $\dot{V}O_2$max und erreicht bei höchstens 70% $\dot{V}O_2$max 4 mmol/l, was die vollständige Hemmung der Lipolyse anzeigt. Daher kann die Energie bei intensiven Belastungen nur noch über den Glukoseabbau bereitgestellt werden.

1.2.6 Wunschvorstellung „fat burning"

Die physiologischen Grundlagen werden häufig fehlinterpretiert: So sollen Belastungen mit geringer Intensität und daher dominierendem Fettabbau („fat burning") besonders wirkungsvoll zur Gewichtsreduktion beitragen. Dies ist ein Irrtum, denn nur eine langfristig negative Energiebilanz führt zur Fettreduktion. Es muss langfristig weniger Energie aufgenommen, als umgesetzt werden.

$$\text{Körpergewicht} = \frac{\text{Energieaufnahme}}{\text{Energieumsatz}}$$

Zur Gewichtsreduktion ist daher immer eine doppelte Strategie sinnvoll: den Energieumsatz durch Bewegung erhöhen und durch Ernährungsänderungen weniger Energie zuführen!

Deswegen ist die Gewichtsabnahme so schwer, weil langfristig eine negative Energiebilanz notwendig ist. Grundsätzlich ist es egal mit welcher Diät, ob fettarm, kohlenhydratarm etc., die negative Energiebilanz erreicht wird. (Fettarme Diäten ermöglichen ein höheres Energiedefizit, weil pro Gramm Fett doppelt soviel Energie enthalten ist wie in KH. Andererseits wird durch KH-Reduktion das wichtigste anabole Hormon Insulin gesenkt und damit die Lipolyse gefördert.)

Realistisch ist eine langfristige Gewichtsabnahme von 1/2 kg pro Woche! Daher muss für eine geplante Gewichtsreduktion von z.B. 10 kg verringerte Energiezufuhr über 6–12 Monate durchgehalten werden. Die hohe Abbrecherrate (Drop-out-Rate), also das vorzeitige Beenden und der sog. Yo-Yo-Effekt (siehe Kap. 16), sind die eigentlichen Probleme aller Abmagerungskuren.

1.2.7 Energiebereitstellung aus Proteinen

Die Eiweiße (Proteine) sind großmolekulare Verbindungen aus Aminosäuren und für den Baustoffwechsel zum Aufbau inkl. Reparatur notwendig. Proteine sind somit Grundbausteine aller Zellen und deren Enzyme, aber auch Bestandteile von Hormonen oder sauerstofftransportierenden Proteinen wie dem Hämoglobin u.v.a. Obwohl Proteine auch zur Energiebereitstellung genutzt werden können, sind sie jedoch nicht die primäre Wahl bei Energiebedarf.

Von den 20 für Wachstum und im Stoffwechsel wichtigen Aminosäuren können wir Menschen 12 Aminosäuren selbst synthetisieren und müssen 8 zuführen, die unentbehrlichen (essentiellen) Aminosäuren. Ein Mangel an essentiellen Aminosäuren beeinträchtigt Wachstum, Reparatur bzw. Erhalt des Gewebes.

Ein wichtiges Qualitätskriterium des Nahrungseiweißes ist die Aminosäurenzusammensetzung, also die biologische Wertigkeit. Sie gibt an, wie viel Gramm Körpereiweiß durch 100 g resorbiertes Nahrungseiweiß ersetzt bzw. gebildet werden können.

1.2.7.1 Unterschied tierisches und pflanzliches Eiweiß

Tierisches Eiweiß enthält im Vergleich zum pflanzlichen mehr essentielle Aminosäuren. Für die menschliche Nahrung sind 20 Aminosäuren relevant, davon 8 essentielle und 12 nicht essentielle Aminosäuren. Heute gruppiert man die ca. 20 proteinogenen Aminosäuren in entbehrliche, bedingt entbehrliche, sowie nicht-entbehrliche Aminosäuren. Manche, früher als nicht-essentiell bezeichnete Aminosäuren, wie z.B. Cystein, stehen unter bestimmten Bedingungen (Wachstum, Krankheit) trotz körpereigener Synthese nicht in ausreichendem Maße zur Verfügung und müssen von außen ergänzt werden. Sie sind somit nur bedingt entbehrlich.

1.2.7.2 Eiweißverdauung

Die aufgenommenen Nahrungsproteine werden durch die Verdauungsenzyme des Magens, Pankreas und Darms zunächst in ihre Aminosäuren gespalten, resorbiert und stehen dann primär für die Synthese körpereigener Proteine in der Leber zur Verfügung. Diese Proteine werden zum Aufbau der körpereigenen Strukturen verwendet, wobei etwa 30–50% des Proteinumsatzes durch die Muskulatur bedingt sind.

Die Aufnahme und Verdauung von Nährstoffen benötigt zusätzlich Energie und wird als spezifisch dynamische Wirkung bezeichnet. Bei der Aufnahme von Kohlenhydraten und Fetten fällt die spezifisch dynamische Wirkung kaum ins Gewicht, so dass aus 100 kcal zugeführter Nahrungsenergie etwa 95 kcal aufgenommen werden. Für die Proteinverdauung wird aber fast 1/3 der zugeführten Energie als spezifisch dynamische Wirkung benötigt, deshalb sind von 100 kcal zugeführter Energie bei Eiweißernährung nur 70 kcal verfügbar.

1.2.7.3 Eiweißbedarf

Alle körpereigenen Strukturen werden ununterbrochen abgebaut und bleiben nur deshalb in gleicher Form erhalten, weil ein ebenso ununterbrochener und gleich schneller Aufbau stattfindet. Dieser ist aber nur bei einer Mindesteiweißzufuhr möglich. Jedes Gewebe hat eine unterschiedliche Umsatzgeschwindigkeit.

Die mittlere Halbwertszeit des Eiweißumsatzes in der Leber beträgt etwa 7 Tage, die im Muskel fast 14 Tage. Nach ungefähr 5 Halbwertszeiten, also nach ca. 8 Wochen besteht der Muskel somit aus neuem Protein. Übrigens ist man nach etwa 7 Jahren ein „völlig neuer Mensch", da nach dieser Zeit alle Gewebe erneuert sind.

Die mit der Nahrung aufgenommenen Proteine werden ausschließlich für die Synthese körpereigener Proteine verwendet. Im Energiestoffwechsel werden nur jene Aminosäuren verwertet, die bei diesem beständigen Abbau körpereigener Proteine als „Abfallprodukt" anfallen. Daher ist die Energiebereitstellung aus Proteinen gering und die aus dem Proteinabbau stammende Energie am Tagesumsatz beträgt 10–12%.

Nur unter Extrembedingungen (Hungerstoffwechsel, Proteindiät oder Belastungen über 2–3 Stunden) wird nach Aufbrauch der letzten Glykogenreserven zur Aufrechterhaltung eines konstanten Blutzuckers in der Leber Glukose synthetisiert. Für die Glukoneogenese stammen die Aminosäuren aus dem Muskelproteinabbau. Deshalb sollte man zur Vorbeugung eines Muskelabbaus nicht mit leeren KH-Speichern trainieren.

Zu einem gewissen Grad kann daher die Muskulatur als Reservespeicher für Eiweiß angesehen werden, welches zwar Teil der Organstruktur ist, im katabolen Zustand (z.B. im Hungerzustand) aber zur Deckung des Eiweißminimums abgebaut werden kann. Darüber hinausgehende Depots oder Reserven an Aminosäuren bzw. Eiweiß gibt es nicht, deshalb müssen angemessene Eiweißmengen mit der Nahrung zugeführt werden, um den laufenden Umsatz abzudecken.

Die Weltgesundheitsorganisation WHO empfiehlt für Erwachsene ohne zusätzliche körperliche Aktivität eine Mindest-Eiweißaufnahme von 0,8 g/kg Körpergewicht pro Tag. (Dieser Wert wurde errechnet aus dem Mindestbedarf von 0,35 g/kg KG plus 30% für unterschiedliche physiologische Belastungen, das sind dann 0,44 g/kg KG und plus 30% für unterschiedliche Bioverfügbarkeit ergibt 0,57 g/kg KG und dann wurde noch ein Zuschlag für eine durchschnittliche Wertigkeit von 70 aufgeschlagen, was zur Empfehlung von 0,8 g/kg KG geführt hat.)

Ausdauerleistungssportlern wird oft eine höhere EW-Zufuhr von 1 g EW pro kg KG oder sogar mehr empfohlen, was aber in Unkenntnis zu dem schon 30%igen Aufschlag bei der WHO-Empfehlung als „EW-Luxuskonsum" bezeichnet werden kann. Was passiert mit einer zu hohen EW-Zufuhr? In unserer Wohlstandsgesellschaft wird meist zuviel Eiweiß zugeführt bei positiver Energiebilanz als Fett gespeichert und führt zu Übergewicht. Tierisches Eiweiß kann zur Harnsäureerhöhung und Gicht führen.

Beispiel: Ein 60 kg schwerer, sehr ambitionierter Freizeitsportler trainiert viel für den bevorstehenden Marathon und hat daher einen Tagesumsatz von 3000 kcal. Würde es zu einem EW-Mangel kommen, wenn er sich nur von Brot ernähren würde, das bekanntlich ca. 8 Energieprozent EW enthält?

3000 kcal×0,08=240 kcal stammen vom EW. Da 1 g EW 4,3 kcal enthält, kann man durch Division die zugeführte EW-Menge errechnen: 240 durch 4,3 ergibt ein EW-Zufuhr von 56 g EW. Nun wird noch durch das KG dividiert, um die EW-Zufuhr zu errechnen, was c.a. 1 g EW pro kg KG ergibt.

Daher brauchen nur sehr umfangreich trainierende Ausdauersportler (über 300 Stunden pro Jahr) über 1 g EW pro kg KG.

Auch Bodybuilder haben selbst in der Aufbauphase keinen höheren EW-Bedarf, als die empfohlene WHO-Mindestmenge, weil schon allen Eventualitäten Rechnung getragen wurde. Wenn man davon ausgeht, dass 1 kg fettfreie Muskelmasse aus 200–300 g Protein besteht, würde man für einen Muskelaufbau von 10 kg pro Jahr 2–3 kg EW zusätzlich benötigen, das entspricht 8 g EW pro Tag oder bei einer 80 kg schweren Person 0,1 g/kg KG. Dieser zusätzliche Bedarf wäre aber durch den oben beschriebenen Sicherheitszuschlag bereits abgedeckt! Dennoch ist wegen des hohen EW-Katabolismus eine höhere Eiweißzufuhr zweckmäßig (plus 20%).

Zusammenfassend: Bei „normaler" Ernährung kommt es weder bei umfangreichem Ausdauer-, noch bei Krafttraining zu EW-Mangel. Eine zusätzliche EW-Zufuhr ist normalerweise nicht notwendig, weil die angegebene EW-Mindestmenge von 0,8 g/kg KG bereits einen 30%igen „Sicherheitspolster" enthält. Viel wichtiger ist das „timing", d.h. die rasche KH-Zufuhr nach dem Ausdauertraining für einen schnellen Glykogenaufbau bzw. eine unmittelbare Proteinzufuhr nach dem Krafttraining, um die Muskelhypertrophie zu fördern. (Das ist auch für das Muskelaufbautraining von älteren Menschen von Bedeutung.)

Das „timing" der Substratzufuhr ist sowohl beim Ausdauer- als auch beim Krafttraining wichtig.

1.2.7.4 Anabolie, Katabolie

Grundsätzlich werden Wachstumsprozesse durch aufbauende, anabole Hormone wie Somatotropin (STH), Testosteron und Insulin gesteuert.

Katabol wirkende Hormone wie Glucocorticoide führen zum Eiweißabbau (Katabolismus) und fördern den Umbau der Aminosäuren in der Glukoneogenese zu Glukose. Der Proteinabbau erfolgt zunächst durch Aufspaltung in die einzelnen Aminosäuren. Von den Aminosäuren wird die Aminogruppe abgespalten und daraus in der Leber Harnstoff gebildet, der dann im Urin ausgeschieden wird. Der andere Rest wird oxidativ abgebaut. Bestimmte Aminosäuren (überwiegend verzweigtkettige) können bei Bedarf zu Glukose umgewandelt werden (Glukoneogenese).

Auch das EW der Mitochondrien wird innerhalb von 3 Wochen abgebaut, d.h. ca. 5% der Mitochondrien werden pro Tag umgesetzt. Je höher die Belastungsintensität, desto mehr Mitochondrien werden abgebaut, aber auch schon bei lang dauerndem, extensivem Training ist der Umsatz beträchtlich!

Bei Belastung und ausreichender Versorgung mit Nährstoffen wird der gesamte Mehrbedarf an Energie durch die Oxidation von Fetten und/oder Kohlenhydraten gewonnen, sodass die Energiebereitstellung aus Eiweiß unter

Belastung praktisch keine Rolle spielt! Nur bei einem Mangel an Kohlenhydraten werden Proteine zu einem größeren Anteil zur Energiebereitstellung herangezogen.

1 g Eiweiß ergibt bei vollständiger Verbrennung 4,3 kcal. Wegen der spezifisch dynamische Stoffwechselwirkung stehen dem Organismus aber nur ca. 3 kcal/g tatsächlich zur Verfügung. Mit einem Liter Sauerstoff werden aus Eiweiß 4,5 kcal bereitgestellt.

Überprüfungsfragen

Welche Bedeutung hat der Pasteureffekt?
Welche Enzyme sind für die KH-Verdauung notwendig?
Wie lange dauert es, bis die KH-Speicher der Leber aufgebraucht sind?
Wie lange dauert es, bis die KH-Speicher der Muskeln wieder aufgefüllt sind?
Welcher Stoffwechselweg dient der Fettsäureoxidation?
Was ist die spezifisch dynamische Wirkung der Proteine?

1.3 Was ist Ausdauer?

Lernziele

Alaktazid anaerobe Ausdauer
Laktazid anaerobe Ausdauer
Laktatazidose
Intensiv aerobe Ausdauer
Extensiv aerobe Ausdauer

Eine physiologische Definition von Ausdauer ist:

Ausdauer ist die Fähigkeit der Muskelzelle bei Belastung verbrauchtes ATP zu resynthetisieren.

Diese Definition ist die umfassendste und beinhaltet alle sonst in der Literatur verwendeten Definitionen, die meist nur einen bestimmten Teilaspekt der Ausdauer beschreiben (z.B. Ausdauer ist die Fähigkeit, mit 70% der $\dot{V}O_2$max möglichst lange zu laufen, oder, Ausdauer ist die Widerstandfähigkeit gegen Ermüdung).

ATP wird – wie in den vorangegangen Kapiteln geschildert – auf 4 verschiedene Arten synthetisiert: dabei unterscheidet man 2 aerobe und 2 anaerobe Produktionswege.

1.3.1 Anaerobe Ausdauer

1.3.1.1 Alaktazid anaerobe Ausdauer

Die Energiegrundlage ist die Spaltung von Kreatinphosphat. Mit der dabei freiwerdenden Energie wird ATP resynthetisiert. Da Kreatinphosphat eine dem ATP ähnliche chemische Verbindung ist, kann die Spaltung und Energiefreisetzung augenblicklich und mit einer dem ATP-Zerfall gleichen Geschwindigkeit erfolgen.

Kreatinphosphat ist daher die erste Energieressource, die bei Erhöhung des Energieumsatzes einspringt und damit einen kritischen ATP-Abfall verhindert. Die maximale Energiemenge, die aus dieser Ressource zur Verfügung gestellt werden kann, beträgt ca. 7 kcal. Die Kreatinphosphatspaltung erreicht praktisch augenblicklich das dem Energieumsatz entsprechende Niveau. Nach längstens 10–15 Sekunden wird sie heruntergefahren und andere ATP-liefernde Systeme übernehmen. Wird die Kreatinphosphatspaltung maximal beansprucht, dann sind Leistungen bis zu 12 Watt/kg Körpergewicht möglich.

Allerdings ist der Energiespeicher in 7 Sekunden geleert und die hohe Leistung kann nicht länger aufrechterhalten werden.

1.3.1.2 Laktazid anaerobe Ausdauer

Die Energiegrundlage bei laktazid anaeroben Belastungen ist die anaerobe Glykolyse, also der anaerobe Glukoseabbau zu Pyruvat. Sie wird stimuliert, wenn der Gesamtenergiebedarf größer ist, als durch aerobe Energiegewinnung bereitgestellt werden kann. Das hat nichts mit einem Sauerstoffmangel zu tun, sondern mit den begrenzten oxidativen Enzymen in den Mitochondrien.

Denn Sauerstoff ist im Muskel immer ausreichend vorhanden!

Wenn unter diesen Bedingungen im Muskel mehr Pyruvat produziert wird als oxidativ im Zitronensäurezyklus abgebaut werden kann, entsteht daraus Laktat. Laktat führt in den Muskelzellen und im Blut zur zunehmenden Azidose. Limitierend ist also nicht der Vorrat an Glukose, sondern die Laktatazidose.

Durch die Glykolyse können maximal 15 kcal einmal zur Verfügung gestellt werden. Dann muss wegen der Azidose die Belastung abgebrochen werden (bei einem Laktatspiegel von ca. 15 mmol/l im Blut) und es ist eine Erholungspause zum Abbau der Azidose erforderlich. Diese 15 kcal können bei maximaler Nutzung der Glykolyse in ca. 40 Sekunden umgesetzt werden.

Dabei ist eine Leistung von ca. 6 Watt/kg Körpergewicht möglich. Bei geringerer Leistung, und daher nicht so schnellem Laktatanstieg, kann die gleiche Energiemenge bis etwa 3 Minuten gestreckt werden, ist aber nur einmal nutzbar! Auch dabei kann ein Laktatspiegel von 15 mmol/l erreicht werden.

Länger als 3 Minuten kann eine Belastung mit so hoher Intensität nicht fortgesetzt werden, weil die Glykolyse heruntergefahren und wieder gehemmt wird (Pasteur-Effekt). Und zwar auf das für die Versorgung des Zitratzyklus mit Pyruvat notwendige Niveau. Das ist mit einem beträchtlichen Leistungsabfall verbunden. Der Hauptteil der Energiebereitstellung wird dann von der Oxidation übernommen.

Achtung: Nicht durcheinander bringen: Die anaerobe Energiebereitstellung ersetzt niemals die aerobe, auch nicht teilweise! Die anaerobe Energiebereitstellung wird zu der auf Hochtouren laufenden oxidativen Energiebereitstellung immer nur hinzugeschaltet.

1.3.2 Aerobe Ausdauer

1.3.2.1 Intensiv aerobe Ausdauer

Die Energiegrundlage für intensiv aerobe Belastungen ist der ausschließlich oxidative Glukoseabbau. Bei Belastungsintensitäten über 65% der $\dot{V}O_2$max wird hauptsächlich Glukose oxidativ abgebaut, weil dabei die Energiebilanz pro Liter Sauerstoff um 6,4% günstiger ist als bei der FOX. Die verfügbare Energiemenge hängt vom Glykogenvorrat der Arbeitsmuskulatur ab und beträgt rund 1000 kcal (für maximal 60–90 Minuten intensiv aerob dauernde Ausdauer). Wird dieser Vorrat aufgebraucht, dann muss überwiegend auf FOX umgestellt werden, was aber mit einem Leistungsverlust verbunden ist.

Die maximale Leistung entspricht der auch ergometrisch messbaren $\dot{V}O_2$max. Die $\dot{V}O_2$max beträgt bei Männern 40–45 ml pro kg Körpergewicht entsprechend einer Leistung von 3 Watt/kg Körpergewicht; bei Frauen ca. 20% weniger. Die intensive aerobe Ausdauer ist hauptsächlich durch die Enzymmasse der Mitochondrien limitiert. Diese maximale Leistung steht weder für sportliche noch für andere Belastungen tatsächlich zur Verfügung, weil sie nur zum Zeitpunkt des erschöpfungsbedingten Leistungsabbruchs gemessen wird.

Für länger dauernde Belastungen kann nur ein bestimmter Prozentsatz der $\dot{V}O_2$max genutzt werden.

Dieser Prozentsatz nimmt mit Dauer der Belastung systematisch ab. Bei langer Belastungsdauer (über 60 Minuten) wird der Prozentsatz so gering, dass die Bedingungen für die Nutzung der intensiven aeroben Ausdauer nicht mehr gegeben sind. Die Energiebereitstellung erfolgt dann mittels extensiver Ausdauer.

1.3.2.2 Extensiv aerobe Ausdauer

Die Energiegrundlage ist der oxidative Abbau von Fettsäuren und Glukose in unterschiedlichem Verhältnis. Im Ruhezustand verbrennt die Muskulatur ca. 80% Fett und 20% Glukose. Mit zunehmender Intensität nimmt der Fettanteil ab, bis bei mehr als 60%–70% der $\dot{V}O_2$max bzw. ab einem Laktatspiegel von 4 mmol/l die FOX blockiert wird, und daher nur noch Glukose abgebaut werden kann (Übergang zur intensiv aeroben Ausdauer). Obwohl der Vorrat an Fett für viele Tage reichen würde, ist er für sportliche Leistungen nach Aufbrauch der Kohlenhydrate nicht mehr nutzbar. Bei geringen langdauernden Belastungen (z.B. Arbeitsschichten) kann der Minimalbedarf an Kohlenhydraten durch die Glukoneogenese aus Aminosäuren gedeckt werden.

Die mit extensiver aerober Ausdauer maximal mögliche Leistung entspricht 60% der $\dot{V}O_2$max; etwa 1,5 Watt/kg Körpergewicht. Bei Untrainierten reichen die Kohlenhydratspeicher ohne zusätzliche Kohlenhydrataufnahme bis zu einer Belastungsdauer von 1 Stunde. Dann sind auch bei extensiver Belastung die Kohlenhydratvorräte großteils erschöpft. Hochtrainierte Ausdauersportler können im Wettkampf nach entsprechender ernährungsmäßiger Vorbereitung (Kohlenhydratladen) bis zu etwa 2 Stunden mit extensiver aerober Ausdauer ohne zusätzliche Kohlenhydrataufnahme „unterwegs" sein.

Die extensive aerobe Ausdauer ist die entscheidende Ausdauerart für den langfristigen Konditionsaufbau, weil aerobes Training zur Vermehrung (Proliferation) der Kapillaren und Mitochondrien führt – aber nur in den trainierten Muskeln.

Für therapeutische Zwecke ist ausschließlich das extensive aerobe Ausdauertraining von Bedeutung! Denn mit zunehmender Intensität wird die Belastung zwar anstrengender, es entsteht eine stärkere Ermüdung und es werden längere Erholungszeiten erforderlich, aber die medizinisch wünschenswerten Effekte nehmen bei intensivem Training nicht zu.

Zusammenfassend: Die Leistungsfähigkeit nimmt von extensiv aerob nach alaktazid-anaerob zu und zwar von 1,5 auf 3 (intensiv aerob) 6 (laktazid anaerob) auf 12 Watt/kg Körpergewicht (alaktazid anaerob). Oder anders ausgedrückt: die $\dot{V}O_2$max mit 3 Watt/kg ist nur etwa 25% der maximalen Leistungsfähigkeit von 12 Watt/kg KG.

Überprüfungsfragen

Auf welche Arten kann ATP synthetisiert werden?
Welche Leistung ist durch die Kreatinphosphatspaltung möglich?
Was limitiert die laktazid anaerobe Leistung?
Was begrenzt die intensiv aerobe Leistung?
Welche Ausdauer muss für den Konditionsaufbau trainiert werden?

1.4 Muskelkraft

Lernziele
Absolutkraft
Relativkraft
Maximalkraft
Kraft und Geschwindigkeit
Kraftausdauer
Muskelfasertypen
Depolarisation
Kontraktionsformen
Synchronisation, Koordination

Die Muskelkraft ist die Fähigkeit des Muskels, Spannung zu entwickeln. Ob dabei auch Bewegung entsteht, hängt von der Größe des Widerstandes ab. Ist er kleiner als die Spannung, entsteht eine konzentrische Bewegung mit Muskelverkürzung. Ist der Widerstand größer als die Spannung, entsteht eine exzentrische Bewegung mit Verlängerung des sich kontrahierenden Muskels (z.B. beim Bergabgehen).

Viele Belastungen des täglichen Lebens erfordern sowohl konzentrische als auch exzentrische Muskelarbeit. Zum Beispiel arbeiten die Oberschenkelmuskeln für die notwendige Bremskraft beim Bergabgehen, Stiegenabwärts gehen, Niedersetzen etc. exzentrisch, bei Treppenaufwärtsgehen und beim Aufstehen aus dem Sitzen hingegen konzentrisch.

Bei unbeweglichem Widerstand entsteht eine isometrische Spannung.

1.4.1 Maximalkraft, Absolutkraft, Relativkraft

Die motorische Grundeigenschaft Kraft kann durch die Bestimmung der Maximalkraft quantifiziert werden. Die Maximalkraft ist eine Bruttogröße, welche die Krafteigenschaft des Muskels in einer ähnlichen Weise beschreibt, wie die $\dot{V}O_2$max, die Ausdauereigenschaft. Die Maximalkraft wird in Form des Einwiederholungsmaximums (EWM) gemessen. Das EWM ist jenes Gewicht in Kilogramm, das mit einer bestimmten Übung unter Aufbietung aller (physischen und psychischen) Kräfte gerade einmal bewältigt werden kann.

Die Muskelkraft hängt in erster Linie vom funktionellen Querschnitt des jeweiligen Muskels ab. Das ist der Querschnitt durch alle Muskelfasern. Zum Beispiel ist beim Bizeps der Querschnitt durch den Muskelbauch auch der funktionelle Querschnitt. Bei so genannten gefiederten Muskeln ist der funktionelle Querschnitt erheblich größer, als der durch den Muskelbauch (siehe Abb. 4).

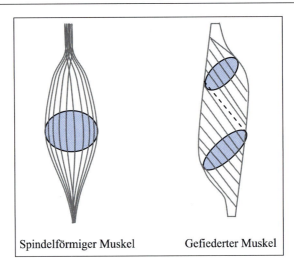

Spindelförmiger Muskel   Gefiederter Muskel

Abb. 4. Gefiederte Muskeln haben einen größeren funktionellen Querschnitt als spindelförmige

Da die Muskelmasse normalgewichtiger Männern ca. 40% der Köpermasse (Frauen ca. 30%) ausmacht (bei Gewichthebern bis zu 50%), können Menschen mit einem höheren Köpergewicht (bei vergleichbarem Trainingszustand) höhere Kräfte aufbringen. Die Abhängigkeit der Kraft vom Körpergewicht zeigt sich besonders deutlich bei Leistungssportlern, wo die Kraft mit dem Körpergewicht eine sehr enge positive Korrelation aufweist:

Schwere Individuen sind kräftiger (stärker) als leichte.

Um die Kraft verschiedener Individuen vergleichen zu können, wird aber nicht die Absolutkraft verwendet, sondern die Relativkraft, die auf das Körpergewicht bezogen wird (Relativkraft = Absolutkraft dividiert durch das Körpergewicht). Während die Absolutkraft mit dem Körpergewicht zunimmt, nimmt die Relativkraft mit zunehmendem KG ab und ist bei 60–70 kg Körpergewicht am höchsten.

So sind Kugelstoßer üblicherweise groß und schwer (aber nicht korpulent), weil hier nur die Absolutkraft entscheidend ist. Umgekehrt müssen Turner und Bergradfahrer leicht und damit klein sein, weil in allen Sportarten, wo das eigene Körpergewicht mittels eigener Kraft getragen wird, eine hohe Relativkraft entscheidend ist.

Bei allen Sportarten, bei denen die Absolutkraft entscheidend ist, muss auf die Zunahme der aktiven Körpermasse (mittels Muskelhypertrophietraining) geachtet werden. (Zur Verbesserung der Relativkraft wird von Sportlern häufig „Gewicht gemacht", indem sie kurz vor Wettkämpfen u.a. Entwässerungsmittel einnehmen, um so in einer niedrigeren Gewichtsklasse antreten zu können.)

1.4.2 Bedeutung der Muskelkraft

Trotz vermehrten Maschineneinsatzes werden die beruflichen Belastungen auch heute noch häufig durch Muskelarbeit bestimmt. Typische Beispiele sind das Heben und Tragen von Lasten im Bau- und Transportgewerbe, Land- und Forstwirtschaft, Groß- und Einzelhandel und in der Krankenpflege beim Umbetten von Patienten. In der Hauswirtschaft werden die Muskelbelastungen in falscher Einschätzung als „leichte Frauenarbeit" bezeichnet.

Unterschieden werden:

- Statische Muskelarbeit, bei der Kräfte erzeugt und abgeben werden, ohne dass es zu einer Bewegung kommt, von
- Dynamische Muskelarbeit, bei der die erzeugenden Kräfte zu einer Bewegung des Körpers oder einzelner Körperglieder führen.

Ein Beispiel statischer Muskelarbeit ist die Haltearbeit, wie z.B. das Halten von Werkzeugen oder Bauteilen, die immer eine Kombination mit Stellungs- und Haltungsarbeit ist. Stellungsarbeit sind Stehen, Sitzen oder Hocken; Haltungsarbeit z.B. die Körperhaltung am PC oder Mikroskop.

Bei der dynamischen Muskelarbeit unterscheidet man Arbeit, bei der die Muskelkräfte die Körperglieder mit geringen Massen (Finger und Hände) und die nach außen wirkenden Kräfte gering bleiben, wie z.B. beim Montieren. Bei schwerer dynamische Muskelarbeit werden Körperglieder mit großen Massen (Arme und Rumpf) bewegt und die außen wirkenden Kräfte können groß werden, wie z.B. beim Verladen von Stückgütern.

Grundsätzlich ist die Muskelbelastung umso höher:

- je größer die Körpermasse (z.B. bei übergewichtigen und fetten Menschen)
- je größer die sich bewegenden Massen von Körperteilen
- je größer die Geschwindigkeit der bewegten Massen
- je größer die Beschleunigung der bewegten Massen.

Überforderung der atrophen Muskulatur führen zu Schmerzen z.B. in Nacken, Schultern und Rücken. Die Abnahme des Muskelquerschnittes und der Muskelkraft führen zur Einschränkung der Leistungsfähigkeit und Lebensqualität, weil die fehlende „Muskelmanschette" der Gelenke den passiven Bewegungsapparat nicht mehr ausreichend stabilisieren kann. Die Folgen sind Schmerzen in den entsprechenden Bereichen, weil nun der Bandapparat zur Gelenksstabilisierung beansprucht wird. Der starke Zug auf die Bänder bei mangelndem Muskelkorsett führt zu Schmerzen an den Ansatzstellen am

Knochen z.B. Knieschmerzen, weil die Kreuzbänder bei mangelhaft entwickelter Oberschenkelmuskulatur stabilisieren müssen.

Verminderte Kraft reduziert aber nicht nur die Gelenksicherung und Stabilität, sondern auch die Standsicherheit und Mobilität, und auch die Bewegungsschnelligkeit. Eine kräftige Rumpfmuskulatur zur muskulären Verspannung (Vertauung), damit der Rumpf nicht „nur in seinen Bändern hängt", ist nicht nur im Sport notwendig. Auch im Alltag ermöglicht eine gute Rumpfstabilisierung die Entlastung der Wirbelsäule bei Belastungen und ein sicheres Ausbalancieren des Körpers. So verhindern nur kräftige beckenstellende Muskeln (Ischiokrurale und Glutaeus maximus) ein Abkippen des Beckens beim Laufen und verhindern so die Hohlkreuzbildung mit der Gefahr des Wirbelkörpergleitens.

Kräftige Muskel haben bessere Dämpfungseigenschaften, weil sie größere Kräfte aufnehmen können und sind Voraussetzung für schnelle Bewegungsabläufe (neben Sport insbesondere bei Gefahrensituationen für schnell erforderliche Ausweichbewegungen). Durch die Dämpfung wird der Knochen nicht nur vor Brüchen geschützt, sondern auch beim einfachen Sitzen. So können viele ältere Patienten vor Schmerzen kaum noch Sitzen, wenn z.B. nach langer Immobilisierung der große Gesäßmuskel (Glutaeus maximus) atrophiert ist.

Bei langem Gehen oder Laufen schützt eine gut entwickelte Beinmuskulatur vor Ermüdungsbrüchen („Marschfrakturen"). Die muskuläre Dämpfung ist sogar wesentlicher, als teure Laufschuhe, deren Materialien durch Alterung nach spätestens 2 Jahren ihre Dämpfungseigenschaften verlieren.

1.4.2.1 Folgen zu geringer Muskelkraft im Alter

Für die Aktivitäten des täglichen Lebens (ADL=Activities of Daily Living) sind Kraft und Balance wichtige Grundfähigkeiten. Menschen über 60 Jahre stellen dzt. etwa 15% der Bevölkerung, aber mehr als die 1/2 aller Unfallopfer. Am häufigsten kommen Senioren bei Stürzen zu Schaden, wobei die größten Gefahren in den eigenen vier Wänden lauern, denn 1/3 aller über 65jährigen stürzen mind. 1×pro Jahr! Mangel an Muskelkraft erschwert schon das Aufstehen aus sitzender Position oder aus Bodenlage, ganz zu schweigen von der Bewältigung alltäglicher Lasten (vom eigenen Gewicht bis zu Zusatzlasten, wie volle Einkaufstaschen).

Mitverantwortlich für die hohe Sturzhäufigkeit im Alter sind neben dem Mangel an Muskelkraft auch der im Alter vermehrt auftretende Schwindel und die Gleichgewichtsprobleme u.a. bedingt durch ZNS-Durchblutungsstörungen und/oder durch Medikamente. Daher ist neben Kraft- auch Gleichgewichtstraining sinnvoll, um mit dem im Alter häufig auftretenden Stolpern besser umgehen zu können und wieder Gangsicherheit zu gewinnen. Gleichgewichtsübungen wären u.a. das Stehen auf einem Bein bzw. auf einer beweglichen Plattform zu üben.

Denn fast 90% der Oberschenkelhalsbrüche entstehen durch Stürze; aber glücklicherweise kommt es nur in 1% aller Stürze zu Brüchen. Die Folgen sind oft lebenslange Behinderungen oder Tod und enorme Gesundheitskosten. Schon im Jahr 2000 gab es weltweit über 2 Mio Schenkelhalsbrüche, die sich voraussichtlich bis 2030 auf über 6 Mio verdreifachen werden!

Ein basaler Kraftlevel sichert im Alter den Erhalt der Unabhängigkeit von fremder Hilfe, wenn man z.B. aus dem Sessel oder aus der Badewanne steigen will. „Kraftlose" Senioren müssen oft unfreiwillig auf ihr ehemals so geliebtes Hobby verzichten, weil sie z.B. beim Skifahren nicht mehr aus dem Sessellift kommen, weil die atrophe Oberschenkelmuskulatur die notwendige Kraft zum Aufstehen nicht mehr generieren kann.

Wenn man älter wird, kommt dann irgendwann der Zeitpunkt, wo die Maximalkraft und Balance gerade noch ausreichen, um die Aktivitäten des täglichen Lebens zu meistern. Ist man an dieser Schwelle der Leistungsfähigkeit angelangt, dann genügt eine nur ganz geringe Kraftabnahme und es ändert sich das Leben mit einem Schlag: von „gerade noch in der Lage gewesen sein" zu „unfähig" und „aufgeben müssen". Die Folgen des Verlustes an Kraft werden verständlicherweise schmerzvoll erlebt. Menschen höheren Alters müssen aber viel mehr Verluste hinnehmen als jüngere. Partner, Verwandte und Bekannte sterben, manchmal sogar Kinder. Wohnraum schrumpft zusammen auf ein Zimmer, oder in Pflegeheimen gar nur mehr auf ein Bett. Zusammen mit chronischen Erkrankungen führen diese vielen Verluste verständlicherweise zu Depressionen. Wenn es gelingt einen hohen Aktivitätslevel (Leistungsfähigkeit) länger zu erhalten, unterschreitet man erst viel später die „Behinderungsschwelle". Deshalb sind gerade alte Menschen vom Krafttraining begeistert, wenn sie einmal damit begonnen haben, weil ihre Lebensqualität „fühlbar" steigt!

1.4.2.2 Altersgang der Muskelkraft

Auch bis ins hohe Alter Ausdauertrainierte haben zwar eine bessere $\dot{V}O_2$max als Untrainierte, aber nicht mehr Kraft. Denn Ausdauertraining ist kein adäquater Stimulus für Muskelhypertrophie, weder in der Jugend, noch im Alter.

Die Muskelkraft erreicht zwischen dem 20. und 30. Lebensjahr ihren Höhepunkt (bei Männern dann, wenn die BAT – bioaktive Testosteronkonzentration – am höchsten ist). Bis zum 50. Lebensjahr nimmt die Muskelkraft nur unmerklich ab. Ab dann nimmt sie mit 12–15% pro Dekade ab, wobei man über 65 schneller an Muskelkraft verliert. Bis zum 70. Lj nimmt die Skelettmuskelmasse um über 1/3 ab. Somit werden beim Mann ab dem 50. Lj fast 2 kg und bei der Frau 1 kg Muskelmasse pro Dekade abgebaut! Dies ist nicht nur eine Folge des Alterungsprozesses, sondern auch der mit zunehmendem Alter reduzierten Muskelbeanspruchung. (Möglicherweise ein sog. Teufelskreis – circulus vitiosus – denn wenn altersbedingt beim Mann die Testosteronproduktion abnimmt, fehlt auch die notwendige testosteronbedingte „Aggressivität" als Motivation für ein Krafttraining.)

Beim „alten" Muskel findet man eine Insulinresistenz. So ist die Proteinsynthese im Muskel des älteren Menschen auf das anabol wirkende Insulin wesentlich geringer, als bei jungen Individuen. (Ursache dürfte eine verminderte gefäßerweiternde Wirkung des Insulin sein und somit ein geringerer „Nährstoffstrom" zum Muskel. Die abnehmende Testosteronkonzentration im Alter verstärkt den Effekt, weil Testosteron auch gefäßerweiternd wirkt.)

Auch die Explosivkraft, also die Fähigkeit, die Kraft innerhalb eines Bruchteils einer Sekunde zu generieren, nimmt im Alter schneller ab, wegen der Atrophie weißer Muskelfasern (Typ II). Mit der Muskelmasse gehen sowohl die darauf basierenden Kraft- als auch Schnelligkeitsfähigkeiten verloren.

Die Fähigkeit der schnellen Kraftentwicklung wird im Altersgang stärker reduziert als das Maximalkraftniveau. Ab dem 65. Lebensjahr nimmt die Maximalkraft 1–2% jährlich ab. Die Explosivkraft, definiert als größter Anstieg im Kraft-Zeit-Verlauf, wird jährlich um 3–4% reduziert. Alterungsprozesse im neuromuskulären System wirken sich nicht nur auf die Kraftfähigkeiten aus, sondern auch auf das Reflexverhalten, weil auch die Nervenleitgeschwindigkeiten im Alter abnehmen. Die Folge ist, dass sich einerseits die Latenzzeiten verlängern, also jene Zeit zwischen Reizeintritt und Reizanwort, und bei Störreizen (Stolpern über Randsteinkante) unkoordinierte Reaktionen ablaufen.

Reduzierte Reflexaktivität und abnehmende Schnellkraftfähigkeit im Alter sind maßgebliche Gründe für die erhöhte Sturzgefahr im Alter. Reflexverhalten und Schnellkraftfähigkeit haben größere Bedeutung für die Sturzvermeidung als die Maximalkraftfähigkeit, weil die Zeit bis zum Erreichen der Maximalkraft zu lange ist, um einen Sturz erfolgreich zu verhindern. Somit wirkt sich in Stolpersituationen die Fähigkeit, schnell Kraft zu entwickeln effektiver auf die Vermeidung von Stürzen aus, als das Vermögen, möglichst hohe Kraftwerte zu erzielen.

(Daher werden bei der Planung sturzpräventiver Trainingsmaßnahmen, sowohl explosiv durchgeführte Kontraktionen in das Krafttraining, als auch senomotorisches Training einbezogen.)

Der Erhalt der Muskelkraft (auf Basis der Muskelmasse) bis ins hohe Alter ist somit eine wichtige Präventivmaßnahme zur Senkung des Unfallrisikos und für die Erhaltung der Unabhängigkeit. Außerdem gestalten Muskeln „knackigere" Körperformen und damit ein attraktiveres Aussehen.

1.4.3 Ziele des Krafttrainings im Sport

Grundsätzlich steigt mit steigender Maximalkraft die Kontraktionsgeschwindigkeit. Aber je nach Sportart liegt der Schwerpunkt auf Kraft oder Geschwindigkeit.

Daher ist das Krafttraining eine Voraussetzung sowohl in Sportarten, wo Kraft die dominierende Eigenschaft ist (z.B. Gewichtheben), als auch in Sportarten, wo die Geschwindigkeit die entscheidende Komponente ist (z.B. beim Sprint, aber auch im Fußball).

Neben Kraft und Geschwindigkeit ist das dritte Ziel des Krafttrainings die Verbesserung der lokalen Kraftausdauer.

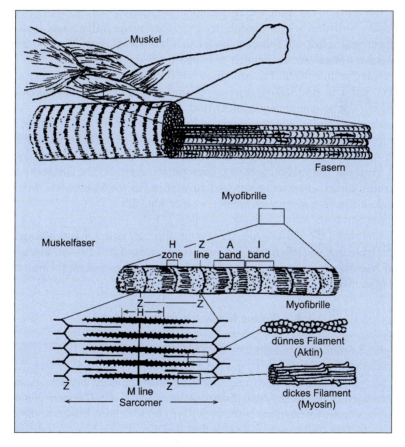

Abb. 5. Aufbau der Muskelzelle

1.4.4 Wie ist die Muskelzelle aufgebaut?

Die Skelettmuskelzellen werden auch quergestreifte Muskulatur genannt, weil sie im Mikroskop eine charakteristische Querstreifung von dunklen (A-Banden) und hellen (I-Banden) Zonen erkennen lassen (im Gegensatz zur glatten Muskulatur der Eingeweide). In der Mitte der I-Banden erkennt man dünne Querlinien, die Z-Linien (siehe Abb. 5).

Die Z-Linien begrenzen die funktionelle Einheit, das Sarkomer. Die gesamte Muskelzelle kann mehrere Zentimeter Länge erreichen. Sie besteht aus hintereinandergeschalteten, immer gleichartig aufgebauten Sarkomeren.

Die Muskelzelle ist umgeben von einer Muskelzellmembran, die für die Aufnahme des Nervenimpulses zuständig ist. Das Zellplasma heißt Sarkoplasma. Es enthält in der Nähe der Zellmembran die Mitochondrien, in denen der oxidative Stoffwechsel stattfindet. Der anaerobe Energiestoffwechsel läuft im Sarkoplasma selbst ab. Ferner befindet sich im Sarkoplasma das sarkoplasmatische Retikulum. Es handelt sich dabei um ein Röhrensystem, das das Sarkoplasma durchzieht. Das sarkoplasmatische Retikulum enthält Calciumionen, während das Sarkoplasma annähernd calciumfrei ist, was durch die Tätigkeit von Ionenpumpen erreicht wird.

Die speziellen Funktionsorgane der Muskelzelle sind die Myofibrillen, die für die aktive Verkürzung der Muskelzelle zuständig sind. Sie bestehen ihrerseits aus zwei fadenförmigen Proteinen, den Aktin- und den Myosinfilamenten. Wird die Kontraktion aktiviert, dann gleiten diese beiden Filamente aneinander vorbei, ohne selbst verkürzt zu werden (so wie Spielkarten, wenn 2 Pakete ineinander geschoben werden – siehe Abb. 6).

Das Sarkomer kann sich nur um etwa 1/3 der Ausgangslänge verkürzen und damit die Muskelzelle, als Summe aller Sarkomere. (Diesen Vorgang kann man sich vorstellen wie das Tauziehen, wenn durch Fassen, Loslassen und Nachfassen die gegnerische Mannschaft herangezogen wird – nur dass die Myosinköpfe 50x pro Sekunde in Aktion treten!)

1.4.5 Welche Muskelfasertypen gibt es?

Es gibt 2 Arten von Muskelfasern, die FT- und ST-Fasern (fast twitch = schell zuckend und slow-twitch = langsam zuckend). Die weißen Muskelfasern sind FT-Fasern und werden auch noch als Typ II-Muskelfasern bezeichnet; zum Unterschied zu den roten Muskelfasern, die auch Typ-I oder ST-Fasern genannt werden. Wieviel Fasern eines bestimmten Typs im jeweiligen Muskel vorliegen, ist von Mensch zu Mensch unterschiedlich und weitgehend genetisch determiniert, meist aber zur Hälfte aus Typ-I- und Typ-II-Fasern (siehe Tabelle 2).

Im geringen Unfang kann diese Faserverteilung durch körperliches Training verändert werden. So haben z.B. Sprinter, Gewichtheber und Kampf-

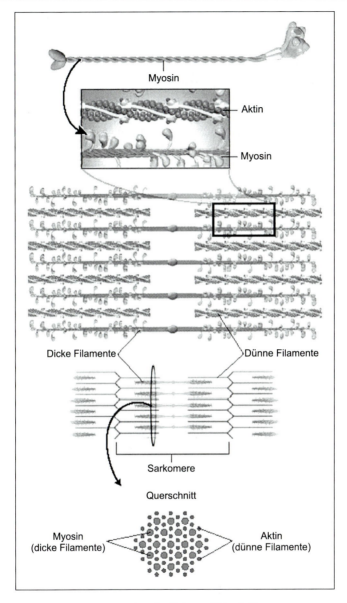

Abb. 6. Ultrastruktur der Aktin- und Myosinfilamente

sportler meist einen etwas höheren Anteil an beschleunigungsrelevanten FT-Muskelfasern, Ausdauersportler haben einen höheren Anteil an ST-Fasern in der benutzten Muskulatur. Wenn jemand über eine hohe statische Kraft verfügt, so muss er sie nicht zwangsläufig schnell entwickeln können. Je größer die zu bewegende Masse, umso wichtiger die statische Kraft. Eine Umwandlung von FT- zu ST-Muskelfasern ist durch umfangreiches Ausdauertraining möglich, jedoch konnte eine umgekehrte Umwandlung von ST- zu FT-Muskelfasern nicht nachgewiesen werden.

Die ermüdungsresistenteren ST-Fasern sind nicht nur für die statischen Haltekontraktionen entscheidend, sondern werden bei geringer Belastungsintensität immer zuerst rekrutiert bzw. treten bei kontinuierlichen Belastungen dauerhaft in Aktion. So benötigt man z.B. beim Radfahren mit hoher Trittfrequenz weniger Kraft als in höheren Gängen mit geringer Trittfrequenz. Deshalb werden bei Belastungen bis etwa 60% $\dot{V}O_2$max hauptsächlich Typ-I-Muskelfasern, die aus der FOX die Energie beziehen, und nur wenige Typ-II-Fasern rekrutiert. Erst bei höherer Belastung (über 80% $\dot{V}O_2$max) werden neben roten auch weiße Muskelfasern rekrutiert. Beim Radfahren werden

Tabelle 2. Unterschiede zwischen den einzelnen Muskelfasertypen

Merkmal	ST-Faser	FT-Faser
Andere Bezeichnung	– Slow-twitch-fibers – Langsam zuckend – Typ I-Fasern – Rote Fasern	– Fast-twitch-fibers – Schnell zuckend – Typ-II-Fasern – Weiße Fasern
Kontraktions-geschwindigkeit	Langsam	Schnell
Maximalkraft pro mm^2	Klein	Groß
Hypertrophievermögen	Kleiner	Größer
Reizschwelle	Niedrig	Hoch
Faserdurchmesser	Klein	Groß
Erholungszeitraum	Langsam	Schnell
Ausdauervermögen	Ausdauernd	Schneller ermüdend
Jeweilige höhere Werte (u.a.)	– Kapillarisierung – Mitochondrienanzahl – Enzyme des aeroben Stoffwechsels – Triglyceride	– Große Motoneurone – ATP+KP – Enzyme des anaeroben Stoffwechsels – Glykogen
Primäre Energiegewinnung	Oxidation „Stoff"+O_2 → CO_2	Anaerobe Glykolyse Glukose → Laktat
Akzentuierung im Training durch	– Mittlere Widerstände – Viele Wiederholungen – Ausdauersportarten	– Maximalkrafttraining – Wenige Wiederholung – Explosivbewegungen
Umwandelbarkeit	ST → FT nicht nachgewiesen	FT → ST möglich

also in höheren Gängen mit geringer Trittfrequenz mehr Kraft benötigt und zusätzlich Typ-II-Fasern rekrutiert.

FT-Fasern haben einen viel höheren ATP-Umsatz als Typ-I-Fasern, daher kontrahieren sie schneller und sind auch fast 10x stärker als die roten Fasern.

> **Höherer Krafteinsatz in den beanspruchten Muskelfasern führt zu raschem Glykogenabbau.**

Auch wenn weiße Muskelfasern leichter hypertrophieren, sind sie nicht so ermüdungsresistent wie die roten.

1.4.5.1 Differenziertes Krafttraining

Beim Kraftausdauertraining werden mit hoher Wiederholungszahl und geringer Belastungsintensität, vor allem die Typ-I-Muskelfasern angesprochen und kaum Typ-II-Fasern. Dabei entwickelt sich kaum eine Muskelhypertrophie.

Auf der anderen Seite werden beim Krafttraining mit maximalen Krafteinsätzen, wenn nur wenige Wiederholungen möglich sind, zusätzlich die stärkeren und schnellen Typ-II-Fasern aktiviert.

> **Der primäre Reiz, welche die Typ-II-Fasern rekrutieren, ist die Belastungsintensität und nicht die Kontraktionsgeschwindigkeit.**

Beispiel: Bodybuilder wollen primär viel Muskelmasse aufbauen und trainieren daher mit 8–15 Wiederholungen pro Satz mit langsamer Durchführung. Gewichtheber wollen möglichst viel Gewicht stemmen und trainieren daher mit nur 1–7 Wiederholungen und möglichst schneller Durchführung.

Die Kraftleistung (Power) ist das Produkt aus Masse mal Geschwindigkeit. Die höchsten Powerwerte werden mit geringen Lasten erreicht: 20 m Kugelstoß sind etwa 5200 Watt=7 PS. Im Vergleich ist das Reißen einer Hantel mit 150 kg „nur" 3000 Watt=4 PS.

Da im Alter der Muskelverlust in erster Linie durch den Abbau der FT-Fasern bedingt ist, ist daher richtig ausgeführtes Krafttraining (FAKT, siehe dort) eine geeignete Prävention.

1.4.6 Wie funktioniert die elektromechanische Koppelung?

In den Nervenzellen der motorischen Großhirnrinde entstehen Impulse zur Muskelkontraktion der quergestreiften willkürlichen Muskulatur. Über die Nervenfasern wird der elektrische Impuls weitergeleitet. Zunächst kommt der Impuls über die Nerven vom Hirn ins Rückenmark, wo er auf eine motorische

Nervenzelle übertragen wird. Die periphere motorische Nervenfaser leitet den elektrischen Impuls zu ihrer motorischen Endplatte weiter, die direkt einer Muskelzelle anliegt.

Aus der motorischen Nervenendplatte wird in den Spalt (=Synapse) zwischen Endplatte und Muskelzellmembran Acetylcholin als Überträgerstoff freigesetzt. Das Acetylcholin bewirkt an der Muskelzellmembran eine Verminderung des normalen elektrischen Ruhepotentials (Depolarisation). (Das Acetylcholin wird anschließend blitzartig durch das Enzym Acetylcholinesterase wieder abgebaut.)

1.4.6.1 Depolarisation – Ausmaß und Wirkung

Das Ausmaß der Depolarisation der Muskelzelle ist von der Menge des freigesetzten Acetylcholins abhängig, und diese wiederum von der Stärke des eintreffenden Nervenimpulses. Ist dieser Nervenimpuls schwach, dann ist auch die Menge des freigesetzten Acetylcholins gering, und damit auch die Depolarisation. Wenn die Depolarisation unter einem bestimmten Schwellenwert bleibt, ereignet sich nichts und das Acetylcholin wird abgebaut und das Ruhepotential wieder hergestellt (Repolarisation).

Überschreitet die Depolarisation jedoch den Schwellenwert, dann breitet sie sich wellenförmig nach beiden Seiten weiter aus, bis die gesamte Muskelzellmembran depolarisiert ist. Im Depolarisationszustand ist die Muskelzellmembran für einen weiteren Reiz unempfänglich (=refraktär). Ein neuerlicher Reiz kann erst nach Acetylcholinabbau und Repolarisation der Zellmembran empfangen werden, was 1–2 Tausendstelsekunden in Anspruch nimmt, die Refraktärzeit.

1.4.6.2 Calcium und Magnesium bei der Muskelkontraktion

Die Depolarisation bewirkt, dass Calciumionen aus dem sarkoplasmatischen Retikulum ins Sarkoplasma einströmen, das normalerweise fast calciumfrei ist, da Ionenpumpen das Calcium laufend aus dem Zytoplasma in das sarkoplasmatische Retikulum transportieren.

Calciumionen ermöglichen die chemische Bindung von Aktin an Myosin zu Aktomyosinkomplexen, welche die eigentliche kontraktile Form der Myofibrillen darstellen und, unter Verbrauch von ATP, die Verkürzung des Sarkomers bewirken. Die Muskelzelle bleibt also solange verkürzt, wie Calciumionen im Sarkoplasma vorhanden sind!

In Anwesenheit von Magnesiumionen hat der Aktomyosinkomplex die Eigenschaft einer ATPase, also eines ATP spaltenden Enzyms, wodurch umso mehr Energie frei wird, je mehr Aktomyosinkomplexe gebildet werden. Geregelt wird diese Reaktion von freiem Calcium.

Nach der Repolarisation der Muskelzellmembran wird die Freisetzung von Calcium gestoppt und durch Calciumionenpumpen wird das freie Calcium wieder in das sarkoplasmatische Retikulum zurück gepumpt. So wird das Sarkoplasma wieder calciumarm.

Durch den Wegfall des Calciums wird die ATPase-Wirkung blockiert, damit wird die ATP-Spaltung, die eigentliche Energiefreisetzung und dadurch die Kontraktion gestoppt. Nunmehr kann das verbrauchte ATP resynthetisiert werden.

Da ATP auch für die Lösung der chemischen Bindungen die Aktomyosinkomplexe notwendig ist, wird dies als „Weichmacherwirkung" des ATP's bezeichnet.

1.4.7 Wie arbeitet der Muskel?

Wenn die Depolarisation unterschwellig bleibt, antwortet die Muskelzelle auf einen Reiz gar nicht. Erst wenn die Depolarisation ausreichend war, kommt es zu einer vollen Kontraktion. Dieses Reaktionsverhalten der Muskelzelle folgt dem „Alles-oder-Nichts-Gesetz".

Nach ausreichender Depolarisation folgt auf eine wenige Millisekunden dauernde Latenzzeit, in der die elektromechanische Koppelung und auch die Repolarisation ablaufen, eine Kontraktion. Mit der Entfernung der Calciumionen erfolgt dann die wesentlich langsamere Erschlaffung bis zur Ausgangslänge. Kommt dann ein nächster Reiz in einem Abstand von mindestens 0,2 Sekunden (Frequenz unter 5 Hertz [Hz]), erfolgt eine nächste Zuckung in gleicher Weise.

1.4.7.1 Arbeitsweise der Muskelzelle

Erfolgt der nächste Reiz zu schnell, noch bevor das Rückpumpen der Calciumionen in das sarkoplasmatische Retikulum und damit die Erschlaffung abgeschlossen ist, dann setzt die nächste Depolarisation wieder Calciumionen frei, so dass die intrazelluläre Calciumionenkonzentration höher ist als beim ersten Reiz. Damit wird auch die gesamte Verkürzung stärker als bei der ersten Zuckung.

Kommen über die peripheren Nerven viele Reize in einer höheren Frequenz an die Muskelzelle, dann steigt das intrazelluläre Calcium noch weiter an. Letztlich bestimmt die intrazelluläre Calciumionen-Konzentration das Ausmaß der Verkürzung.

Ist die Frequenz der Impulse hoch genug (größer als 20 Hz), dann verschmelzen die Einzelzuckungen zu einer glatten, bis zu 3 Sekunden währenden Dauerkontraktion, auch Tetanus genannt. Bei zu hoher Reizfrequenz fällt der nächste Reiz in die Refraktärzeit und wird daher nicht mit einer

Depolarisation und Verkürzung beantwortet, sondern erst der übernächste. Deshalb ist das maximale Ausmaß der Verkürzung mit etwa 1/3 der Ausgangslänge begrenzt. Das tatsächliche Ausmaß der Verkürzung der einzelnen Muskelzellen hängt von der Frequenz der Nervenimpulse ab, wird somit zentralnervös geregelt.

Die tetanische Dauerkontraktion ist die normale Arbeitsweise der Skelettmuskelzelle. Die maximale Frequenz der Depolarisationen, durch die es auch zur maximalen Verkürzung kommt, ist durch die Refraktärzeit limitiert.

1.4.7.2 Kontraktionsformen des Muskels

Man kann sich eine Muskelfaser modellhaft als je ein in Serie geschaltetes kontraktiles Element vorstellen, das sich aktiv verkürzen kann und ein elastisches Element, das bei Dehnung Spannung entwickelt, ähnlich einer Spiralfeder. Bei jeder aktiven Muskelverkürzung kann sich im Prinzip sowohl die Länge, durch Verkürzung des kontraktilen Elementes ändern, als auch die Spannung durch Dehnung des elastischen Elementes.

Grundsätzlich werden 5 Kontraktionsformen unterschieden:

- isometrisch
- isotonisch
- Unterstützungszuckung
- Anschlagszuckung
- auxotonisch.

1.4.8 Was ist eine isometrische Kontraktion?

Bei unüberwindlichem Widerstand kommt es trotz Kontraktion des Muskels zu keiner Verkürzung. Die Muskellänge bleibt daher gleich lang, jedoch steigt die Muskelspannung an (=isometrisch).

Beispiele isometrischer Kontraktion sind:

- Versuch, unüberwindliche Widerstände zu überwinden,
- statische Haltearbeit, z.B. zur Sicherung der aufrechten Körperhaltung, aber auch z.B. beim Skiabfahrtslauf oder Turnen (Reck, Ringe).

1.4.9 Was versteht man unter isotonischer Kontraktion?

Die Ausgangslage der isotonischen Kontraktion ist eine an einem Ende hängende fixierte Muskelzelle, bei der am anderen Ende ein frei hängendes Gewicht angebracht ist. Dadurch besteht, schon bei Ruhelänge des kontraktilen Elementes, eine Vorspannung des elastischen Elementes. Bei der nun folgenden Verkürzung des kontraktilen Elementes ändert die Muskelfaser ihre Länge, während die Spannung gleich bleibt (=isotonische Kontraktion).

Die isotonische Kontraktion kommt in dieser „reinen" Form physiologischerweise praktisch nicht vor.

1.4.10 Die Unterstützungszuckung

Die Unterstützungszuckung ist eine Abfolge von isometrischer und isotonischer Kontraktion. Je schwerer das Gewicht ist, desto mehr Kontraktion wird benötigt, um die notwendige Spannung zu erzeugen und desto weniger bleibt für die Verkürzung und damit für die Bewegung des Gewichtes übrig. Wird das Gewicht unüberwindlich, ist nur mehr eine isometrische Kontraktion möglich.

Gewichtheben ist ein Beispiel für eine Unterstützungskontraktion: Anfangs nimmt die Muskelspannung zu, ohne dass es zur Änderung der Muskellänge kommt (=isometrische Kontraktion). Ab dem Moment, bei dem die Spannung so groß ist, dass das Gewicht angehoben werden kann, erfolgt die weitere Kontraktion bis zur maximal möglichen Verkürzung des Muskels (=isotonisch) und das Gewicht wird angehoben.

Ein anderes Beispiel wäre die Kontraktionsform des Herzmuskels als Unterstützungszuckung mit einer isometrischen Druckanstiegsphase und einer isotonischen Austreibungsphase. Auch der Kraftverlauf gegen den Widerstand des Mediums Wasser (z.B. beim Schwimmen oder Rudern) entspricht in etwa einer Unterstützungszuckung.

1.4.11 Die Anschlagszuckung

Die Anschlagszuckung ist eine Abfolge von isotonischer und isometrischer Kontraktion. Ein typisches Beispiel ist Boxen, wo der Schlag anfangs einer isotonischen Kontraktion entspricht, bis er auf ein unüberwindliches Hindernis stößt. Dann wird die Kontraktion mit isometrischer Spannungszunahme fortgesetzt.

Diese Kontraktionsform kann auch im Fußball beim Prellschlag vorkommen, wenn man bei einer Bewegung auf ein unüberwindbares Hindernis stößt. Sie ist mit einem hohen Verletzungsrisiko verbunden.

1.4.12 Was ist eine auxotonische Kontraktion?

Dabei ändern sich gleichzeitig sowohl die Muskelspannung als auch die Muskellänge. Diese Kontraktionsform tritt bei der Überwindung des Widerstandes eines Gummiseiles oder beim Bewegen von Gewichten im Schwerefeld der Erde, also bei fast allen Körperbewegungen auf.

Unter einer so genannten isokinetischen Kontraktion versteht man eine Verkürzung mit konstanter Geschwindigkeit, unabhängig vom jeweiligen

Krafteinsatz. Es ist dies keine natürlicherweise vorkommende Kontraktionsform, sondern sie ist nur mit aufwendigen Krafttrainingsmaschinen erzielbar.
Mit einer kurzen Kraftanstiegsphase und einem längerem Kraftplateau ähnelt
diese Kontraktionsform am ehesten der Unterstützungszuckung.

1.4.13 Intramuskuläre Synchronisation

Von einer motorischen Nervenzelle im Rückenmark entspringen viele motorische Nervenfasern, von denen jede mit einer motorischen Endplatte an einer
Muskelzelle endet. Wenn diese eine motorische Nervenzelle „feuert", werden
daher immer alle mit ihr über Nervenfasern verbunden Muskelzellen gleichzeitig und gleichartig erregt. Eine motorische Nervenzelle mit allen ihr zuge-
hörigen Muskelzellen nennt man „motorische Einheit".

Das Innervationsverhältnis bezeichnet die Zahl der Muskelzellen pro
Nervenzelle. Es schwankt zwischen 6 bei Muskeln, die für besonders feine
Bewegung bestimmt sind (Finger- und Augenmuskel), und mehreren tausend bei Muskeln, wo es vor allem auf Kraftentfaltung oder statische Haltearbeit ankommt (Rücken- und Gesäßmuskel).

Die tatsächliche Kraft, die ein ganzer Muskel entwickelt, wird über die
Anzahl der erregten motorischen Einheiten geregelt, die jede für sich nach
dem „Alles-oder-Nichts-Gesetz" funktioniert und das Ausmaß der Verkürzung der kontraktilen Elemente über die Frequenz der elektrischen Nervenimpulse regeln kann.

1.4.13.1 Wie kommt es zum Kraftzuwachs am Beginn des Krafttrainings?

Je mehr motorische Einheiten gleichzeitig erregt werden, desto mehr Kraft
wird entfaltet. Diese Gleichzeitigkeit der Aktivierung wird als Synchronisation
bezeichnet und das Ausmaß in Prozent angegeben. Die Synchronisation ist
eine Leistung des Zentralen Nervensystems (ZNS). Beim Maximalkrafttraining, mit nur einer möglichen Wiederholung=Einwiederholungsmaximum
EWM, kommt es daher zur Verbesserung der neuromuskulären Koordination
mit Verbesserung der Synchronisation der motorischen Einheiten (hat aber
ein hohes Verletzungsrisiko).

Diese Synchronisation ist bei Untrainierten auf ca. 35–40% limitiert.

Das bedeutet, dass bei maximaler Kraftentfaltung nur etwa 1/3 aller motorischen Einheiten gleichzeitig aktiviert werden können. Dabei ist nach ca. 2–3
Sekunden tetanischer Kontraktion (=normale Arbeitsweise der Muskelzelle)
das Kreatinphosphat einer motorischen Einheit verbraucht und sie muss abgeschaltet werden. Wird die Kontraktion aber fortgesetzt, dann werden aus

der bis dahin ruhenden Reserve an motorischen Einheiten andere eingeschaltet, die wieder bis zu ihrer Ermüdung tetanisch kontrahiert werden. Bei einer maximalen isometrischen Kraftanstrengung mit einer Synchronisation von ca. 35% sind auf diese Weise 3 Zyklen mit je 2–3 Sekunden möglich, so dass nach 6–9 Sekunden der gesamte Muskel ermüdet ist.

Das bedeutet, dass die durch Kreatinphosphatspaltung beruhende Leistung nicht mehr länger aufrechterhalten werden kann. Wird der Versuch der maximalen Kraft fortgesetzt, kommt es zu einem erheblichen Kraftabfall, da dann nur mehr die Leistung der Glykolyse zur Verfügung steht. Bei geringerer als maximaler Kraftanstrengung, d.h. weniger als maximaler Leistung, ist auch eine längere Belastungszeit als 6–9 Sekunden bis zur Erschöpfung des Kreatinphosphatdepots möglich.

In den ersten Wochen nach Beginn jedes Krafttrainings ist die Kraftzunahme vor allem durch Verbesserung der Synchronisation und nicht durch Hypertrophie bedingt. Bei Hochtrainierten kann die Synchronisation auf bis zu 90% verbessert werden.

> **Für die maximale Kraft eines Muskels ist neben dem Muskelquerschnitt das Ausmaß der Synchronisation entscheidend.**

Daher kann bei gleichen Dimensionen eines Muskels die tatsächlich verfügbare Maximalkraft sehr unterschiedlich sein.

1.4.14 Intramuskuläre Koordination

Wenn es nur um die Erzielung größtmöglicher Kraft geht, spielt die Geschwindigkeit der Rekrutierung der motorischen Einheiten, d.h. ob die maximale Synchronisation einige Zehntelsekunden früher oder später erreicht wird, keine entscheidende Rolle (z.B. bei einer Kraftübung wie Bankdrücken oder Kreuzheben).

Anders ist es, wenn es um die Erzielung einer größtmöglichen Beschleunigung geht, also die Endgeschwindigkeit der Bewegung leistungsbestimmend ist, wie z.B. bei Wurf-, Stoß- oder Sprungbewegung. Hierbei muss die maximale Synchronisation in möglichst kurzer Zeit erreicht werden, damit die maximale Kraft (zur Erinnerung: Kraft=Masse×Beschleunigung) über einen möglichst großen Teil des Bewegungsablaufes zur Verfügung steht.

> **Diese Fähigkeit zur raschen Rekrutierung und das Erreichen der maximalen Synchronisation in möglichst kurzer Zeit wird intramuskuläre Koordination genannt.**

Auch die intramuskuläre Koordination ist eine Leistung des ZNS. Bereits nach wenigen Stunden eines überschwelligen Krafttrainings verbessert sich auch die intermuskuläre Koordination, weil das Zusammenwirken mehrerer Muskeln zu sinnvollen Bewegungen verbessert wird.

Können mehr Muskeln rekrutiert werden, dann wird nicht nur mehr Kraft entwickelt, sondern es verteilt sich die Arbeit auf mehr Muskeln, was die Arbeit pro Muskelfaser deutlich reduziert! Dadurch ermüden die einzelnen Muskelfasern weniger schnell! Die Rekrutierung spielt nicht nur eine wichtige Rolle in Kraftsportarten, sondern auch im Ausdauersport. Nur so ist es möglich, dass der Marathon in 2:04 gelaufen werden kann. Je mehr Muskelfasern bei gleicher Leistung rekrutiert werden können, desto höher der MLSS (siehe Kap. 2.3.2). So kann eine bestimmte Leistung bei höherem MLSS, doppelt so lange erbracht werden, als bei niedrigerem, weil 22% mehr Muskeln rekrutiert werden. (Es dauert mind. 5 Jahre bis Sportler diese intermuskuläre Koordination in diesem Ausmaß trainiert haben, was durch ein begleitendes Krafttraining unterstützt wird.)

1.4.15 Zu welchen langfristigen Anpassungen führt Krafttraining?

1.4.15.1 Synchronisation

Durch Krafttraining erhöht sich die Muskelkraft ohne morphologische Veränderungen des Muskels, indem die Fähigkeit zur maximalen Synchronisation verbessert wird. Das ist das Ergebnis von Lernprozessen im ZNS, wenn statt maximal 40% nun über 50% aller motorischen Einheiten synchronisiert werden können.

Bei jedem Krafttraining kommt es vor allem am Beginn (in den ersten Stunden bis Wochen) zum Kraftzuwachs durch Synchronisation. Durch spezielle Formen des Krafttrainings – z.B. kurzzeitige bis eine Sekunde dauernde Belastungen mit maximaler Intensität bzw. 1–3 Wiederholungen – kann diese Fähigkeit besonders geübt und verbessert werden. Es handelt sich dabei in der Regel um die wettkampfspezifische Übung in den einschlägigen Sportarten wie Gewichtheben, Kugelstoßen oder Hochsprung.

Wird eine Teilnahme an derartigen Wettkämpfen nicht angestrebt, dann ist auch dieses spezielle Krafttraining zur Verbesserung der Synchronisation nicht sinnvoll bzw. überflüssig. Das betrifft z.B. den gesamten Fitnessbereich, Krafttraining in der Rehabilitation und auch das Krafttraining in Ausdauersportarten.

1.4.15.2 Hyperplasie

Unter Hyperplasie versteht man das Wachstum eines Organs durch Vermehrung der typischen Zellen mittels Zellteilung. Dabei nimmt die Organgröße zu, weil es mehr Zellen gibt, die sich aber größenmäßig nicht vom Ausgangszustand unterscheiden. Auch bei umfangreichem und langjährigem Krafttraining bleibt die Anzahl der Muskelzellen pro Muskel unverändert. Eine Muskelhyperplasie ist nur sehr vereinzelt bei extrem krafttrainierten Muskeln beschrieben worden.

1.4.15.3 Hypertrophie

Die Hypertrophie ist der Normalfall der Anpassung der Muskelkraft an Krafttraining. Bei einer Hypertrophie betrifft das Wachstum die einzelnen Zellen. Auch hier kommt es zu einer Größenzunahme des Organs, weil jede einzelne Zelle an Größe zunimmt, ohne dass sich die Gesamtzahl der Zellen verändert. Das Wachstum besteht in der Neubildung von zusätzlichen Myofibrillen, die sich in ihrer morphologischen und funktionellen Charakteristik nicht von den schon vorhandenen unterscheiden: „Mehr vom Gleichen".

Da jede Myofibrille gleich viel Platz einnimmt, kommt es durch das Wachstum zu einer Dickenzunahme der einzelnen Muskelzelle und daher auch des ganzen Muskels. Da 1 cm^2 des Muskelquerschnittes immer gleich viele gleichartige Myofibrillen enthält, wenn auch nicht immer gleich viele Zellquerschnitte, ist auch die mögliche Kraft pro cm^2 Muskelquerschnitt immer gleich, egal wie dick der Muskel ist und unabhängig vom Geschlecht und Alter des Individuums.

Warum empfindet man Belastungen leichter, je kräftiger man ist?

Bei Trainierten müssen für eine bestimmte Kraftentfaltung, z.B. Armbeugen mit 10 kg, weniger motorische Einheiten aktiviert werden als bei Untrainierten, weil die Muskelzellen dicker sind. Der Querschnitt aller aktivierten Muskelzellen ist in beiden Fällen gleich. Aber der Grad der erforderlichen Synchronisation und damit auch die notwendige Impulsgebung aus dem Gehirn sind bei Trainierten geringer. Deshalb wird die Bewältigung subjektiv leichter empfunden! Das ist ein wichtiger Grund, Krafttraining nicht nur im Fitnessbereich, sondern auch in der Rehabilitation einzubauen.

1.4.16 Wie lange dauert es bis die Muskel schwinden?

Bei Immobilität werden die nicht mehr benötigten Myofibrillen sehr rasch abgebaut. So wird, wenn ein Bein nach einer Verletzung ruhig gestellt ist, die Muskelatrophie der Oberschenkelmuskulatur (M. vastus medialis) bereits nach wenigen Tagen mit freiem Auge sichtbar („use it or lose it" – Prinzip des Muskels, aber auch des Knochens).

Je schneller die Kraft aufgebaut wurde, desto schneller geht sie bei Inaktivität verloren. Der „Kraftschwund" bei Untrainierten setzt bei einer Belastungsschwelle von unter 20% der Maximalkraft ein.

Nach 4 Wochen Immobilisierung ist bestenfalls noch etwas mehr als die Hälfte der Ausgangsmuskulatur vorhanden; wobei am Beginn mehr – täglich fast 4% – „verschwinden", insbesondere dann, je mehr Muskulatur vor der Immobilisierung vorhanden war.

1.4.17 Welche Auswirkungen hat Krafttraining auf den passiven Bewegungsapparat?

Stärkere Muskel übertragen höhere Kräfte auf die Knochen. Diese Krafteinwirkung ist der entscheidende Stimulus auf die Osteoblasten (knochenbildenden Zellen) und führt zur Knochenneubildung. Mit zunehmender Muskelmasse kommt es daher zur Erhöhung der Knochendichte und auch zur Verstärkung aller im Kraftübertragungsprozess beteiligten Strukturen. Hier sind die Sehnen, Bänder, Faszien, Gelenkknorpel, Faserknorpel und die Gelenkkapseln zu nennen.

Ausreichend hohe Krafttrainingsreize lösen eine Hypertrophie der belasteten Sehnen aus mit Zunahme des Sehnenquerschnitts und deutlicher Steigerung der Sehnenzugfestigkeit. Sind bei Verletzungen Sehnen oder Bänder beschädigt worden, gelingen die Regeneration und der Wiedergewinn der Zugfestigkeit schneller, wenn im Anschluss angepasste Belastungsreize (Krafttraining) gesetzt werden. Auch Faszien und Bänder reagieren entsprechend, wenn sie ausreichenden Zugbeanspruchungen ausgesetzt werden.

Auch die Dicke der Gelenkknorpelschicht korreliert mit der Größe der Belastung. Bei kleinen Gelenken wie z.B. den Fingergelenken beträgt sie ca. 1 mm und erreicht am Kniegelenk 7–8 mm. Bei Arthrosen lässt sich durch Krafttraining das Beschwerdebild erheblich verbessern, weil die Muskelstabilisierung die Bänder des Gelenks entlasten und das Krafttraining die notwendigen Aufbaureize bietet. Im Unterschied zum Muskel brauchen die Wachstumsprozesse der passiven Strukturen jedoch nicht Wochen sondern Monate bis Jahre!

Zusammenfassend: Krafttraining erhöht die Lebensqualität in allen Altersstufen und steigert die Leistungsfähigkeit.

Überprüfungsfragen

Sind spindelförmige oder gefiederte Muskel stärker?
Wie unterscheiden sich die einzeln Muskelfasertypen?
Welche Funktion haben Calcium und Magnesium im Muskel?
Was bedeutet das „Alles-oder-Nichts-Gesetz"?
Welche Kontraktionsformen gibt es?
Was ist intramuskuläre Synchronisation?
Zu welchen Adaptationen führt Krafttraining?

2 Wie reagiert der Körper auf Belastungen?

Durch Training kommt es zu verschiedenen Anpassungsvorgängen im Körper. Betroffen sind davon: die Muskulatur und insbesondere der Stoffwechsel, das Herz-Kreislauf-System und auch die Hormonaktivität.

Diese trainingsbedingten Adaptationen sollen nun alle im Detail beschrieben werden. Wegen der zentralen Stellung des Muskelstoffwechsels für die Energiebereitstellung werden zunächst die Stoffwechselvorgänge dargestellt und im Anschluss die Trainingsanpassungen des Energiestoffwechsels besprochen.

Anschließend werden die Bedeutung des Blutes und des Herz-Kreislauf-Systems für die Leistungsgenerierung geklärt und die Frage, ob und wie sich Training auf das Blut und das Herz-Kreislauf-System auswirkt. Abschießend sollen noch die Lunge in der „Organkette Lunge-Herz/Kreislauf-Muskel" und die Hormonanpassungen, vor allem die der Nebennieren, diskutiert werden.

2.1 Energieumsatz unter Belastung

Lernziele

MET
Fitness und Überleben
Energiebedarf beim Laufen und Gehen

Jede biologische Aktivität, die über die Aufrechterhaltung eines gleichförmigen Ruhezustandes hinausgeht, und insbesondere die Muskelaktivität, ist nur durch eine Steigerung des Energieumsatzes über den Grundumsatz hinaus möglich. Die Leistungsangabe kann daher in kcal/min oder ml O_2/min bzw. Watt (siehe auch Kap. 4.1) erfolgen.

Ein MET entspricht dem Grundumsatz (GU), das ist die Sauerstoffaufnahme pro Minute von 3,5 ml Sauerstoff pro kg Körpergewicht bei Männern und 3,15 ml/kg Körpergewicht bei Frauen in Ruhe. Daher ist es möglich, aus der Sauerstoffaufnahme die METs, als Maß für die Belastungsintensität zu berechnen:

$MET = \dot{V}O_2$/kg Körpergewicht/3,5 bzw. 3,1.

Mit der Angabe MET können Tätigkeitsintensitäten unabhängig von den Körpermaßen beschrieben werden. So ist z.B. leichte körperliche Arbeit mit einem Energieumsatz bis 1,5 METs und mittelschwere Arbeit mit 1,5–3 METs definiert (siehe Abb. 7). Mit METs kann man auch die maximale Leis-

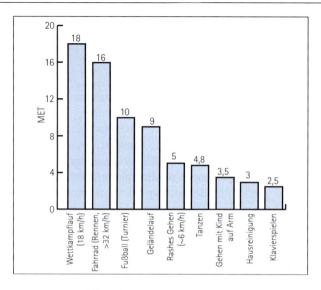

Abb. 7. Energieumsatz im Vergleich

tungsfähigkeit unabhängig von Körpermaßen beschreiben. Sie beträgt im Normalfall bei Männern 12 METs (=42 ml O_2/kg/min), bei Frauen 10–11 METs, d.h. der aerobe Energieumsatz kann im äußersten Fall um das 12-fache seines Grundumsatzes steigen. Weltklasseathleten können nach langjährigem, umfangreichem Training bis zu 25 METs, das Doppelte des untrainierten Normalzustandes, erreichen (gilt sinngemäß auch für Frauen).

Umgekehrt sinkt nach langfristiger Immobilisierung die maximale Leistungsfähigkeit rasch ab. Unter 5 MET tritt Atemnot schon bei geringen Belastungen auf (siehe Abb. 8).

Die maximale Sauerstoffaufnahme $\dot{V}O_2$max (angegeben als Liter pro Minute oder als METs) ist der stärkste einzelne Vorhersagewert für die Sterblichkeit bei Gesunden und Kranken (Fitte leben länger!).

Bei Muskeltätigkeit bleiben Energiebedarf und Durchblutung des Gehirns etwa gleich. Andere Organsysteme, z.B. Verdauungstrakt, werden gedrosselt, sodass praktisch der gesamte Mehraufwand an Energie und damit über 80% der Durchblutung auf die Muskulatur, inklusive Herz- und Atemmuskulatur, entfällt. Deshalb ist der RQ unter Belastung mit dem der arbeitenden Muskulatur ident!

Da die Aufrechterhaltung einer ausreichenden ATP-Konzentration in der Zelle von mindestens 40% des Ruhewertes von vitaler Bedeutung ist und bei Unterschreiten dieses Wertes eine Aufrechterhaltung des Membranpotentials und anderer vitaler Funktionen nicht mehr gewährleistet ist, wird die ATP-Konzentration durch mehrere, gestaffelte Erzeugungssysteme geschützt.

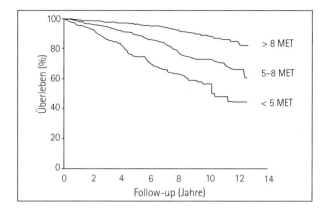

Abb. 8. Die Wahrscheinlichkeit des Überlebens korreliert mit der $\dot{V}O_2$max. Je niedriger die $\dot{V}O_2$max, hier angegeben in METs, desto geringer ist die Wahrscheinlichkeit alt zu werden

Gereiht nach abnehmender Leistung, jedoch zunehmender Kapazität sind dies:

- Kreatinphosphatspaltung
- anaerobe Glykolyse
- Glukoseoxidation
- Fettoxidation.

Damit können sowohl kurze und hochintensive Belastungen (mit einer Zunahme des Energieumsatzes um 30 oder mehr METs) wie auch sehr langanhaltende, aber wenig intensive Beanspruchungen der ATP-Konzentration (mit einem kumulativen Energieumsatz von einigen tausend kcal) ohne kritischen Abfall ausgeglichen werden.

Insgesamt muss die ATP-Produktion immer dem Verbrauch entsprechen, denn eine negative ATP-Bilanz ist mit dem Leben nicht vereinbar! Und insgesamt wird die gesamte Energie immer oxidativ bereitgestellt. Eine kurzfristige anaerobe ATP-Resynthese z.B. mit Kreatinphosphatspaltung wird daher als Sauerstoffdefizit bezeichnet, das nach Belastung als Sauerstoffschuld wieder abgetragen werden muss. Das heißt, das anaerobe Defizit muss aerob oxidativ „zurückbezahlt" werden.

Zwischen der Leistung (z.B. Lauf- und Gehgeschwindigkeit) und dem Energieumsatz (in kcal/min oder als ml O_2/min) besteht eine lineare Beziehung. Wird die Leistung durch äußere Umstände beeinflusst (Gegenwind, Wasserwiderstand beim Schwimmen bzw. Luftwiderstand beim Radfahren), dann ändert sich der Energieumsatz beträchtlich. So nimmt der Energiebedarf beim Schwimmen mit der Geschwindigkeit exponentiell zu. Beim Radfahren bei gleichem Tempo wird beim Wechsel von der Führungsposition in den Windschatten der Energieumsatzes um 20–30% reduziert.

Anders ist dies, wenn die Geschwindigkeit, also die Zeit für eine bestimmte Strecke, keine Rolle spielt. Dann handelt es sch nicht um Leistung, sondern um Arbeit. Dies betrifft z.B. die Frage: Wieviel Energie wird beim Laufen über 1 km umgesetzt? Der Energieumsatz pro km ist unabhängig vom Lauftempo und nur vom Gesamtgewicht abhängig (Körpermasse inklusive Fremdgewicht wie Kleidung, Schuhe u.a.).

Der Nettoenergiebedarf beim Gehen zwischen 3–5 km/h steigt proportional zur Gehgeschwindigkeit an. Die Energiemenge pro zurückgelegtem Weg ist annähernd konstant und liegt bei 0,66 kcal/kgKG/km. Während des Laufens beträgt der Energieumsatz, abzüglich des Grundumsatzes, näherungsweise 1 kcal pro kg Gewicht und pro km, genauer gesagt bei 0,88 kcal/kgKG/km.

> Beim Gehen bis zu etwa 8 km/h wird um ca. 1/3 weniger Energie umgesetzt als beim Laufen mit gleichem Tempo (siehe Abb. 9).

Beispiel: Ein insgesamt 65 kg schwerer Mensch setzt beim Laufen pro km fast 60 kcal um, unabhängig vom Tempo, vom Trainingszustand, vom Alter und vom Geschlecht (zuzüglich des Grundumsatzes für die gesamte aufgewendete Zeit).

Wieviel Energie setzt die 65 kg schwere Person (inkl. Kleidung) beim Marathon (42,195 km) um? Zusätzlich zum Grundumsatz werden fast 2500 kcal umgesetzt, egal ob die Strecke in 2:10 oder in 4:00 Stunden gelaufen wird.

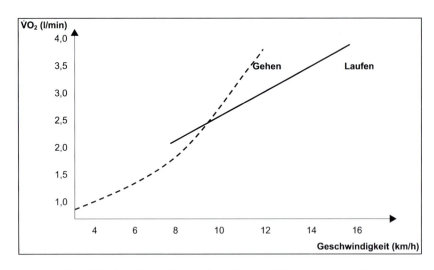

Abb. 9. Der Energiebedarf bei gegebenen Geh- und Laufgeschwindigkeiten. Ab ca. 7–9 km/h wird Laufen ökonomischer als Gehen.

Beeinflusst wird diese Zahl allerdings nicht unwesentlich von der Lauf-ökonomie. Laufökonomie kann durch den Energieaufwand für ein bestimmtes Lauftempo definiert werden. Schlanke haben einen geringeren Energieaufwand pro kg Körpergewicht als Dicke, da sie weniger Fett mittragen. Da Frauen einen geschlechtsbedingt höheren Fettanteil haben, brauchen sie bei gleichem Tempo und gleichem Gewicht eine höhere Sauerstoffaufnahme pro kg Körpergewicht.

Überprüfungsfragen

Was ist ein MET und wozu dient diese Angabe?
Wieviel MET können Weltklasseathleten maximal erreichen?
Wie hoch ist der Nettoenergiebedarf beim Laufen?
Wie hoch ist der Nettoenergiebedarf beim Gehen?
Ab welcher Bewegungsgeschwindigkeit wird Laufen ökonomischer als Gehen?

2.2 Submaximale Belastung

Lernziele
Sauerstoffaufnahme bei submaximaler Belastung
Steady-state
Energieversorgung für submaximale Belastungen
Blutzuckerabfall (Hypoglykämie)
Marathon
Unterschied Sauerstoffschuld von Sauerstoffdefizit

Jede Belastung, deren Energieumsatz geringer ist als der maximale aerobe Energieumsatz, ist submaximal. Die Energiebereitstellung bei submaximaler Belastung ist prinzipiell aerob und wird durch oxidativen Abbau von Glukose und freien Fettsäuren bestritten. Das jeweilige Verhältnis hängt von der aktuellen Intensität ab (aktuelle Sauerstoffaufnahme in Prozent der maximalen Sauerstoffaufnahme $\dot{V}O_2max$).

Im Ruhezustand wird die Energie zu ca. 80% aus der Fett- und zu 20% aus der Kohlenhydratverbrennung bereitgestellt. Bei zunehmender Belastungsintensität wird der Fettanteil zugunsten des Kohlenhydratanteils reduziert, um die sauerstoffsparende Wirkung der Kohlenhydrate zu nutzen.

Ab etwa einer Intensität von 50–60% $\dot{V}O_2max$ wird die FOX aus den subkutanen Depots deutlich reduziert und ab einem Blutlaktatspiegel von 4 mmol/l blockiert, sodass nur noch Energie aus der Glukoseverbrennung bereitgestellt wird.

Bei sportlichen Ausdauerbelastungen mit über 60% Intensität kommt es daher schon nach ca. 60–90 Minuten zu einer Erschöpfung des Muskelglykogens, was sich durch ein Gefühl der Müdigkeit bemerkbar macht und eine Verringerung der Intensität (Tempo) erzwingt. Wird z.B. bei einem Marathon in der ersten Hälfte das Tempo (=Intensität) zu hoch gewählt, dann führt dies zu einer vorzeitigen Entleerung der Glykogendepots und damit zu großen Problemen im weiteren Verlauf des Rennens. Wenn das Tempo wegen emotioneller Stimulierung (z.B. Ehrgeiz oder auch Angst) nicht reduziert wird, kann es zum ev. lebensbedrohlichen Blutzuckerabfall (Hypoglykämie) mit Glukosemangel des Gehirns kommen.

Wenn ein Marathonläufer die Energie nur durch die Kohlenhydratverbrennung decken würde, dann würden diese nur für max. 90 Minuten ausreichen. Die Notwendigkeit, Fette und Kohlenhydrate kombiniert für die Energiebereitstellung heranzuziehen, wird daher schon dadurch deutlich, dass auch der schnellste Marathonläufer für diese Strecke etwas über 120 Minuten benötigt.

Entleerte Glykogendepots werden üblicherweise nach Belastungsende im Rahmen der Nahrungsaufnahme wieder aufgefüllt. Diese Glykogenresynthese geht schneller, wenn Kohlenhydrate unmittelbar nach Belastungsende aufgenommen werden, da die Glykogensyntheserate in den ersten 2 Stunden nach Belastungsende am höchsten ist. Bei extrem entleerten Glykogenspeichern kann es aber bis zu 72 Stunden dauern, bis eine völlige Wiederauffüllung abgeschlossen ist.

2.2.1 Verhalten der Sauerstoffaufnahme bei Belastung

Bei Beginn einer gleichförmigen Belastung besteht vom ersten Moment an jener ATP-Verbrauch, welcher der Belastung entspricht. Die oxidative ATP-Resynthese nimmt zunächst rasch und dann immer langsamer zu, bis sie nach 1,5–3 Minuten soweit hochgefahren ist, dass die Produktion wieder dem Verbrauch entspricht. Dieser Zustand entspricht einer ATP-Homöostase, einem Fließgleichgewicht, auch steady-state genannt.

In der Zeit bis zum Erreichen des steady-state wird weniger Sauerstoff aufgenommen, als dem ATP-Verbrauch entspricht. Es entsteht also ein Sauerstoffdefizit. Dieses Sauerstoffdefizit wird anaerob abgedeckt, d.h. Glykogenabbau zu Laktat. Ein steady-state kann sich erst dann einstellen, wenn sich die Sauerstoffaufnahme der Belastung angepasst hat, der Energiebedarf somit oxidativ gedeckt wird.

> Das Sauerstoffdefizit bezeichnet die Differenz zwischen jener Sauerstoffaufnahme, die notwendig wäre, um die Belastung vom ersten Moment an oxidativ abdecken zu können, und der tatsächlichen Sauerstoffaufnahme, die sich erst nach ca. 2 Minuten dem Bedarf angleicht.

2.2.1.1 Wie wird das Sauerstoffdefizit abgebaut?

Zur Deckung eines Sauerstoffdefizits springt zunächst, praktisch augenblicklich, die Kreatinphosphatspaltung an. Nach ca. 3 Sekunden ist die Glykolyse auf das dem Energiebedarf entsprechende Niveau hochgefahren und die Kreatinphosphatspaltung wird zurückgeregelt. Nach ca. 2 Minuten hat die Sauerstoffaufnahme ihr steady-state Niveau erreicht und die anaerobe Glykolyse wird wieder gehemmt (Pasteur-Effekt). Was für den Rest der Belastung bleibt, ist ein erhöhter Laktatspiegel, der bis zu Ende der Belastung konstant bleibt (Laktat-steady-state).

Wird zwischenzeitlich die Belastung weiter gesteigert, dann kommt es neuerlich zu einem weiteren Sauerstoffdefizit auf höherem Niveau, das sich zu dem bei Belastungsbeginn addiert. Aber ein Sauerstoffdefizit von max. 4 Liter kann wegen der intrazellulären Azidose nicht überschritten werden.

Das Sauerstoffdefizit wird nach Ende der Belastung als Teil der Sauerstoffschuld abgebaut, deshalb fällt die Sauerstoffaufnahme mit Ende der

Belastung nicht augenblicklich auf das Ruheniveau ab, sondern kehrt nur langsam zu diesem zurück.

2.2.1.2 Ist die Sauerstoffschuld ident mit dem Sauerstoffdefizit?

Die Sauerstoffschuld entspricht jener Menge Sauerstoff, die nach Beendigung einer Belastung zusätzlich zum Ruhebedarf aufgenommen wird. Sie ist immer größer als das Sauerstoffdefizit. Denn neben der Restitution von Kreatinphosphat und dem Abbau von Laktat gibt es noch andere Faktoren, die den Sauerstoffbedarf in der Ruhephase erhöhen. So werden die Sauerstoffspeicher des Blutes (Hämoglobin) und der roten Muskelfasern (Myoglobin) wieder aufgefüllt, die erhöhte Körpertemperatur steigert den Grundumsatz, ebenso allfällige durch die Belastung ausgelöste Regenerations- und Anpassungsvorgänge. Alle Vorgänge nach der Belastung, sowohl die Abtragung des Sauerstoffdefizits, als auch alle Regenerations- und Aufbauvorgänge beziehen die Energie aus der oxidativen ATP-Synthese.

> **Überprüfungsfragen**
>
> Wie erfolgt die Energiebereitstellung für submaximale Belastungen?
> Wann kann es unter Belastung zur Hypoglykämie kommen?
> Was ist der Unterschied zwischen Sauerstoffschuld und Sauerstoffdefizit?
> Gibt es im Muskel auch Sauerstoffspeicher?

2.3 Die anaerobe Schwelle

Lernziele

Bedeutung der anaeroben Schwelle, ANS
Nettolaktatproduktion
ANS-Bestimmung

Für die anaerobe Schwelle (ANS) gibt es keine einheitliche Definition; es gibt auch kaum einen Begriff, der derart häufig über- und auch fehlinterpretiert wird. Die anaerobe Schwelle ist u.a. definiert als diejenige Sauerstoffaufnahme oder Belastung, oberhalb der zusätzlich zur aeroben Energiebereitstellung auch anaerobe Stoffwechselprozesse notwendig werden, um die Belastung zu bewältigen.

Die ANS hat nichts mit einem Mangel an Sauerstoff zu tun, den es in einem gesunden Organismus nie gibt und bedeutet auch kein Umschalten von aerober auf anaerobe Energiebereitstellung. Die aerobe Energiebereitstellung läuft mit voller Aktivität weiter, die anaerobe erfolgt nur zusätzlich!

2.3.1 Produktion und Elimination von Laktat; Nettolaktatproduktion

Die ansteigende ADP-Konzentration bei zunehmender Belastung stimuliert die Glykolyse, wodurch mehr Pyruvat produziert wird, als im Zitratzyklus verarbeitet werden kann. Dieses überschüssige Pyruvat wird in Laktat umgewandelt und diffundiert ins Blut (Laktatproduktion). Mit dem Blut gelangt das Laktat in Organe (Herz, Niere, Leber), die es oxidativ abbauen können (Laktatelimination), sodass der Laktatspiegel im Blut zunächst auch bei weiter ansteigender Belastungsintensität auf niedrigem Niveau konstant gehalten werden kann.

Die Skelettmuskulatur selbst kann kein Laktat metabolisieren. Bei weiter ansteigender Belastungsintensität wird schließlich die Laktatproduktion größer als die maximale Laktatelimination. Ab diesem Zeitpunkt bzw. ab dieser Leistung beginnt dann eine Nettolaktatproduktion.

Die anaerobe Schwelle zeigt den Beginn der Nettolaktatproduktion an. Die Nettolaktatproduktion verursacht einen kontinuierlichen und mit zunehmender Leistung immer rascheren Anstieg der Laktatkonzentration im Blut.

Das Laktat wird vom Bicarbonat im Blut abgepuffert, wodurch eine proportionale Menge an CO_2 freigesetzt und über die Lunge abgeatmet wird. Nach Einsetzen der Nettolaktatproduktion kommt es bis zur Ausbelastung noch zu einer Verdoppelung der Sauerstoffaufnahme. Dies widerlegt die Ansicht, dass der Laktatanstieg irgend etwas mit Sauerstoffmangel zu tun hätte.

Die anaerobe Schwelle gibt Auskunft über den nutzbaren Anteil der maximalen Sauerstoffaufnahme für Ausdauerbelastungen, also über deren Ausschöpfbarkeit.

2.3.2 Laktatleistungstest, max. Laktat-steady-state MLSS

Einzelne Körperfunktionen brauchen unterschiedlich lange, um ein steady-state, ein Gleichgewicht, zu erreichen; wobei die Dauer auch von der Belastungsintensität abhängt:

- nach ca. 1,5 Minuten erreichen die Herzfrequenz und der Blutdruck ein steady-state,
- nach 1,5–3 Minuten die Sauerstoffaufnahme und
- nach bis zu 12 Minuten das Laktat und die Muskeltemperatur.

Wird die ANS mittels Laktatmessung bestimmt, dann gilt: Je länger die einzelnen Belastungsstufen bei der Ergometrie, desto höher wird der Laktatspiegel auf diesen Belastungsstufen. Und je höher das Laktat auf den einzelnen Belastungsstufen, desto niedriger fällt die anaerobe Schwelle aus.

Da es somit bis zu 12 Minuten dauern kann, bis sich alle den Stoffwechsel beeinflussenden Faktoren stabilisiert haben, ist das steady-state im Rahmen spiroergometrischer Untersuchungen mit dem steady-state bei Training und Wettkampf nicht vergleichbar. Daher sind Untersuchungsverfahren, welche den Laktat-steady-state auf jeder Belastungsstufe anstreben, wo aber die Belastungsstufen nur 4–6 Minuten dauern, fragwürdig und entbehrlich, da sie nicht mehr Information liefern als Tests mit 2-Minuten-Stufen.

Deshalb ist das gemessene Laktat bei gängigen Leistungstests, wo die Belastungsstufen 2–4 Minuten dauern, immer niedriger, als es dem Laktat-steady-state entspricht! Somit wird die anaerobe Schwelle immer höher angegeben als sie in Wahrheit ist, was nachteilige Folgen für die Trainingsempfehlungen hat.

Die höchste Leistung, bei der sich gerade noch ein Laktat-steady-state einstellt, entspricht dem maximalen Laktat-steady-state,

Beim MLSS kommt es also zu keiner Laktatakkumulation. Es besteht eine hohe individuelle Variabiltät der Laktatkonzentration im MLSS, daher gibt es keine fixe Laktatkonzentration, die den MLSS definiert! Es ist somit falsch, den MLSS mit einer fixen Laktatkonzentration (z.B. 4 mmol/l) aus einem Belastungstest abzuleiten.

Daher müsste des Ergebnis eines Stufenbelastungstests durch einen 30 Minuten-Dauerbelastungstest mit konstanter Belastung verifiziert werden. Nur wenn das Laktat nach der 10. bis zur 30. Belastungsminute um weniger als

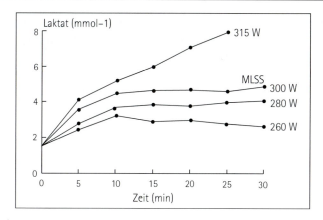

Abb. 10. Die Bestimmung des MLSS an verschiedenen Tagen mit unterschiedlicher Leistung. Bei diesem Eliteradsportler lag das MLSS bei 300 Watt

1 mmol/l ansteigt oder abfällt, handelt es sich um ein maximales Laktatsteady-state, MLSS (siehe Beispiel in Abb. 10)!

Diese Messungen werden mit steigender Belastung an verschiedenen Tagen durchgeführt. Test für Test werden die Belastungen erhöht, bis das Blutlaktat akkumuliert und während der konstanten Belastung ansteigt. Übrigens korreliert das MLSS gut mit dem Wmax und liegt bei 70% der Wmax. Denn bei hoher absoluter Leistungsfähigkeit besteht auch ein hoher MLSS.

Für Radfahrer gibt es eine nicht invasive (d.h. ohne Blutabnahme) Möglichkeit, die Geschwindigkeit und die HF im MLSS einfach zu bestimmen: So konnte gezeigt werden, dass beim 40-km-Zeitfahren die Fahrgeschwindigkeit und die HF dem MLSS entsprechen, unabhängig von der Laktathöhe. Für die nicht invasive MLSS-Bestimmung benötigt man eine Pulsuhr, die den Mittelwert anzeigen kann und einen Tachometer, der nicht nur die gefahrene Wegstrecke, sondern auch die durchschnittliche Geschwindigkeit anzeigt. Das Ergebnis sind dann die Geschwindigkeit und der Puls am MLSS. (Eine andere ebenso ausreichend genaue, nicht invasive MLSS-Bestimmungsmethode ist ein 5-km-Zeitfahren. Die gemessene mittlere Geschwindigkeit muss mit 0,9 multipliziert werden, um die Geschwindigkeit am MLSS zu ermitteln.)

2.3.3 Was bedeutet das MLSS und liegt es immer bei 4 mmol/l?

Das MLSS zeigt die individuelle Belastung, bei der die Laktatproduktion die -elimination (=Laktatclearance) noch nicht übersteigt. Daher kommt es am MLSS zu keiner Nettolaktatproduktion.

Das MLSS kann individuell sehr verschieden hoch sein und hängt, abgesehen von genetischen Voraussetzungen, von der Sportart und vor allem vom Trainings- und Ernährungszustand ab.

Im Gleichgewicht von Laktatproduktion und -elimination läuft der Stoffwechsel immer zu 100% aerob, auch wenn das Laktat individuell über 4 mmol/l liegt. Die oft gebrauchte unkritische Bezeichnung „anaerobe Phase" für alle Belastungen mit einem Laktatspiegel über 4 mmol/l ist daher falsch! Die individuelle Laktatkonzentration oder auch Herzfrequenz am MLSS ist keine Grundlage für Trainingsempfehlungen, da der Trainingseffekt nicht vom MLSS oder irgend einer anderen laktatdefinierten Intensität abhängt.

Außerdem wird die anaerobe Schwelle auch von der Sportart und vom Glykogengehalt der Muskulatur beeinflusst. So liegt der MLSS bei Skating höher als bei Radfahren. Beim Rudern, wo eine große Muskelmasse bewegt wird, liegt der MLSS deutlich unter dem beim Radfahren.

Bei geringem Muskelglykogen ist die Laktatbildung auch bei gleicher Leistung deutlich geringer und kann eine hohe anaerobe Schwelle vortäuschen. (Typischerweise trifft dies für sehr umfangreich trainierende Leistungssportler häufig zu.) Dieser Unterschied kann bis zu 20% ausmachen! Die Trainingsherzfrequenz bei einem bestimmten Laktatspiegel ist daher nicht konstant, sondern hängt u.a. von der Glykogenbeladung der Muskulatur ab.

Während die $\dot{V}O_2$max durch die mitochondriale Enzymmasse, also durch die Mitochondriendichte definiert ist, spiegelt die anaerobe Schwelle auch den Aspekt der Sauerstoffanlieferung an die Mitochondrien wider. Die Sauerstoffanlieferung hängt von der Kapillardichte im Skelettmuskel und vom Herzminutenvolumen (Pumpleistung des Herzens) ab.

Je höher die Kapillardichte ist, desto kürzer ist die mittlere Diffusionsstrecke von den Kapillaren zu den Mitochondrien und umgekehrt, je geringer die Kapillardichte ist, desto länger ist die mittlere Diffusionsstrecke. Die Kapillardichte ist grundsätzlich mit der Mitochondriendichte der Muskulatur korreliert und beide sind abhängig vom Ausmaß der aeroben Beanspruchung des Muskels z.B. durch Ausdauertraining oder Detraining, also Bewegungsmangel.

Bei langjährigem Bewegungsmangel (z.B. bei chronischer Erkrankung) kommt es durch die langfristig aerobe Minderbeanspruchung der Skelettmuskulatur zu einer verminderten $\dot{V}O_2$max und auch zu einer verminderten anaeroben Schwelle. Umgekehrt zeigt eine hohe $\dot{V}O_2$max bei normaler anaerober Schwelle, dass durch eine kurzfristige Erhöhung des Bewegungsumfanges in den ersten Monaten bei Beginn eines Ausdauertrainings die Trainingsanpassungen (Kapillarisierung) noch nicht vollständig abgeschlossen sind.

2.3.4 Was bedeutet eine niedrige ANS?

Eine niedrige anaerobe Schwelle bedeutet einen frühen Beginn der Netto-laktatproduktion und damit eine niedrige oxidative Kapazität der Skelett-muskulatur. Diese geringe oxidative Kapazität der Skelettmuskulatur kann durch eine geringere Mitochondrienmasse bedingt sein und/oder durch eine geringe Kapillardichte in der Muskulatur. In der Regel trifft beides zu.

Nur in den ersten 3 Monaten nach Beginn eines Ausdauertrainings kann die Mitochondrienmasse schon erhöht und die Kapillardichte noch nicht ent-sprechend sein! In dieser Situation ist die $\dot{V}O_2$max bereits angestiegen, die anaerobe Schwelle aber noch niedrig. Mit Fortsetzen des Ausdauertrainings bleibt die $\dot{V}O_2$max gleich und die anaerobe Schwelle wird dann höher.

2.3.5 Was bedeutet eine hohe ANS?

Eine überdurchschnittlich hohe ANS und hohe $\dot{V}O_2$max ist typisch für lang-jährig trainierende Ausdauersportler, insbesondere, wenn der Trainingsum-fang hoch ist. Denn es besteht eine positive Korrelation des MLSS zur Lei-stungsfähigkeit.

> Bei hoher absoluter Leistungsfähigkeit besteht auch ein hoher MLSS. Am MLSS werden nur Kohlenhydrate verbrannt, erkennbar am RQ mit 1.

Die Anzahl von Trainingseinheiten am MLSS pro Woche ist schon deshalb li-mitiert, weil die Wiederauffüllung extrem leerer Glykogendepots bis zu 3 Tage dauert. (Wenig erfahrene Sportler tendieren zu einem zu „harten Training" am MLSS während leichterer Trainingseinheiten und nicht ausreichend schweren Trainingseinheiten bei intensiven Einheiten.)

Der höchstmögliche Wert der ANS bei Elitesportlern liegt bei ca. 90% $\dot{V}O_2$max. Bei „Normalsterblichen" liegt die ANS bei ca. 60–70% $\dot{V}O_2$max; bei höherer Belastungsintensität kommt es zum Laktatanstieg, gefolgt vom Belastungs-abbruch.

Überprüfungsfragen

Was bedeut eine Nettolaktatproduktion?
Wie wird der MLSS bestimmt?
Liegt der MLSS immer bei 4 mmol/l Laktat?
Wie kann man einen höheren MLSS trainieren?
Ist es sinnvoll, häufig am MLSS zu trainieren?

2.4 Maximale Belastung

> **Lernziele**
>
> Aerobe, anaerobe Glykolyse
> Leistungsfähigkeit bei Kreatinphosphatspaltung, anaerober und
> aerober Glykolyse

Auch bei maximaler Beanspruchung, die in kurzer Zeit zur vollständigen Erschöpfung führt, werden die schon bekannten 3 Systeme zur ATP-Resynthese eingesetzt (siehe Tabelle 3):

- anaerobe Kreatinphosphatspaltung,
- anaerobe Glykolyse und
- aerober oxidativer Nährstoffabbau durch Glukoseabbau (aerobe Glykolyse) und/oder Fettsäureoxidation mittels Beta-Oxidation.

In Abhängigkeit von Intensität und Dauer werden die einzelnen ATP-Resynthesewege unterschiedlich beansprucht, wobei es zu breiten Überlappungen kommt. So sind nach 10 Sekunden, einer auf 1 Minute angelegten erschöpfenden Belastung, bereits alle 3 Systeme in unterschiedlichem Ausmaß aktiv.

Tabelle 3. Kapazitäten und Leistungsfähigkeit der unterschiedlichen Systeme für die Energiebereitstellung

Energie-Bereitstellung	Substrate	Kapazität [kcal]	Leistung [Watt/kgKG]	Leistung [MET]
Alaktazid	Kreatinphosphat	7	12	50
Laktazid	Glykogenabbau → Laktat	15	6	25
Aerob	Glykogen → CO_2	1000	3	12
	FFS → CO_2	80.000	1,5	6

2.4.1 Die Kreatinphosphatspaltung

Das System der Kreatinphosphatspaltung (= alaktazide Leistung) steht praktisch augenblicklich zur Verfügung und erreicht in kürzester Zeit das Aktivitätsmaximum. Die Kreatinphosphatspaltung reicht aber nur sehr kurz zur Energieversorung aus. Bei einem 100 m Lauf sind die alaktazid-anaeroben Reserven nach ca. 7 Sekunden erschöpft und erzwingen eine Reduktion der Laufgeschwindigkeit.

Andererseits ist bei maximaler Belastung eine alaktazide Leistungsfähigkeit von 12 Watt pro kg Körpergewicht bzw. 50 METs möglich!

Nach Beendigung der Belastung wird der Kreatinphosphatspeicher unter Nutzung eines entsprechenden Anteiles der Sauerstoffschuld und des oxidativ gebildeten ATP wieder aufgefüllt, was mit einer Halbwertszeit von ca. 30 Sekunden geschieht. Für eine vollständige Restitution der Kreatinphosphatspeicher sind aber mindestens 5 Halbwertszeiten notwendig, also mindestens 2,5 Minuten, insbesondere wenn sie vorher weitgehend entleert waren.

2.4.2 Die Glykolyse

Bei einer kurzfristigen Maximalbelastung kommt es aufgrund des hohen ATP-Verbrauchs zum raschen ADP-Anstieg, was die Glykolyse praktisch von Beginn an kräftig stimuliert. Das entspricht einer maximalen laktaziden Leistung von 6 Watt/kg bzw. 25 METs.

Das Aktivitätsmaximum der anaeroben Glykolyse wird später erreicht als das der Kreatinphosphatspaltung, nämlich nach höchstens 3 Sekunden. Die maximale Glykolyserate begrenzt die laktazide Leistungsfähigkeit und wird im Wesentlichen durch den Gehalt an Glykolyseenzymen limitiert. Daher beträgt die maximale Laktatanstiegsgeschwindigkeit 21 mmol/l pro Minute. Nach ca. 40 Sekunden ist nach einem Laktatanstieg von insgesamt 14 mmol/l die maximal tolerierbare Azidose erreicht.

Die maximal tolerierbare Laktazidose (Blutlaktatspiegel) begrenzt die laktazide Kapazität und nicht der Glykogengehalt der beanspruchten Muskulatur! Nur speziell trainierte 400-m-Läufer können einen Blutlaktatspiegel von bis zu 25–28 mmol/l tolerieren.

2.4.3 Die aerobe Leistungsfähigkeit

Die FOX als Energielieferant dominiert nur bis zur Hälfte der maximalen Sauerstoffaufnahme bzw. max. möglichen Leistung. Das entspricht einer Leistung von 1,5 Watt/kg Körpergewicht bzw. 6 METs.

Für intensivere Leistungen werden überwiegend Kohlenhydrate verbrannt. Mittels maximal aerober Leistungsfähigkeit ist eine doppelt so hohe Leistung wie durch Fettverbrennung möglich, nämlich 3 Watt/kg Körpergewicht bzw. 12 METs. Für die Energieaufbringung wird dabei ausschließlich Glukose aerob (=aerobe Glykolyse) verstoffwechselt, das vom Muskelglykogen stammt.

Die aerobe Leistungsfähigkeit hängt von der Mitochondriendichte der Muskulatur ab und ist mit der maximalen Sauerstoffaufnahme $\dot{V}O_2$max ident. Bei untrainierten jungen 70 kg schweren Männern liegt die $\dot{V}O_2$max zwischen 2800–3000 ml/min, das sind 40–42 ml/kg KG/min. (Nur ein steigender Trainingsumfang erhöht die Mitochondriendichte der beanspruchten Muskulatur, jedoch nicht ein intensiveres Training).

Die intramuskulären Glykogenreserven werden mit einer Geschwindigkeit von 2–4 g pro Minute verstoffwechselt. Deshalb reichen volle Muskelglykogenspeicher für die aerobe Glykolyse nur für 60 Minuten (bei Leistungssportlern bis max. 90 min). Von der Leber werden pro Minute 1 g Glukose zur Muskulatur transportiert.

Überprüfungsfragen

Welche Leistung ist mit Kreatinphosphatspaltung möglich?
Wie lange kann die Leistung mit Kreatinphosphatspaltung erbracht werden?
Wie lange dauert es, bis man die Kreatinphosphatspaltung wieder beanspruchen kann?
Was limitiert die anaerobe Glykolyse?
Welche Leistung ist mit der aeroben Glykolyse möglich?
Wie lange kann die aerobe Glykolyse bei voller Glykogenbeladung der Muskeln in Anspruch genommen werden?

2.5 Trainingsanpassung des Energiestoffwechsels

> **Lernziele**
>
> Enzymmassezunahme
> Geschwindigkeit des Laktatanstiegs und -abbaus
> Grenzen der Leistungssteigerung
> Abhängigkeit der Belastungsintensität von der Belastungsdauer

In den beanspruchten Muskeln werden die zuständigen Enzyme vermehrt gebildet, sodass die maximal mögliche Geschwindigkeit des Energieumsatzes in gleichem Ausmaß ansteigt wie die Enzymmasse zunimmt.

Das allgemeine Prinzip der Trainingsanpassung lautet also:

> **„Mehr vom Gleichen": Quantitative Vermehrung von qualitativ gleichartigen Strukturen.**

So ist die $\dot{V}O_2$max pro ml Mitochondrienmasse eine Konstante, die sich durch Training nicht ändert und daher bei untrainierten und trainierten Personen gleich ist! Somit nimmt die $\dot{V}O_2$max primär durch die Zunahme der Mitochondrienmasse zu (siehe Abb. 11)!

Ähnliches gilt für die Kreatinphosphokinase bei der Kreatinphosphatspaltung und für die glykolytischen Enzyme der laktaziden Energiebereitstellung. Es sind dies langfristige Anpassungsvorgänge und Wachstumsvorgänge, die unter dem Einfluss von anabolen Hormonen ablaufen.

Bei Trainierten kann diese Zunahme der Enzymmasse und damit der Leistungsfähigkeit gegenüber dem Normalzustand bis zu 100% betragen! Wie alle nicht benötigten Strukturen bilden sich auch diese trainingsbedingten Veränderungen zurück, wenn die regelmäßige adäquate Beanspruchung nicht mehr erfolgt. Daher kommt es bei Detraining bereits innerhalb von 4–6 Wochen zum Abbau auf das Niveau bei Trainingsbeginn (siehe Abb. 11). Bei langfristigem Fehlen adäquater Beanspruchungen, also bei chronischem Bewegungsmangel, kann dieser Abbau auch bis weit unter den Normalzustand gehen. Eine Erhöhung der Enzymmasse um bis zu 100% ist allerdings keineswegs die automatische Folge von Training an sich, sondern die Grenze des überhaupt Möglichen und wird nur von wenigen Athleten nach langjährigem, systematischem und umfangreichem Training erreicht.

2.5.1 Die Kreatinphosphatspaltung

Die Grundlage für diese Leistungsverbesserung ist die trainingsbedingte Vermehrung der Kreatinphosphokinase und auch eine entsprechende Vergrößerung des Kreatinphosphatspeichers. Die Leistung der Kreatinphosphatspaltung kann durch ein entsprechendes, meist langjähriges Training auf bis zu 100% verbessert werden.

Der erhöhte Energiegehalt des Kreatinphosphatspeichers kann daher in der gleichen Zeit von bis zu 7 Sekunden freigesetzt werden, woraus die höhere Leistung resultiert. Eine Voraussetzung zur mechanischen Umsetzung des energetischen Potentials ist auch eine angemessene Vermehrung der Myofibrillen, und damit eine Muskelquerschnittsvergrößerung durch ein entsprechendes Krafttraining.

2.5.2 Die Glykolyse

Auch die Glykolyse kann durch ein spezielles, hochintensives Training um bis zu 100% im Vergleich zu Untrainierten gesteigert werden. Dadurch kommt es auch zu einer Vermehrung der glykolytischen Enzymmasse. Tatsächlich sind die weltbesten 400 m Läufer in der Lage, binnen 40 Sekunden einen Laktatspiegel von 28–30 mmol/l zu bilden. Daher ist auch die durch die Glykolyse ermöglichte Leistung bei solchen Sportlern doppelt so hoch wie bei Untrainierten.

Eine derart hohe Laktatkonzentration bewirkt eine extreme metabolische Azidose mit einem intrazellulären pH-Wert von unter 7,0, die der Sportler physisch und psychisch tolerieren können muss. Wenn es sich um einen gesunden Stoffwechsel handelt, setzt sofort nach Beendigung der Belastung die „Heilung" mit der Rückkehr zum Normalzustand ein. Die Geschwindigkeit des Laktatabbaus ist mit 0,5 mmol/l pro Minute nicht wesentlich höher als bei Untrainierten. Das gesamte anaerobe Sauerstoffdefizit kann daher bei Hochtrainierten 8–10 l betragen.

2.5.3 Die oxidative ATP-Resynthese

Die organische Basis der Anpassung des oxidativen Energiestoffwechsels ist die Vergrößerung der einzelnen Mitochondrien der Muskelzellen, wobei durch die Vergrößerung der inneren Oberfläche der Mitochondrien der Platz für die Enzyme des aeroben Stoffwechsels zunimmt.

Zusätzlich steigt auch die Anzahl der Mitochondrien in jeder Muskelzelle, wodurch die Mitochondrienproteine insgesamt erheblich zunehmen. Das Mitochondrienvolumen im Skelettmuskel beträgt etwa 3 Vol% und kann durch Training bestenfalls verdoppelt werden. Als Folge des Mitochondrienanstiegs kommt es funktionell zur Zunahme der $\dot{V}O_2$max (bestenfalls Verdoppelung).

Trotz der Verdoppelung der Mitochondrienmasse bleibt die Anzahl der anderen Proteine in der Muskelzelle gleich.

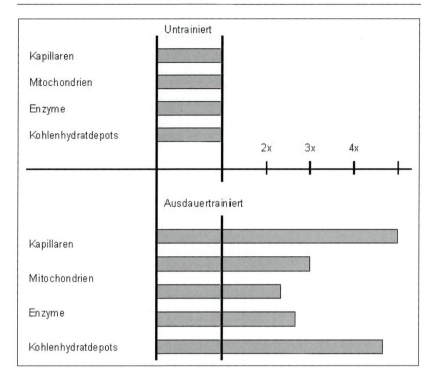

Abb. 11. Adaption der Skelettmuskulatur an Ausdauertraining

Der Herzmuskel hat von vornherein eine 3–5 mal so hohe Mitochondriendichte und daher ist seine oxidative Kapazität hoch. Deshalb ist das Herz ein „Allesfresser".

2.5.4 Kennzahlen von Weltklasseathleten im Ausdauersport

Weltklasseathleten in Ausdauersportarten erreichen doppelt so hohe Werte als „normale junge Menschen", nämlich:

- eine $\dot{V}O_2$max von 6–7 l/min,
- eine $\dot{V}O_2$max/kg Körpergewicht von 80–90 ml/kg,
- entsprechend einem Energieumsatz von 30–35 kcal/min,
- oder 23–25 METs.

Man erkennt aus diesen Zahlen, dass die erreichbare Zunahme der $\dot{V}O_2$max um etwa 100% gegenüber dem Normalwert nicht überschritten werden kann! Die Ursache liegt weniger darin, dass die Muskelzelle nicht in der Lage wäre, eine größere Mitochondrienmasse zu bilden. Die Ursache ist, dass die Diffusionskapazität der Lunge durch Training nicht verbessert werden kann. Diese ist mit maximal 6–7 Liter Sauerstoff pro Minute vorgegeben. Ausdauerleistungen, die eine höhere Sauerstoffaufnahme erfordern, sind für Menschen daher prinzipiell nicht zugänglich.

Die höchsten Absolutwerte ($\dot{V}O_2$max und kcal/min) werden nur von Sportlern mit einer höheren Körpermasse erreicht (90 kg oder mehr), die höchsten Relativwerte ($\dot{V}O_2$max/kg und MET) nur von solchen mit einer niedrigeren Körpermasse (75 kg oder weniger). Frauen haben bei gleicher Körpermasse und gleicher Geschwindigkeit zwar den gleichen Energieumsatz, brauchen dafür aber mehr METs, da der Grundumsatz um 10% geringer ist. Daher brauchen sie für die gleiche Leistung einen etwas höheren Trainingszustand. Bei gleichem Trainingszustand sind die Laufleistungen also etwas geringer (siehe Kap. 7).

2.5.5 Zusammenhang zwischen Belastungsdauer und Belastungsintensität

Auch bei höchsttrainierten Ausdauerleistungssportlern ist ein Energieumsatz von 24–26 METs ($\dot{V}O_2$max von 90 ml/kg KG) das absolute Maximum! Bei Ausdauerbewerben steht davon aber nur ein bestimmter Prozentsatz zur Verfügung, der von Wettkampfdauer und Trainingszustand abhängt (anaerobe Schwelle in % der $\dot{V}O_2$max).

Für Sportler kann die durchschnittliche mögliche Intensität, in Abhängigkeit von der Wettkampfdauer mit folgender Formel geschätzt werden (gültig bis zu einer Belastungsdauer von 6 Stunden):

Intensität $I = 94 - 0{,}1 \times$ Zeit [min]

Die durchschnittlich mögliche Intensität bei einer Marathonzeit von 3 Stunden beträgt:

$I = 94 - 0{,}1 \times 3 \times 60 = 76\%$

Mit zunehmender Belastungsdauer nimmt dieser nutzbare Prozentsatz der $\dot{V}O_2$max aber deutlich ab. Dies ist bei weniger guten Marathonläufern zu beobachten, bei denen der Marathonlauf bis zu 5 Stunden dauert. Für den Marathonlauf in ca. 2:10 Stunden ist 90% der $\dot{V}O_2$max der höchste jemals gemessene Prozentsatz. Der aktuelle Marathonweltrekord bei Männern liegt bei 2:04 und bei Frauen bei 2:15. Das sind bei Männer weniger als 3 Minuten pro km und bei Frauen 3 Minuten 23 Sekunden. Erstaunlicherweise liegt die Geschwindigkeit für den Marathon nur ganz gering unter der des Halbmarathons (bei Männer 58 Minuten, bei Frauen 1:06). Obwohl der Marathon über 4 x so lang ist, ist die Laufgeschwindigkeit nur um ca. 10% langsamer als die bei 10 km Rennen! Für diese hohen Geschwindigkeiten werden 80–90% $\dot{V}O_2$max benötigt, was vermutlich nur durch Kohlenhydratverbrennung abgedeckt wird. Bei einem 100 km Lauf (6–8 Stunden Laufzeit) können auch hochtrainierte Sportler durchschnittlich nur etwa 60% der $\dot{V}O_2$max nutzen.

2.5.6 Was passiert bei chronischem Bewegungsmangel?

Wird der Energiestoffwechsel z.B. im Falle eines chronischen Bewegungsmangels nicht adäquat beansprucht, so wird die nicht benötigte Enzymmasse wieder abgebaut. Bereits eine Woche nach Beendigung eines Ausdauertrainings kann eine Verringerung der Mitochondrienmasse der trainierten Muskulatur festgestellt werden! (Die Lebensdauer der Mitochondrien beträgt ca. 3 Wochen, d.h. täglich werden ca. 5% der Mitochondrien abgebaut). Dieser Abbau führt selbst bei hochtrainierten Personen wieder relativ rasch zurück zum Normalzustand. Durch langjährigen chronischen Bewegungsmangel nehmen die oxidative Kapazität und damit die Ausdauerleistungsfähigkeit auch bis weit unter den Normalzustand ab!

Eine Verringerung der $\dot{V}O_2$max mit einer entsprechenden Verminderung der Mitochondrienmasse ist ein typischer Befund bei an sich gesunden Menschen, die sich lange Zeit körperlich kaum bewegt haben. Er ist aber auch eine typische Begleiterscheinung bei chronisch kranken Menschen ganz unterschiedlicher Organbetroffenheit; er findet sich sowohl bei Patienten mit chronischen Lungenerkrankungen als auch bei chronischen Herz- oder Nierenerkrankungen und wird häufig als eine krankheitsbedingte Schädigung der peripheren Muskulatur fehlinterpretiert.

Die übliche Interpretation, dass der Verlust der $\dot{V}O_2$max und der Mitochondrienmasse eine direkte Folge der Erkrankung sei, ist in dieser Form nicht zutreffend! Auch bei chronisch Kranken ist der Bewegungsmangel eine Hauptursache der geringen oxidativen Kapazität der Muskelzellen.

Überprüfungsfragen

Welche Adaptationen im Energiestoffwechsel entwickeln sich durch Training?
Wie schnell wird Laktat abgebaut?
Wie hoch ist die max. Verbesserungsmöglichkeit durch Ausdauertraining?
Welche Folgen hat eine längerfristige Trainingspause?

2.6 Blut und Herz–Kreislauf

Lernziele

Aufbau, Aufgaben des Kreislaufs

Der Kreislauf ist ein funktionell zusammengehöriges Organsystem und besteht aus mehreren Einzelorganen:

– Blut
– Gefäßsystem
– Herz.

Die Hauptaufgabe des Kreislaufs ist Transport und Verteilung der

– Atemgase (O_2 von der Lunge zu den Zellen und CO_2 von den Zellen zur Lunge)
– Nährstoffe
– Stoffwechselendprodukte
– Wärme.

Der unmittelbare Stoffaustausch zwischen jeder einzelnen Körperzelle und ihrer Umgebung vollzieht sich ausschließlich durch Diffusion, also ohne zusätzlichen Energiebedarf, jeweils entlang eines Konzentrations- oder Druckgefälles. Bei höher entwickelten Tieren ist der Abstand zwischen der Körperoberfläche und den meisten Körperzellen für diffusiven Stoffaustausch zu groß (optimale Distanz bis zu 0,5 mm). Daher gibt es Organe mit inneren Oberflächen, die für den Stoffaustausch zwischen der Umwelt und dem eigentlichen Körperinneren zuständig sind.

Es sind dies der Darm, der auf die Nährstoffaufnahme spezialisiert ist, die Lunge, die den Gasaustausch mit der Luft der Atmosphäre bewerkstelligt und die Niere, deren Aufgabe die Ausscheidung harnpflichtiger Substanzen in die Umwelt ist. Der Kreislauf stellt die Verbindung zwischen allen Organen und jeder einzelnen Körperzelle her.

Zusammenfassend: Blut und Kreislauf bilden eine funktionelle Einheit und dienen nicht nur der Versorgung der Zellen mit Sauerstoff, Energie (Nährstoffen) und dem Abtransport von Stoffwechselendprodukten („Schlacken"), sondern spielen eine zentrale Rolle bei der Thermoregulation. So wird durch den Wärmetransport mit dem Blut die Konstanz der Körperkerntemperatur geregelt. Bei Erhöhung der Körperkerntemperatur wird das erwärmte Blut in die Haut umgeleitet, wo die Wärme durch Strahlung und Verdunstung (Schwitzen) abgegeben wird.

Überprüfungsfragen

Woraus besteht der Blutkreislauf?
Welche wichtigen Funktionen hat der Kreislauf zu erfüllen?
Wohin wird das Blut bei Belastung umgeleitet?

2.7 „Blut ist ein besonderer Saft"

Lernziele

Hämo-Rheologie (Viskosität, Schubspannung, Scherrate,
Phasentrennung, thixotrop, viskoelastisch)
Stase
Hämatokrit
Sauerstofftransport
Kohlendioxidtransport
Puffer
Höheneffekt

Das Blut ist das funktionelle Bindeglied zwischen den Organen der Stoffaufnahme und –abgabe aus bzw. in die Umwelt und allen Körperzellen. Es erfüllt seine Aufgaben nur fließend, indem es durch das Herz in fließender Bewegung gehalten wird und im Blutgefäßsystem strömt.

Die Blutmenge ist vom Körpergewicht abhängig und beträgt beim gesunden Erwachsenen ca. 8% des Körpergewichtes. Daher hat ein 70 kg schwerer Mensch ca. 5 Liter Blut, das im arteriellen Blut 20 Vol% Sauerstoff enthält. In unserem Beispiel mit 5 Liter Gesamtblutmenge sind etwa 1 Liter Sauerstoff.

Das Blut ist ein flüssiges Organ, in dessen Flüssigkeit, dem Blutplasma, rote und weiße Zellen (Erythrozyten, Leukozyten) und Blutplättchen (Thrombozyten) suspendiert sind. Der Anteil des Zellvolumens am Gesamtblutvolumen wird Hämatokrit genannt (normalerweise ca. 45%).

Die wichtigsten Funktionen des Blutes sind:

- O_2-Transport von der Lunge zu den O_2-konsumierenden Zellen durch den im Erythrozyten befindlichen Blutfarbstoff Hämoglobin (Hb),
- CO_2-Abtransport von den produzierenden Zellen, hin zur Lunge, wo es dann abgeatmet wird,
- Pufferung bei körperlicher Belastung vor allem von Laktat,
- Nährstofftransport zu den Zellen, also Stoffaustausch im weitesten Sinn,
- Wärmetransport zur Thermoregulation an die Oberfläche (Haut, Schleimhaut),
- Blutgerinnung zum Schutz vor dem Verbluten nach Verletzungen,
- Abwehrfunktion gegen Krankheitserreger durch Leukozyten und Immunglobuline.

2.7.1 Die Fließeigenschaften des Blutes (Hämo-Rheologie)

Eine normale Flüssigkeit wird auch ideale oder Newton'sche Flüssigkeit genannt. Ihre Fließeigenschaften werden durch das Verhältnis von Schubspannung zu Scherrate charakterisiert.

Die Schubspannung ist jene Kraft, welche die Flüssigkeit zum Fließen bringt und vom Herz aufgebracht werden muss. Sie hat die Dimension des Druckes und wird in N/m^2 angegeben.

Das Verhältnis von Schubspannung zu Scherrate wird Viskosität genannt.

Geringe Viskosität (z.B. Wasser) bedeutet, dass bereits bei geringer Schubspannung eine hohe Scherrate, d.h. eine hohe Strömungsgeschwindigkeit auftritt. Honig hat eine hohe Viskosität und benötigt daher eine sehr hohe Schubspannung für eine gleiche Strömungsgeschwindigkeit. Die Scherrate gibt an, wie rasch die Geschwindigkeit vom Rand zur Mitte, also quer zur Strömung, zunimmt. In der Mitte befindet sich der zentrale Axialfaden der Strömung, der immer am schnellsten ist. Hohe Scherraten bedeuten eine hohe Strömungsgeschwindigkeit.

Vollblut ist eine Nicht-Newton'sche Flüssigkeit und seine Eigenschaften werden als thixotrop oder viskoelastisch beschrieben. Thixotropie bedeutet den Übergang vom festen Gel- in den flüssigen Solzustand und umgekehrt, wie er auch bei anderen thixotropen Flüssigkeiten vorkommt z.B. Ketchup. Auch Ketchup wird erst nach Schütteln (nach Einwirken einer Schubspannung) flüssig, d.h. es ist vom Gel- in den Solzustand übergegangen.

Der Ausdruck „viskoelastisch" bedeutet, dass sich Blut sowohl wie eine viskőse Flüssigkeit als auch elastisch, d.h. wie ein fester Körper, verhalten kann. Elastische Körper reagieren auf Schubspannung nicht mit Fließen, sondern mit einer elastischen Verformung. Nach Wegfall der Schubspannung kehren sie wieder in ihre Ausgangsform zurück.

2.7.1.1 Ist Blut nun viskös oder elastisch?

Ob Blut viskös oder elastisch ist, also fließt oder fest ist, hängt von der aktuellen Schubspannung ab!

Bei niedriger Schubspannung verhält sich Blut wie ein elastischer Festkörper, was als Stase bezeichnet wird. Der Übergang vom langsamen Fließen zum Stillstand (Stase), geschieht eher plötzlich (z.B. Beinvenenthrombose durch Verlangsamung des venösen Blutstroms bei vorwiegend sitzendem Lebensstil und Krampfadern).

Umgekehrt muss eine Mindestschubspannung überschritten werden, der sogenannte „yield pressure", damit sich das Blut, ebenfalls relativ plötzlich, von einem elastischen Körper in eine visköse Flüssigkeit umwandelt und zu fließen beginnt.

Mit zunehmender Fließgeschwindigkeit (zunehmender Scherrate) nimmt die Viskosität ab und nähert sich der des reinen Plasmas. Das beruht auf dem Phänomen der Phasentrennung: Die Erythrozyten sammeln sich um den schneller strömenden Axialfaden und fließen daher vorwiegend in der Mitte des Rohres, was als Axialmigration bezeichnet wird. Das Plasma fließt vorwiegend in den langsamer strömenden Randschichten.

Diese Phasentrennung ist umso ausgeprägter, je schneller die Strömung, also je größer die Scherrate ist. Dies hat zur Folge, dass die dünnflüssige, erythrozytenfreie Plasmarandschicht mit der Wirkung eines „Schmierfilmes" die Strömung der Erythrozyten begünstigt.

2.7.1.2 Welche Bedeutung hat der Hämatokrit?

Ein höherer Hämatokrit bzw. eine höhere Hämoglobinkonzentration bedeutet eine höhere Sauerstofftransportkapazität des Blutes. Daher nimmt mit dem Hämatokrit auch die Ausdauerleistungsfähigkeit zu. Der leistungssteigernde Effekt des Blutes in Ausdauersportarten hat auch zu Doping mit Blutkonserven und mit Erythropoetin geführt. Dieses Blutdoping ist aber nicht ungefährlich und hat schon vielen das Leben gekostet, wenn der Hämatokrit zu stark angehoben wurde. Denn eine Zunahme des Hämatokrits bewirkt eine Erhöhung der Blutviskosität. Ab einem Hämatokrit von 50% steigt die Blutviskosität sogar überproportional an und ab 60% wird sie so hoch, dass die erforderliche höhere Schubspannung, die vom Herz aufgebracht werden muss, zum Herzversagen führen kann.

Der optimale Kompromiss zwischen der Fließfähigkeit und O_2-Transportkapazität liegt bei einem Hämatokrit von 35%. Der normale Hämatokrit von 45% ist also bereits eine Reserve für die Belastung, da bei schneller strömendem Blut der Hämatokrit abnimmt. Diese besondere Eigenschaft des Blutes, dass mit zunehmender Strömungsgeschwindigkeit des Blutes der Hämatokrit abnimmt, wird dynamische Selbstverdünnung genannt. Durch die dynamische Selbstverdünnung kann sich das Blut an körperliche Belastungen anpassen.

2.7.2 Der Sauerstofftransport

Die Richtung des Sauerstofftransports geht von der Lunge zu den Körperzellen. Durch Diffusion gelangt der Sauerstoff vom Alveolarraum der Lunge durch die alveolo-kapilläre Membran in die Lungenkapillaren, wo er an das Hämoglobin der Erythrozyten chemisch gebunden wird (Oxyhämoglobin). Nur ein geringer Teil des Sauerstoffs ist im Blut physikalisch gelöst (0,3 Vol%).

Hämoglobin liegt in den Erythrozyten in einer 35% wässrigen Lösung vor. 1 g Hämoglobin kann 1,33 ml O_2 binden. Blut hat einen normalen Hämoglobingehalt von 15 g% (das sind Gramm pro 100 ml Blut). Daher kann Blut maximal 20 Vol% O_2 enthalten (Vol%=Volumsprozent, das sind 20 ml O_2 pro 100 ml Blut).

Die Sauerstoffsättigung wird in Prozent angegeben und ist der Anteil des Oxyhämoglobins am Gesamthämoglobin. Die O_2-Sättigung ist eine Funktion des pO_2, d.h. je höher der Sauerstoffdruck, desto höher der Anteil des Oxyhämoglobins (Sauerstoffsättigung).

In körperlicher Ruhe entnehmen die Gewebe dem Blut für den oxidativen Stoffwechsel 5 Vol%, das ist die arterio-venöse O_2-Sättigungsdifferenz ($AVDO_2$). Unter Belastung kann die Sauerstoffentnahme um das fast 3fache auf maximal 13–15 Vol% gesteigert werden.

Der Hauptgrund für die Abgabe des Sauerstoffs an das Gewebe ist der niedrigere pO_2 der Zellen gegenüber dem Kapillarblut. Durch dieses „Sauerstoffgefälle" wird der diffusive Gastransport zu den Zellen ermöglicht. Unterstützt wird die Freisetzung des Sauerstoffs aus Oxyhämoglobin durch den so genannten Bohr-Effekt, welcher eine Erleichterung der Sauerstoffabgabe aus dem Hämoglobin bei Ansäuerung (im Gewebe) bedeutet. Einen ähnlichen Effekt hat die Zunahme der Temperatur; beide Effekte kommen vor allem bei körperlicher Belastung zum Tragen.

2.7.2.1 Bindungseigenschaften von Hämoglobin für Sauerstoff im Erythrozyten

Die Sauerstoffbindungskurve ist die graphische Darstellung der Beziehung von Sauerstoffpartialdruck pO_2 im Blut und dem Anteil des an Hämoglobin (Hb) gebundenen Sauerstoffs entsprechend der prozentuellen Sättigung des Hb. Die Sauerstoffbindungskurve ist nicht linear, sondern S-förmig, was physiologische Vorteile bringt.

Im flach verlaufenden Teil der Kurve bei hohem Sauerstoffdruck (Situation in der Lunge) kann trotz Verminderung des pO_2 bis ca. 60 mm Hg eine ausreichende Sättigung des Hämoglobins mit Sauerstoff erreicht werden. Im Übergangsbereich vom arteriellen zum venösen Blut (steiler Kurvenbereich) äußert sich eine geringe pO_2-Erniedrigung in einer relativ starken Sauerstoffentsättigung des Hämoglobins.

2.7.2.2 Sauerstoffhalbsättigungsdruck P50

Als wichtigstes Maß für die Lage der Sauerstoffbindungskurve dient der so genannte „P50-Wert": Der P50 ist jener pO_2 bei welchem das Hämoglobin zu 50% mit Sauerstoff beladen ist. Im Blut unter Ruhebedingungen beträgt der P50 etwa 27 mm Hg. Die Lage der Sauerstoffbindungskurve ist keine fixe

Größe, sondern kann durch unterschiedlichste Faktoren nach rechts oder nach links verschoben werden.

Die wichtigsten Einflussfaktoren auf die Lage der Sauerstoffbindungskurve sind:

- pH-Wert
- Kohlendioxidpartialdruck (pCO$_2$)
- Temperatur.

2.7.3 Der Kohlendioxid-Tansport

Die Richtung dieses Transports geht von den Körperzellen zur Lunge. Im Gegensatz zum O$_2$ wird das CO$_2$ vor allem im Plasma gelöst befördert.

Kohlendioxid reagiert mit Wasser zu Kohlensäure (H$_2$CO$_3$) und das aus der Kohlensäure entstehende Bikarbonat (HCO$_3$$^-$) ist das wichtigste Puffersystem des Blutes, besonders während der Belastung.

In der Lunge kommt es zum umgekehrten Vorgang und CO$_2$ diffundiert in den Alveolarraum, von wo es abgeatmet wird. Normalerweise entspricht die abgeatmete CO$_2$-Menge der metabolisch gebildeten. Bei hochintensiven Belastungen mit laktazid-anaerober Energiebereitstellung wird aus dem Bikarbonat des Blutes zusätzlich CO$_2$ freigesetzt, das ebenfalls über die Lunge abgeatmet wird. Dies ist an einem Anstieg des RQ über 1 zu erkennen.

2.7.4 Die Pufferung

Eine Flüssigkeit ist dann gepuffert, wenn sich ihr pH-Wert bei Säuren- oder Laugenzugabe weniger verändert als reines Wasser. Da im Organismus laufend Säuren gebildet werden, ist die Pufferung die Voraussetzung für die Aufrechterhaltung des normalerweise konstanten pH-Werts (im arteriellen Blut 7,36–7,44). Neben dem quantitativ weniger ins Gewicht fallenden Hämoglobin-, Protein- und Phosphatpuffers ist das bedeutendste Puffersystem des Blutes das Bikarbonat (HCO$_3$$^-$).

2.7.5 Trainingsanpassungen des Blutes

Der Trainingseffekt besteht in einer Vermehrung des Blutvolumens, das normalerweise ca. 4–5 l beträgt, ohne Änderung der Zusammensetzung; d.h. die Hämoglobinkonzentration bleibt gleich, ebenso wie die Protein- und die Bikarbonatkonzentration. Aber die Gesamtmengen, und damit auch die entsprechenden Transport- und Pufferkapazitäten, nehmen entsprechend dem Blutvolumen um bis zu 100% zu. Einen ähnlichen leistungssteigernden Effekt hat auch die Vermehrung des Blutvolumens durch Bluttransfusionen (Blutdoping). Sogar die einfache Vermehrung des zirkulierenden Blutvolumens durch eine Infusion mit physiologischer Kochsalzlösung hat eine kurzfristige Verbesserung der $\dot{V}O_2$max zur Folge.

Erythropoetin (EPO) fördert die Blutbildung und wird natürlicherweise von der Niere bei O_2-Mangel gebildet. Unter dem Einfluss von zusätzlich zugeführtem synthetischen Erytropoetin kommt es zu einer Zunahme von Hämatokrit und Hämoglobinkonzentration, was die Transportkapazität für O_2 und damit die Leistungsfähigkeit erhöht. Schon vor 20 Jahren konnte Erythropoetin gentechnisch hergestellt werden und hat so eine neue „EPOche" des Dopings aufgeschlagen. Durch die EPO-Zufuhr steigt der Hämatokrit, was insbesondere bei Strömungsverlangsamung während des Schlafes in Kapillargebieten zur Stase und damit zum akuten Herzinfarkt führen kann. Diese „EPOcalypse" hat bis heute, nicht nur in der Radwelt, zu kleinen und großen Skandalen geführt. Gerade in der Anfangsphase ab 1986 genoss EPO den Ruf eines wahren Wundermittels! Wegen der noch geringen Erfahrung kam es in den 80iger Jahren zu Todesfällen von Profiradfahrern und anderen Ausdauersportlern (Langlauf, Rudern, Laufen...). 1990 wurde EPO auf die Verbotsliste gesetzt. Die Beliebtheit des EPO liegt u.a. daran, weil es im Körper rasch abgebaut wird und nur schwer nachzuweisen ist, weshalb 1997 ein Hämatokritgrenzwert eingeführt wurde. Das Übertreten des Hämatokritgrenzwertes ist kein Dopingbeweis, sondern lediglich ein Indiz. Deswegen erwartet einen Radfahrer schlimmstenfalls eine 14tägige „Gesundheitssperre". (Gedopt wird nicht nur mit EPO sondern zusätzlich mit Testosteron, Kortison, Amphetaminen, Wachstumshormon und Insulin.)

2.7.6 Höhenanpassung des Blutes

Der Höheneffekt (Einfluss des verringerten Sauerstoffdrucks in der Höhe) besteht in einer Zunahme von Hämatokrit und Hämoglobinkonzentration ohne Vermehrung des Blutvolumens. Dieser Effekt hält allerdings nach der Rückkehr auf Meereshöhe nur wenige Tage an und kann daher in der Regel nicht für eine Leistungssteigerung bei einem wichtigen Wettkampf nutzbar gemacht werden. Bei Höhenaufenthalt kommt es zur Erhöhung der O_2-Transportkapazität des Blutes wegen der Steigerung der Erythropoese (Bildung von roten Blutkörperchen) im Knochenmark.

Die rasch nach Höhenaufstieg einsetzende Abnahme des Plasmavolumens bedingt eine Zunahme des Hämatokrits und damit der transportierten Sauerstoffmenge. Sauerstoffmangel ist der potenteste Stimulator der Neubildung roter Blutzellen im Knochenmark (durch EPO-Wirkung). Bereits am 1. bis 2. Tag einer Höhenexposition kommt es zum maximalen Erythropoetinanstieg, das dann rasch wieder abfällt und sich auf nur leicht erhöhten Werten (im Vergleich zum Tiefland) stabilisiert. EPO ist der wichtigste hormonelle Stimulator der Erythropoese. Die Stimulation der Erythropoese zeigt sich in einem Retikulozytenanstieg (=Zunahme jugendlicher Erythrozyten, Vorstufen der roten Blutkörperchen) im Blut. Nach ca. 2 Wochen lässt sich bereits ein Anstieg der Erythrozyten bzw. des Hämoglobins erkennen und nach 4 Wochen kommt es durch Höhentraining in 2500–2800 m zu einer deutlichen Zunahme der Erythrozyten.

Um durch Höhentraining eine Vermehrung der roten Blutkörperchen zu erreichen, müssen täglich 16 Stunden über 2500 m, über mindestens 4 Wochen, verbracht werden. Das Training sollte so tief als möglich durchgeführt werden (= Living high – training low-Prinzip).

Überprüfungsfragen
Welche Aufaben erfüllt das Blut?
Wie hoch ist der normale Hämatokrit?
Wie wird Sauerstoff im Blut transportiert?
Wie wird CO_2 im Blut transportiert?
Wie ändert sich das Blut bei Höhentraining?

2.8 Gefäßsystem

Lernziele
Hochdrucksystem
Niederdrucksystem
Kapillarsystem
Arteriolen

Die Blutgefäße sind das Röhrensystem, in dem das Blut zirkuliert. Funktionell unterscheidet man das arterielle Hochdrucksystem für den Transport des Blutes zu den Geweben. Dabei wird nicht nur Sauerstoff, sondern es werden auch Nährstoffe zu den Zellen angeliefert.

Im Kapillarsystem findet der Stoffaustausch mit den Zellen statt. Dort entnehmen die Zellen die Nährstoffe und den Sauerstoff und geben CO_2 und Stoffwechselendprodukte in das Blut zum Abtransport ab.

Im venösen Niederdrucksystem erfolgt der CO_2-Transport vom Gewebe zur Lunge.

2.8.1 Reaktion der Blutgefäße auf Muskeltätigkeit

Die letzten, schon sehr kleinen arteriellen Verzweigungen vor dem Übergang in das Kapillarsystem werden Arteriolen genannt. Sie haben eine vergleichsweise muskelstarke Gefäßwand mit glatten Muskelfasern, die ein aktives Verengen und Erweitern des Gefäßquerschnittes ermöglichen.

Diese „muskelstarken" Arteriolen regulieren die Durchblutung der einzelnen Gefäßbezirke. Während körperlicher Belastung muss die Durchblutung vor allem des Magen- Darmtraktes stark gedrosselt werden, weil das Blutvolumen nicht ausreichen würde, zusätzlich auch noch den vermehrten Durchblutungsbedarf der Muskulatur zu decken (siehe Abb. 12).

Die Blutumverteilung hin zur beanspruchten Muskulatur und Haut, bei gleichzeitiger Drosselung anderer Gefäßabschnitte, ermöglicht es erst, ausreichend Sauerstoff zu den Mitochondrien der Muskelzellen zu liefern, als auch die reichlich anfallende metabolische Wärme über die Haut abzuleiten.

Im Ruhezustand durchströmen nur ca. 25% des zirkulierenden Blutes die Muskulatur. Bei maximaler Belastung werden durch die Blutumverteilung bis zu 90% des zirkulierenden Blutes in die Muskulatur und Haut zur Wärmeabgabe umgeleitet.

2.8.2 Anpassungen des Gefäßsystems auf Ausdauertraining

Durch Ausdauertraining kommt es zur Neubildung von Kapillaren in der trainierten Muskulatur. Die einzelnen Muskelzellen sind daher von mehr Kapillaren umgeben, was die Diffusionsbedingungen in die Zellen, vor allem zu den Mitochondrien, verbessert. Der Kapillarzuwachs entspricht dabei dem Zuwachs an Mitochondrienmasse, d.h. das Kapillarvolumen eines Muskels entspricht immer seiner oxidativen Kapazität. Auch der Gesamtgefäßquerschnitt nimmt durch den Zuwachs an Kapillaren zu. Dadurch wird der Gefäßwiderstand entsprechend herabgesetzt, was die Voraussetzung für die Zunahme der maximalen Durchblutung ist.

Bei Immobilität kommt es zu einer gegenteiligen Entwicklung, nämlich der Verminderung des Kapillarvolumens, die quantitativ der Verminderung der Mitochondrienmasse entspricht. Auch die großen Gefäße mit Ausnahme der Aorta zeigen eine Anpassung an ein höheres Herzminutenvolumen: durch eine Vergrößerung des Gefäßdurchmessers z.B. die A. femoralis wird es möglich, eine größere Strömung bei gleichem Blutdruck zu befördern. Auf Grund des Gesetzes von Hagen und Poiseuille nimmt die Strömung mit der 4. Potenz des Radius eines Rohres zu. Um eine Verdoppelung der Strömung bei gleichem Blutdruck zu ermöglichen, muss der Radius des Gefäßes nur um ca. 20% vergrößert werden z.B. von 10 mm auf 12 mm.

Überprüfungsfragen

In welchen Gefäßabschnitten wird die Durchblutung und damit der Blutdruck geregelt?
Wohin wird das Blut bei Belastung umverteilt?
Zu welchen Adaptationen auf das Gefäßsystem führt Ausdauertraining?

2.9 Das Herz

Lernziele

Schlagvolumen
Herzminutenvolumen
Frank-Starling-Mechanismus
Arteriovenöse Sauerstoffdifferenz
Fick'sche Formel
Herzfrequenzreserve
Koronarkreislauf, Angina pectoris
Ventilebenenmechanismus

Das Herz ist der zentrale Motor des Kreislaufs, die Pumpe, die das Blut ununterbrochen im Gefäßsystem zirkulieren lässt. Die jeweils vom linken und rechten Ventrikel pro Minute beförderte Blutmenge ist das Herzminutenvolumen (HMV). Das HMV beträgt in Ruhe ca. 4–5 l/min und setzt sich aus dem pro Herzschlag ausgeworfenen Blutvolumen, dem Schlagvolumen (SV), und der Herzfrequenz (HF) zusammen:

$$HMV = SV \times HF = 70 \times 70 = 4900 \text{ ml pro Minute}$$

Aus dem HMV und der vom Gewebe entnommenen Sauerstoffmenge ergibt sich die Sauerstoffaufnahme (O_2) nach der Fick'schen Formel:

$$\dot{V}O_2 = HMV \times AVDO_2 = 5000 \times 0{,}05 = 250 \text{ ml Sauerstoff pro Minute}$$

Die arteriovenöse Sauerstoffdifferenz ($AVDO_2$) in Ruhe beträgt 5 Vol%, denn der Sauerstoffgehalt des arteriellen Blutes beträgt 20 ml O_2 in 100 ml Blut und der des venösen Blutes nur noch 15 ml O_2 pro 100 ml Blut. Bei maximaler Belastung kann die arteriovenöse Sauerstoffdifferenz auf 13–15 Vol% ansteigen, weil 2,5–3 mal soviel Sauerstoff aus dem Blut entnommen wird. Pro Liter $\dot{V}O_2$max ist ein HMV von ca. 6 l/min notwendig.

2.9.1 Reaktion des Herzens auf Muskeltätigkeit

Körperliche Belastung erfordert ein erhöhtes Herzminutenvolumen. Zur Steigerung des Herzminutenvolumens gibt es zwei Möglichkeiten, die beide wahrgenommen werden:

- Steigerung der Herzfrequenz,
- Erhöhung des Schlagvolumens.

Beides wird durch Katecholamine ausgelöst, die positiv inotrop und chronotrop wirken, d.h. sie erhöhen sowohl die Kontraktionskraft des Herzmuskels als auch die Herzfrequenz. Die Katecholamine stammen aus den Synapsen des sympathischen Nervensystems, wo nur Noradrenalin verwendet wird, und aus dem Nebennierenmark, das sowohl Adrenalin als auch Noradrenalin in den Kreislauf abgibt.

Der Frank-Starling'sche Mechanismus, d.h. die Erhöhung der Kontraktionskraft des Herzmuskels durch die Erhöhung der diastolischen Vordehnung, spielt bei der Erhöhung des Herzminutenvolumens bei Belastung im Normalfall bei Gesunden keine Rolle.

2.9.2 Die Herzfrequenz

Die Herzfrequenz (HF) ist die Anzahl der Herzaktionen (Kontraktionen) pro Zeiteinheit (Minute). Sie ist die am einfachsten zu registrierende physiologische Antwort auf Belastungsreize. Die HF nimmt bei Belastung linear mit der Belastungshöhe zu, bis beim symptomlimitierten Abbruch der Maximalwert erreicht wird. Bei körperlicher Ruhe wird die HF vor allem durch das im Gehirn lokalisierte Kreislaufzentrum eingestellt, das über das vegetative Nervensystem VNS wirkt.

2.9.2.1 HF-Regulation in Ruhe

Bei körperlicher Ruhe und bei geringer Belastung wird die HF durch verschiedene Faktoren wie Emotionen, aber auch zunehmende Außentemperatur beeinflusst. Über den Parasympathikus (über den Vagusnerv) „zügelt" das VNS die HF. Mittels Sympathikus wird die HF „angetrieben". Die Vagus-Aktivität ist für die Ruhe-HF bestimmend, daher führt eine Abnahme zur Erhöhung der Ruhe-HF. Grundsätzlich wird ein HF unter 100/min durch den Parasympathikus gesteuert, über 100/min durch den Sympathikus.

Ausdauersportler haben einen erhöhten Vagustonus und eine verringerte Fähigkeit den Blutdruck bei Orthostase (z.B. beim Aufstehen) zu halten, weshalb sie leichter kollapieren (vasovagale Synkope).

2.9.2.2 HF-Regulation bei Belastung

Es besteht eine lineare Beziehung von HF und Sauerstoffaufnahme, d.h. je höher die HF, desto mehr Sauerstoff wird aufgenommen, desto höher die Belastungsintensität. Bei Belastungen kommt es innerhalb von 4 Sekunden zum HF-Anstieg.

Die initiale schnelle Phase des HF-Anstiegs erfolgt durch die Hemmung des Vagus. Dauert die Belastung länger, führt dann die vermehrte Sympathikus-Aktivität zur HF-Steigerung.

Schon nach der schnellen Phase des HF-Anstiegs, stellt sich diese sehr genau auf die Erfordernisse des Stoffwechsels ein und steigt linear mit der Sauerstoffaufnahme an.

Die lineare Beziehung von HF und Sauerstoffaufnahme kann man u.a. auch aus der Fick'schen Formel ableiten: $\dot{V}O_2 = HF \times SV \times AVDO_2$. Da sich bei Belastung über einen weiten Bereich weder das Schlagvolumen noch die arteriovenöse Sauerstoffdifferenz gravierend ändern, bedeutet daher eine HF-Erhöhung eine proportionale Zunahme der Sauerstoffaufnahme.

Bei mehr als 80% der maximalen Leistung kann eine Abflachung dieses Anstiegs auftreten (so genannte anaerobe Schwelle nach Conconi). Insgesamt kann die HF, ausgehend von Ruhewerten um ca. das 3–4fache auf maximale Werte von bis zu über 200/min ansteigen (=Herzfrequenz-Reserve).

2.9.2.3 Die maximale Herzfrequenz

Die HFmax ist unabhängig vom Geschlecht und den Körpermaßen und nimmt mit dem Alter nach der Formel: HFmax=220 – Alter [Jahre] ab. Es muss aber besonders darauf hingewiesen werden, dass diese Formel nur einen statistischen mittleren Schätzwert ergibt, und dass die HFmax im Einzelfall erheblich sowohl nach oben wie auch nach unten abweichen kann.

Die tatsächliche individuelle HFmax kann nur mittels symptomlimitierter Ergometrie ermittelt werden!

Das Erreichen der HFmax zeigt, dass der Kreislauf an seinen Grenzen angelangt ist. Aus der Höhe der individuellen HFmax kann somit nicht auf die sportliche Leistungsfähigkeit geschlossen werden.

2.9.2.4 HF-Regulation nach Belastungsende

Nach Belastungsende sinkt die HF, durch Sympathikusabnahme und der Vagus wird wieder reaktiviert.

Deshalb zeigt eine rasche HF-Abnahme innerhalb der ersten Minute nach Belastungsende von über 15 Schlägen/min, eine schnelle Vagusaktivierung an (was u.a. mit einer geringeren Gesamtsterblichkeit einhergeht).

2.9.2.5 Bedeutung der Katecholamine bei der HF-Regulation

Unter dem Einfluss von Stressoren, wie auch die Muskeltätigkeit einer ist, schüttet das Nebennierenmark Katecholamine aus, die ebenfalls zum HF-Anstieg führen. Die Katecholamine im Blut sind somit Indikatoren des sympathischen Nervensystems. So beträgt die Konzentration der freien Katecholamine bei Belastungen im Liegen weniger als 50% derjenigen Konzentration bei aufrechter Körperhaltung.

2.9.2.6 Belastungsregelung mittels HF

Unabhängig von der tatsächlichen Leistungsfähigkeit zeigt die Ruhe-HF immer den Ruhezustand an und die maximale HF immer die 100%ige Auslastung des aeroben Systems, also die $\dot{V}O_2$max. Der Verlauf dazwischen ist linear.

Daher entspricht eine bestimmte HF immer dem gleichen Grad an Auslastung des aeroben Systems, also dem gleichen Prozentsatz der $\dot{V}O_2$max. Das gilt auch dann, wenn die $\dot{V}O_2$max durch äußere (Höhe, Hitze u.a.) oder innere Zustände (Ermüdung) vermindert oder durch einen Trainingseffekt verbessert wird.

Die HF zeigt also nicht die aktuelle Leistung, sondern die aktuelle Auslastung des Gesamtsystems an.

Insbesondere für extensives Ausdauertraining ist daher die individuelle Trainings-HF die einzige erforderliche Größe zur Einhaltung der richtigen Intensität.

Bei intensivem Ausdauertraining, das aber nur zur Vorbereitung auf leistungssportliche Wettkämpfe sinnvoll ist, ist weder die HF noch der Laktatspiegel als Regelgröße sinnvoll, sondern das angestrebte Wettkampftempo.

2.9.3 Steigerung des Schlagvolumens

Das Volumen des Herzens pro Ventrikel beträgt am Ende der Erschlaffungsphase ca. 70 ml/m^2 KO (=Enddiastolisches Volumen EDV). Da die Körperoberfläche in Größenordnungen von 1,5 bis 2,5 m^2 liegt, hat das Herz 100–175 ml Blut pro Ventrikel Fassungsvolumen. In der Systole werden 40–50 ml/m^2 in den Kreislauf gepumpt (=Schlagvolumen), das sind absolut 65–110 ml Blut, je nach Körpergröße.

Das Herz pumpt somit nur ca. 2/3 des Blutes aus den Ventrikeln, was einer Auswurffraktion (=SV/EDV) von ca. 60–65% entspricht. Damit verbleiben immer noch ca. 1/3 des ursprünglichen Blutvolumens im Herzen (=Endsystolisches Volumen).

Bei zunehmender körperlicher Belastung kommt es durch die ansteigenden Katecholamine zur SV-Zunahme um bis zu 50%, weil die Kontraktionskraft steigt. Das gesunde Herz wird also bei Belastung kleiner und pumpt daher pro Herzschlag fast das gesamte enddiastolische Volumen aus! Daher nimmt die Auswurffraktion unter Belastung zu.

Bei Untrainierten und Hobbysportlern steigt das SV nur bis einer Belastung von 50% $\dot{V}O_2$max und bleibt bei steigender Belastung konstant. Nur bei Hochleistungssportlern nimmt das SV bei steigender Belastung weiter zu. Besonders deutlich steigt das SV ab ca. 85% $\dot{V}O_2$max. Deshalb haben Leistungssportler eine höhere $\dot{V}O_2$max weil diese u.a. auch vom Herzminutenvolumen abhängt!

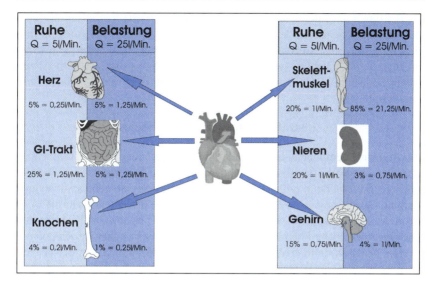

Abb. 12. Verteilung des kardialen Auswurfs an die wichtigsten Gewebe im Körper bei Ruhe und Belastung

2.9.4 Zunahme des Herzminutenvolumens

Jede körperliche Belastung verlangt eine Mehraufnahme an Sauerstoff und damit eine Steigerung des Herzminutenvolumens (HMV).

Die HF kann um das 3-Fache und das Schlagvolumen um das 1,5-Fache gesteigert werden. Daher ergibt sich eine Steigerung des HMV um maximal das 4,5-Fache auf 20 l/min. Leistungssportler erreichen ein HMV von bis zu 40 l/min, weil ihr Herz bei gleicher HF ein doppelt so hohes SV pumpt, im Vergleich zu Untrainierten!

2.9.5 Steigerung des Koronarkreislaufs

Die Zunahme der Pumpleistung der Herzmuskelzellen ist aber nur möglich, weil es zu einem deutlichen Anstieg der Durchblutung des Herzmuskels über die Herzkranzgefäße (Koronararterien) kommt. So sind für die Durchblutung des Koronarkreislaufs in Ruhe und bei Belastung etwa 5% des Herzminutenvolumens notwendig. Das sind bei körperlicher Ruhe ca. 250 ml Blut pro Minute. Bei maximaler Belastung steigt die Koronardurchblutung, nur für die Sauerstoff- und Nährstoffversorgung des Herzens selbst, auf bis zu 1 Liter Blut pro Minute! Die Fähigkeit des gesunden Herzens, die Durchblutung von 250 ml pro Minute auf das Vierfache unter maximaler Belastung zu steigern, nennt man Koronarreserve.

Bei Einengung der Koronararterien ist die Koronarreserve mitunter deutlich reduziert. So ist bei koronarer Herzerkrankung (KHK) die Durchblutung und somit die Sauerstoffversorgung des Herzens, vor allem unter Belastung, behindert. Dies führt zu typischen Herzbeschwerden (Angina pectoris) mit einem Druckgefühl am Brustkorb und der Gefahr, dass sich ein Herzinfarkt entwickelt.

2.9.6 Der Ventilebenenmechanismus

Der Ausdruck Ventilebene ist die funktionelle Bezeichnung für die Trennebene zwischen den Vorhöfen und den Kammern, die Atrio-Ventrikular-Ebene (AV-Ebene). Die AV-Ebene enthält die beiden AV-Klappen, die Trikuspidalklappe und die Mitralklappe. Die Bezeichnung Ventilebene bezieht sich auf die Ventilfunktion der Klappen. Der Ventilebenenmechanismus gewährleistet die vollständige diastolische Füllung der Ventrikel auch bei sehr hoher Herzfrequenz.

Der Ventilebenenmechanismus funktioniert folgendermaßen: Bei der Systole ist die Herzspitze funktionell fixiert und die Ventilebene mit den während der Systole geschlossenen AV-Klappen bewegt sich durch die Kontraktion des Myokards auf die Herzspitze zu. Dabei wird nicht nur aus den Kammern das Blut ausgetrieben, sondern es entsteht gleichzeitig in den Vorhöfen eine kräftige Sogwirkung, wie durch den Kolben einer Pumpe. Dadurch wird das Blut mit der Bewegung der Ventilebene mitgenommen und in jenen Bereich gebracht, der in der Diastole durch die Kammern eingenommen werden wird.

Während der folgenden diastolischen Erschlaffung der Ventrikel werden die Kammern sozusagen dem Blut „übergestülpt". Dieses Überstülpen des Ventrikels zu Beginn der Diastole entspricht der Phase der schnellen diastolischen Füllung der Kammern. Diese erfolgt ohne Kontraktion der Vorhöfe. Die Kontraktion der Vorhöfe erfolgt erst gegen Ende der Diastole. (Der Ventilebenenmechanismus erklärt auch, dass Patienten mit Vorhofflimmern, also ohne hämodynamisch wirksame Vorhofkontraktion, dennoch keine Probleme mit der diastolischen Füllung der Ventrikel haben, auch nicht während Belastung.)

2.9.7 Langfristige Trainingsanpassungen des Herzens

Eine Hauptwirkung des Ausdauertrainings ist die Zunahme des Tonus des Vagusnerves auf das Herz, wodurch es zu einer HF-Abnahme in Ruhe kommt, die so genannte Trainingsbradykardie. Sie kann Werte von 40/min und darunter annehmen. Auch bei gleichen submaximalen Belastungen ist die Herzfrequenz niedriger. Die maximale Herzfrequenz bleibt aber im Wesentlichen unverändert, so dass die Herzfrequenz-Reserve, das ist die mögliche Steigerung über den Ruhewert hinaus, zunimmt.

Bei umfangreichem Ausdauertraining kommt es auch zu einer Dickenzunahme des Myokards (= Hypertrophie der Herzmuskelzellen). Zur Hypertrophie kann es auch bei Bluthochdruck u.a. kommen. Um die Hypertrophie, die eine leistungsfähige Anpassung des Herzens auf Ausdauertraining ist, von jener zu unterscheiden, die Folge von krankhaften Prozessen ist, wird sie als physiologische Hypertrophie bezeichnet. Die Hypertrophie des Myokards beruht auf einer Dickenzunahme der einzelnen Myokardzellen, durch Vermehrung von Myofibrillen und Mitochondrien. Die Obergrenze der physiologischen Hypertrophie ist durch das kritische Herzgewicht von ca. 500 g gegeben, das von Sportherzen niemals überschritten wird. Ferner kommt es zu einer harmonischen Vergrößerung sämtlicher Herzhöhlen (Dilatation). Dadurch kann sich das Herzvolumen um bis zu 100% erhöhen, nämlich von 700 ml im Normalfall auf bis zu 1500 ml. Veränderungen sind erst bei über 6 Stunden Ausdauertraining pro Woche nachweisbar!

Gesunde große Herzen verkleinern sich bei Belastung. Ein vergrößertes Herz bei „Herzschwäche" (chronischer Herzinsuffizienz) wird bei Belastung infolge Inanspruchnahme des Frank-Starling'schen Mechanismus hingegen noch größer. Wenn Leistungssportler das Training beenden, bildet sich das Sportherz innerhalb eines Jahres um 200–400 ml zurück und nach 5–6 Jahren Inaktivität ist wieder ein altersentsprechender Normalzustand erreicht.

Die Zunahme der Kontraktionskraft durch die Hypertrophie, in Kombination mit der Vergrößerung der Ventrikel, führt bei ausdauertrainierten Leistungssportlern zur Verdoppelung des maximalen Schlagvolumens auf bis zu 250 ml pro Ventrikel! Ebenso kann die Herzfrequenz-Reserve auf das 4–5-Fache ansteigen. Das ergibt zusammen ein maximales HMV um das 8–10-Fache auf bis zu 40 l/min.

Diese extrem hohe HMV wird ohne Blutdruckerhöhung bewältigt! Dies bedeutet, dass der periphere Widerstand des Kreislaufs entsprechend abnimmt, bedingt durch eine Zunahme des Durchmessers der großen Gefäße und der Vermehrung der Kapillaren in der Muskulatur. Bei gleichen submaximalen Belastungen ist der Blutdruck daher bei Trainierten, ähnlich wie die Herzfrequenz, niedriger.

Bei Krafttraining wird in den sich kontrahierenden Muskeln ab etwa 20% der Maximalkraft zunehmend und ab 40% der Maximalkraft die Durchblutung vollständig unterdrückt. Werden beim Krafttraining große Muskelgruppen eingesetzt, kommt es daher zu einer Zunahme des peripheren Widerstandes mit unter Umständen beträchtlichem Blutdruckanstieg.

Deshalb entwickelt das Herz bei umfangreichem Krafttraining eine gegenüber dem Ausdauertraining verschiedene Adaptation: konzentrische Hypertrophie mit Zunahme der Herzmuskelmasse, jedoch ohne Zunahme der Herzhöhlen.

2.9.8 Rückbildungen kardialer Anpassungen

Auch beim Kreislauf werden bei Immobilität nicht benötigte Kapazitäten wieder abgebaut. Wie schnell sich die kardialen Anpassungen nach Trainingsende

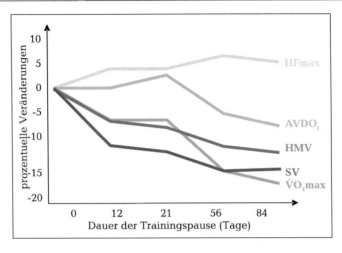

Abb. 13. Veränderungen der maximalen HF, des Schlagvolumens, der arteriovenösen Sauerstoffdifferenz, des Herzminutenvolumens und der $\dot{V}O_2$max nach 12 Wochen Trainingspause

zurückbilden, sieht man beeindruckend in Abb. 13. Spätestens 8 Wochen nach Trainungsende (z.B. durch Immobilisierung oder Winterpause) hat das SV um 15% abgenommen. Das HMV ist aber nur um 10% geringer geworden, da die HF um 5% ansteigt. Die kardiovaskuläre Abnahme nach Trainingsende führt zur Verminderung der maximalen Sauerstoffaufnahme.

Nach jahrelangem Hochleistungstraining dauert es einige Jahre bis auch der Kreislauf und die Herzgröße wieder einen „untrainierten" Zustand erreichen. Eine Schädigung ist allerdings nicht zu befürchten, wohl aber Beschwerden vegetativer Art in der Zeit der raschen Umstellung (Herzklopfen, Schwindel u.a.).

Überprüfungsfragen

Zu welchen Reaktionen kommt es am Herzen auf Belastungen?
Wie wird die HF gesteuert?
Wie ist der Zusammenhang zwischen HF und Sauerstoffaufnahme?
Welches Ausdauertraining kann mit der HF gesteuert werden?
Wie hoch kann das HMV bei Leistungssportlern liegen?
Wie hoch steigt die Koronardurchblutung bei maximaler Belastung?
Was versteht man unter Trainingsbradykardie?
Was unterscheidet ein Sportherz gegenüber krankhaften Herzveränderungen?
Wie lange dauert es, bis sich Trainingsanpassungen wieder zurückgebildet haben?

2.10 Lunge

2.10.1 Bedeutung der Lunge in der Organkette: Lunge – Herz/Kreislauf – Muskel

Lernziele
Ventilation
Diffusion
Perfusion
Ventilatorische Schwelle
Chemorezeptoren
Diffusionskapazität
Maximale Sauerstoffaufnahme
Atemäquivalent

Die Hauptaufgabe der Atmung ist die Sauerstoffaufnahme und die CO_2-Abgabe. Die Lunge ist eine der inneren Körperoberflächen, die dem Stoffaustausch zwischen Umgebung und Körperinnerem dienen. Da dieser Stoffaustausch durch Diffusion erfolgt, muss diese Oberfläche der Oberfläche aller Köperzellen entsprechen.

Die globale Funktion der Lunge ist die Arterialisierung (Sauerstoffanreicherung) des Blutes. Dies erfolgt durch das Zusammenspiel von 3 Teilfunktionen der Lunge:

- Ventilation = Belüftung der Lungen
- Diffusion = Gasaustausch an der alveolokapillären Membran
- Perfusion = Durchblutung der Lunge.

Da die Perfusion eine Leistung des Kreislaufs ist, müssen die Funktionen von Lunge und Kreislauf optimal abgestimmt sein. Durch den Kreislauf wird der Sauerstoff zur Muskulatur transportiert, wo der interne Gasaustausch stattfindet.

2.10.2 Die Ventilation

Die Ventilation ist das, was gemeinhin als Atmung bezeichnet wird und bedeutet die Belüftung des Alveolarraums. Da die Entfernung zwischen der Alveolaroberfläche und der Mundöffnung für die Diffusion zu groß ist, kann die Belüftung nur konvektiv, also über Luftströmung erfolgen. Die Luftströmung wird durch das Blasbalgprinzip erzeugt. Durch eine aktive Vergrößerung des Alveolarraums, nämlich durch die Kraft der Atemmuskeln entsteht gegenüber der freien Atmosphäre ein Unterdruck und es wird Luft aus der Atmosphäre angesaugt; es findet also Einatmung (Inspiration) statt.

Die Verbindung jeder einzelnen Alveole zur Außenluft erfolgt über das Bronchialsystem, die Luftleitungswege. Im Bronchialsystem findet im Gegensatz zu den Alveolen kein Gasaustausch statt, daher wird die Luft, die sich am Ende einer Inspiration im Bronchialsystem sowie auch im Rachen, Mund und in der Nase befindet, unverändert wieder abgeatmet. Deswegen wird das Bronchialsystem auch als anatomischer Totraum bezeichnet, der ca. 100–150 ml beträgt. Bei Ruheatmung macht der Totraum somit ca. 1/3 der gesamten Ventilation aus, d.h. der größere Teil der Atemminutenvolumen ist der alveoläre Anteil.

Neben dem anatomischen Totraum gibt es auch noch den funktionellen Totraum, dieser bezeichnet einen Zustand in dem die Atemluft zwar in den Alveolarraum gelangt, aber dort nicht am Gasaustausch teilnehmen kann, weil dieser Alveolarbezirk nicht ausreichend durchblutet (perfundiert) wird. Die Atemluft verlässt also diesen Alveolarbezirk ebenso sauerstoffreich und CO_2-arm wie sie angekommen ist. Der Alveolarbezirk funktioniert sozusagen nicht und verhält sich wie ein Totraum. Dies kann z.B. eine Folge von verschiedenen Lungenerkrankungen sein und ist nur mittels entsprechender Atemgasanalysen eruierbar.

Die Atemmuskulatur verbraucht einen Teil des aufgenommen Sauerstoffs für sich selbst (bis zu 10% bei intensiver Belastung). Pro Atemzug werden in Ruhe ca. 0,5 l ein- oder ausgeatmet (Atemzugvolumen [Vt]) mit einer Frequenz (f) von 16–20/min. Das ergibt in Ruhe ein Atemminutenvolumen AMV von 8–10 l Luft pro Minute.

Die Belüftung bewirkt einen beständigen Ersatz des in die Kapillaren abdiffundierenden O_2 und einen ebenso beständigen Abtransport des CO_2 in die Atmosphäre, so dass die Alveolarluft eine erstaunlich konstante Zusammensetzung aufweist, nämlich ca. 45 mm Hg CO_2 (durch Druckausgleich mit dem venösen Blut) und einem pO_2 von ca. 105 mm Hg (=atmosphärischen pO_2 vermindert um den pCO_2). Die Atmungsregelung erfolgt im Atemzentrum, im verlängerten Rückenmark (Medulla oblongata).

2.10.2.1 Die Atmung unter Belastung

Die Atmung kann willkürlich beeinflusst werden, allerdings nur bis auf submaximale Stufen und nicht mehr bei hoher Belastungsintensität. Die Atemfrequenz kann beim Erwachsenen bei intensiver Belastung bis auf 50–60 Atemzüge pro Minute ansteigen. Somit kommt es zu einer Verdreifachung der Ruheatemfrequenz. Das Atemminutenvolumen nimmt zunächst parallel zur Sauerstoffaufnahme zu.

Mit zunehmender Belastung, ab der sog. Ventilatorischen Schwelle (= VT, Ventilatorische Threshold) steigen das Laktat, die Katecholamine und auch die Körperkerntemperatur nicht linear, sondern steil an! Das gebildete Laktat setzt aus dem Bikarbonatpuffer des Blutes CO_2 frei. Damit steigt die insgesamt abzuatmende CO_2-Menge. Deshalb ist der Anstieg des Atemminutenvolumens ab diesem Belastungsniveau steiler als der Anstieg der Sauerstoffaufnahme. Die Belastungsintensität mit steilerer AMV-Zunahme im Verhältnis zur Sauerstoffaufnahme ist die respiratorisch anaerobe Schwelle.

Die Atmung wird primär durch Chemorezeptoren gesteuert, die wiederum durch pCO_2, H^+-Ionen, Katecholamine und durch die Körpertemperatur beeinflusst werden. (Je später die VT, desto schneller ist man z.B. beim Laufen, Radfahren. Denn der VT korreliert besser mit der Leistung als ein Laktatwert.)

Das maximal mögliche Atemzugvolumen überschreitet nicht 60% der Vitalkapazität.

Bei Untrainierten kann das AMV bei maximaler Belastung um etwa das 10-Fache auf 80–120 l Luft pro Minute gesteigert werden.

Bei Ausdauertrainierten im Hochleistungsbereich werden doppelte AMV-Werte von bis zu 220 l/min erreicht (Straßenradfahrer, Ruderer). Nach der Belastung fällt die erhöhte Atemfrequenz wieder ab, erreicht aber den Ausgangswert erst dann, wenn die Sauerstoffschuld beglichen ist; was bis zu 90 Minuten dauern kann. (Der Stimulus für die Ventilation ist dabei die durch das Laktat bedingte Azidose).

2.10.3 Die Diffusion

Die Diffusionsfläche der Lunge (das ist die Alveolaroberfläche) beträgt 80–120 m². Durch die besondere alveolare Architektur mit 300–500 Millionen Lungenbläschen (Alveolen) findet diese Fläche im Brustkorb Platz. An der Innenseite der Alveolarmembranen liegt ein engmaschiges Netz von Lungenkapillaren an, das 95% der Fläche der Alveolarmembranen bedeckt und somit für kurze Diffusionswege sorgt und damit die rasche Sauerstoffaufnahme und CO_2-Abgabe ermöglicht.

Die Diffusion ist ein physikalischer Vorgang, bei dem sich in Flüssigkeit gelöste oder gasförmige Stoffe entlang eines Konzentrations- oder Druckgefälles ausbreiten. Dieser Vorgang erfordert keine Energie. Im Falle der Lunge erfolgt die Diffusion durch die alveolo-kapilläre Membran, die ein Hindernis für die Diffusion darstellen kann. Allerdings de facto nur für Sauerstoff.

Auch bei Lungenerkrankungen, die mit einer schweren Behinderung der O_2-Diffusion durch die Membran einhergehen, ist die Diffusion des CO_2 nicht ernsthaft betroffen: die Diffusionskapazität für CO_2 ist, wegen der größeren Wasserlöslichkeit des CO_2, ca. 20mal größer als die für Sauerstoff.

Die Sauerstoffdiffusion hängt also einerseits von Eigenschaften der Lunge ab, andererseits vom Konzentrations- oder Druckunterschied am Anfang und am Ende der Diffusionsstrecke, die von der alveolarseitigen Oberfläche der Membran bis zum Hämoglobin im Erythrozyten geht. Dieser Druckunterschied ist der Diffusionsgradient zwischen dem alveolären pO_2 und dem mittleren lungenkapillären pO_2. Eine Zunahme des Gradienten beschleunigt die Diffusion.

Die Diffusionskapazität (DLO_2) der Lunge wird daher pro mmHg des Druckgradienten angegeben und beträgt in Ruhe 40 ml O_2/min/mmHg. Da der Druckgradient in Ruhe ca. 10 mm Hg beträgt, ist die DLO_2 ca. 400 ml Sauerstoff pro Minute. Dabei muss angemerkt werden, dass unter Ruhebedingungen, insbesondere bei aufrechter Haltung, die Diffusionseigenschaften im oberen und unteren Drittel der Lunge stark beeinträchtigt sind. Bedingt durch die Schwerkraft ist im oberen Drittel jeweils die Belüftung gut und die Durchblutung gering und umgekehrt, im unteren Drittel die Belüftung gering und die Durchblutung gut. Zur optimalen Nutzung der Diffusionskapazität müssen aber sowohl die Belüftung als auch die Durchblutung gleichermaßen optimal sein.

2.10.3.1 Die Diffusion unter Belastung

Unter Belastung verbessert sich die Diffusionskapazität der Lunge beträchtlich, da durch die Zunahme von Ventilation und Perfusion in der gesamten Lunge die Ungleichheiten aufgehoben werden und daher die gesamte Alveolarfläche optimal für die Diffusion genutzt werden kann. Es kommt daher unter Belastung zu einer Verdreifachung der Diffusionskapazität auf 120 ml O_2/min/mm Hg. Bei maximaler Belastung kann der Gradient zwischen Alveolarraum und mittlerem kapillären O_2 durch Hyperventilation einerseits und hohe arteriovenöse Sauerstoffdifferenz andererseits auf 55 mm Hg ansteigen.

Dadurch ist eine maximale Diffusionskapazität von 6600 ml Sauerstoff pro Minute möglich, was auch für höchsttrainierte Ausdauerathleten ausreichend ist. Als rein passiver Vorgang passt sich also die Diffusion nicht aktiv an Belastung an, sondern es werden unter Belastung die vorgegebenen Diffusionseigenschaften der Lunge besser ausgenützt. Dies wird durch Veränderungen der Ventilation, der Durchblutung und der Sauerstoffentnahme in der Muskulatur ermöglicht.

2.10.3.2 Die maximale Sauerstoffaufnahme

Was ist die maximale Sauerstoffaufnahme ($\dot{V}O_2$max)?

Mit zunehmender Leistung steigt die Sauerstoffaufnahme linear an und erreicht bei der Ausbelastung den maximalen Wert, also die $\dot{V}O_2$max, die auch als maximale aerobe Kapazität bezeichnet wird. (Generell bedeutet der Punkt über einem Buchstaben immer pro Zeiteinheit).

Die $\dot{V}O_2$max repräsentiert am zuverlässigsten die individuelle maximale Leistungsfähigkeit der Systemkette: Atmung-Kreislauf-Muskelstoffwechsel.

Als $\dot{V}O_2$max wird jene Sauerstoffaufnahme bezeichnet, bei der eine weitere Steigerung der Leistung zu keiner weiteren Zunahme der Sauerstoffaufnahme $\dot{V}O_2$ führt. (Dieses Phänomen wird auch als leveling off bezeichnet. Wird kein leveling off festgestellt, so wird vom $\dot{V}O_2$-Peak gesprochen. Sie ist umso höher, je höher die erbrachte Leistung ist.)

Die gesamte Energiebereitstellung erfolgt prinzipiell oxidativ, auch wenn kurzfristig zusätzlich eine anaerobe Energiebereitstellung möglich ist. Das eigentliche Maß für die Energiebereitstellung wären kcal/min, die aber nicht oder nur mit großem Aufwand direkt gemessen werden können (direkte Kalorimetrie). Ersatzweise wird mittels Atemgasanalyse die Sauerstoffmenge (O_2) gemessen, die für die Energiebereitstellung gebraucht wird (indirekte Kalorimetrie).

Die Sauerstoffaufnahme kann direkt in kcal umgerechnet werden, denn näherungsweise gilt: 1 Liter O_2=5 kcal.

Die $\dot{V}O_2$max gibt also an, wieviel Liter Sauerstoff bei äußerster Stimulierung der oxidativen Energiebereitstellung über die Atmung aufgenommen werden können. Sie ist damit ein zuverlässiges, gut reproduzierbares und leicht messbares Maß für die aeroben organischen Grundlagen der Leistungsfähigkeit und somit eine globale Kennzahl für die Leistungsfähigkeit von:

- Atmung
- Kreislauf, insbesondere das HMV
- Muskelstoffwechsel (aerobe Energie – Mitochondriendichte).

Die $\dot{V}O_2$max wird ergometrisch zum Zeitpunkt des erschöpfungsbedingten Abbruchs gemessen, steht also für sportliche oder andere Leistungen nicht wirklich zur Verfügung. Nutzbar ist nur ein bestimmter Prozentsatz der $\dot{V}O_2$max, der sowohl von der Belastungsdauer als auch vom Trainingszustand abhängt.

Was limitiert die maximale Sauerstoffaufnahme?

Die $\dot{V}O_2$max wird von mehreren anthropometrischen Variablen erheblich beeinflusst. So ist eine normale $\dot{V}O_2$max/kg KG für einem 60 kg schweren, schlanken Mann ca. 45 ml/kg KG ($\dot{V}O_2$max=2700 ml/min), für einen 100 kg schweren, schlanken hingegen nur 35 ml ($\dot{V}O_2$max=3500 ml/min). Daher ist es sinnvoll die $\dot{V}O_2$max in Prozent eines Referenzwertes anzugeben, in dessen Berechnung das Geschlecht, das Alter und die Körpermasse einbezogen werden: $\dot{V}O_2$max%Ref.

Eine normale $\dot{V}O_2$max ist dann immer 100% (+/–10) unabhängig von Alter, Körpermaßen und Geschlecht.

Die $\dot{V}O_2$max wird primär durch die Mitochondrienmasse der Skelettmuskulatur und durch das maximale HMV limitiert!

Denn die vorgeschalteten Systeme der Sauerstoffanlieferung – Gefäße, Blut und Herz – sind in ihrer Kapazität immer an die Mitochondrienmasse angepasst! Ist die Sauerstoffanlieferung wegen Erkrankung oder Inaktivität vermindert, dann nimmt auch die Mitochondrienmasse ab. Also auch ohne Krankheit werden die Mitochondrienmasse und damit auch die Dimensionen der Kreislauforgane durch Inaktivität reduziert.

Eine gewisse Ausnahme bildet die Lunge, deren Diffusionsfläche eine fixe Größe ist und sich durch Schwankungen der Mitochondrienmasse nicht ändert. Allerdings kann auch die Lunge im Krankheitsfall die Möglichkeit der Sauerstoffanlieferung begrenzen.

Die $\dot{V}O_2$max ist in der 3. Lebensdekade am höchsten. Ab der 4. Lebensdekade beginnt der Rückgang der $\dot{V}O_2$max, der so genannte Altersgang (siehe Abb. 14). Das bedeutet, dass die Fähigkeit der Zellen zur Energiebereitstellung mit dem Alter abnimmt. Mit etwa 100 Lebensjahren ist die $\dot{V}O_2$max so weit abgesunken, dass sie in die Nähe des Grundumsatzes (2 METs) kommt. Das führt zum Zusammenbruch (Dekompensation) des Kreislaufes (=Zeitpunkt des natürlichen Todes).

Trainierbarkeit der $\dot{V}O_2$max

Durch Wachstum der organischen Grundlagen – Mitochondrienmasse, Kapillardichte, Gefäßquerschnitte, Herzgröße – kann die $\dot{V}O_2$max bei geeigneter Reizsetzung im Verlauf mehrerer Jahre um bis zu 100% zunehmen. Eine weitere Zunahme ist durch die begrenzte und nicht trainierbare Diffusionsfläche der Lunge nicht möglich. Diese Trainierbarkeit unterliegt nicht dem Altersgang, d.h. auch mit 70 Jahren kann nach langjährigem Training die

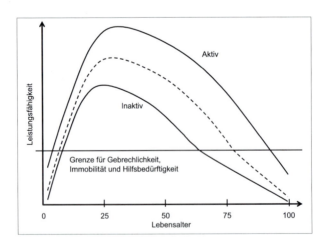

Abb. 14. Änderung der Leistungsfähigkeit im Altersgang

individuelle $\dot{V}O_2$max um bis zu 100% über dem altersentsprechenden Referenzwert liegen.

Die entscheidende Trainingsmaßnahme zur Erhöhung der $\dot{V}O_2$max ist die Erhöhung des Trainingsumfanges. Die Intensität spielt dabei eine untergeordnete Rolle. Sie muss lediglich über 50% der $\dot{V}O_2$max liegen. (Durch intensives Training wird die Ausnutzung der $\dot{V}O_2$max, das ist die Erhöhung der anaeroben Schwelle, ANS, MLSS, erhöht.)

2.10.3.3 Das Atemäquivalent

Das Atemäquivalent (AÄ) bringt die Ökonomie der Atmung zum Ausdruck. Es gibt an, wieviel Liter Luft ventiliert werden müssen, um 1 Liter Sauerstoff aufzunehmen:

$$AÄ = \dot{V}_E / \dot{V}O_2$$

In Ruhe hat das AÄ einen Wert von ca. 30. Mit zunehmender Belastung sinkt es auf 20 bis 25, um dann bei weiterer Belastungssteigerung bis zur Erschöpfung auf Werte bis zu 30 und darüber anzusteigen. Der tiefste Wert unter Belastung ist der Punkt des optimalen Wirkungsgrades der Atmung und entspricht der respiratorisch anaeroben Schwelle. Der Wiederanstieg des Atemäquivalents entsteht, weil das Atemminutenvolumen nicht parallel zur $\dot{V}O_2$ weiter ansteigt, sondern parallel zum $\dot{V}CO_2$. Das Atemäquivalent ist geeignet, die Ausbelastung der Ventilation zu zeigen.

2.10.4 Die Perfusion

Die Perfusion (Durchblutung der Lunge) ist die Leistung des Kreislaufs. Die Schlagvolumina des rechten und des linken Ventrikels sind exakt aufeinander abgestimmt. Das HMV des Lungenkreislaufs wird nach den gleichen Prinzipien gesteigert wie das des großen Kreislaufs.

2.10.5 Die langfristige Anpassung der Lunge an das Ausdauertraining

Die Lunge ist das einzige Organ der an der oxidativen ATP-Produktion beteiligten Organkette, das auf Ausdauertraining nicht mit einer Hypertrophie nach dem Prinzip „Mehr vom Gleichen" reagiert. Die Anzahl der Alveolen und auch die Zahl der Kapillaren ist vorgegeben und ändert sich nicht durch Training. Daher wird auch die Diffusionskapazität im Wesentlichen durch Training nicht verändert. Sie beträgt ja bereits bei untrainierten Normalpersonen unter Belastung knapp 7 l O_2/min. Das bedeutet, dass untrainierte Personen mit einer $\dot{V}O_2$max von 3 l/min ihre an sich vorhandene Diffusionskapazität nur zur Hälfte ausnützen.

Die Lunge ist daher bei Untrainierten und auch bei gutem Ausdauertrainingszustand von weniger als 100% über der Norm für die Sauerstoffaufnahme nicht limitierend. Es erfolgt also immer eine vollständige Sauerstoffsättigung (Arterialisierung) des Blutes.

Nach einer chirurgischen Entfernung eines Lungenflügels (Pneumektomie) beträgt die Diffusionskapazität immer noch gute 3 l/min. Es kann noch immer eine normale $\dot{V}O_2$max aufrecht erhalten werden, sofern ausreichende Bewegungsreize für Kreislauf und Stoffwechsel vorhanden sind.

Durch ein Ausdauertraining werden die Atemmuskeln, der Kreislauf und die oxidativen Enzymsysteme trainiert, was bei hochtrainierten Ausdauersportlern dann die maximale Nutzung der immer schon vorhandenen Diffusionskapazität mit einer $\dot{V}O_2$max von ca. 7 l/min ermöglicht.

2.10.5.1 Die Ventilation

Durch Training nimmt das Atemzugvolumen unter Belastung zu. Die maximale Atemfrequenz bleibt beim Training in etwa gleich. Daher ist bei Hochtrainierten das maximale Atemminutenvolumen um bis zu 100% höher als bei Untrainierten. Auf submaximalen Belastungsstufen gestattet das höhere Atemzugvolumen eine geringere Atemfrequenz, was der Ökonomie der Atmung zugute kommt (geringerer Totraumanteil, geringerer Sauerstoffverbrauch der Atemmuskulatur).

Überprüfungsfragen

Wie wird die Atmung gesteuert?
Was versteht man unter Totraum der Lunge und wie groß ist er?
Wie ändert sich die Atmung während der Belastung?
Was ist die ventilatorische Schwelle?
Wie hoch ist die Diffusionskapazität unter Ruhe und bei maximaler Belastung?
Wie geht die Umrechnung der Sauerstoffaufnahme auf den Energieumsatz?
Wovon hängt die Größe der $\dot{V}O_2$max ab?
Wie ist der Altersgang der $\dot{V}O_2$max?

2.11 Andere Organe

Jene Organsysteme der Kette „Atmung, Kreislauf, Muskulatur", die unmittelbar mit der Muskeltätigkeit oder der Energiebereitstellung für die arbeitende Muskulatur befasst sind, entwickeln funktionelle und morphologische Trainingsanpassungen. Aber auch Organe außerhalb dieser Kette reagieren auf Ausdauertraining, weil sie zwar indirekt, aber unabdingbar an der Erbringung von körperlicher Leistung beteiligt sind.

2.11.1 Leber

Die Leber ist die biochemische Zentrale, in der wesentliche Prozesse des Zucker-, Fett- und Eiweißstoffwechsels während und nach Belastungen ablaufen. Die Leber wird, in Abhängigkeit vom Trainingsumfang, in ähnlicher Weise belastet wie der Muskelstoffwechsel oder der Kreislauf. Deshalb ist es nicht überraschend, dass es durch Ausdauertraining zu einer Hypertrophie der Leber kommt. Tatsächlich kommt es zu einer Lebervergrößerung, die quantitativ in etwa der physiologischen Herzhypertrophie entspricht.

2.11.2 Nebennieren

Auch die Nebennieren sind als zentrales Organ der Regelung der Stressreaktion bei regelmäßigem Training nachhaltig durch die Produktion von Katecholaminen einerseits und Kortikoiden andererseits gefordert und reagieren daher mit einer Hypertrophie sowohl des Nebennierenmarks als auch der -rinde.

3 Wirkungen des Ausdauertrainings bei Erkrankungen

3.1 Hypertonie

Der Bluthochdruck (siehe Tabelle 4) ist eine sehr häufige Erkrankung, die bei über 50% aller über 60jährigen auftritt. Die Hälfte aller Hochdruckfälle ist auf eine bestehende Adipositas (BMI > 30) zurückzuführen (siehe Abb. 15). Viele Betroffene wissen nicht, dass sie unter Bluthochdruck leiden und Hochrisikopatienten für Schlaganfall und Herzinfarkt sind, den beiden gefährlichsten Hypertoniefolgen (siehe Abb. 16)!

Tabelle 4. Zielwerte des Blutdrucks. Ab wann spricht man von Hypertonie?

Ideal	< 120/80 mm Hg
Normal	120–129/80–84 mm Hg
Hoch Normal	130–139/85–89 mm Hg
Hypertonie	> 140/> 90 mm Hg
Isolierte systolische Hypertonie	> 140/< 90 mm Hg

Durch erhöhten Blutdruck kommt es u.a. zu einer frühzeitigen Verdickung und Elastizitätsabnahme der arteriellen Blutgefäße und im Weiteren zur Verkalkung (Atherosklerose). Schon ein geringer Anstieg des systolischen Blutdrucks um

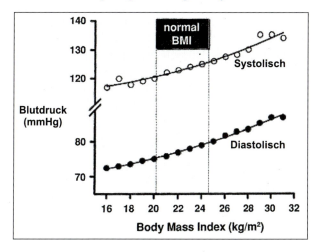

Abb. 15. Bei Übergewicht steigt der Blutdruck und führt ev. zum Bluthochdruck

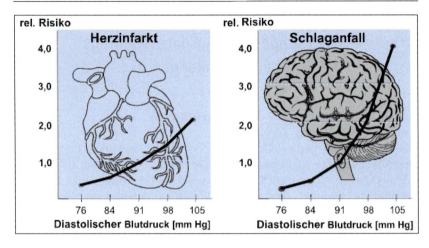

Abb. 16. Die beiden gefährlichsten Folgen der Hypertonie

nur 2 mmHg erhöht das Risiko eines tödlich verlaufenden Schlaganfalls um 7% und das einer fatalen KHK um 5%. Oder anders ausgedrückt:

Durch eine Blutdrucksenkung um nur 10 mmHg sinkt das Schlaganfallrisiko um 1/3 (siehe Abb. 17).

Diese wenigen Daten sollen die Bedeutung der Prävention mittels Ernährung (incl. salzarme Diät) und Bewegung verdeutlichen.

Heute kann man die Wirkung eines einzigen Ausdauertrainings auf die Innenauskleidung der Gefäße (Endothelien) nachweisen! Durch den belastungsbedingten erhöhten Blutfluss entstehen stärkere Scherkräfte an den Gefäßendothelien, die als Folge vermehrt NO produzieren. NO führt zur Relaxation (Erschlaffung) der glatten Gefäßmuskulatur mit Blutdruckabnahme.

Durch vermehrten oxidativen Stress der Blutgefäße nimmt die gefäßschützende NO-Produktion ab. Erhöhter Blutzucker (charakteristisch für Insulinresistenz und Diabetes) führt zu besonders hohem oxidativen Stress. Langfristige Folgen sind dann u.a. Gefäßverengung mit Bluthochdruck und Artherosklerose.

Durch Ausdauertraining wird nicht nur die NO-Produktion erhöht, sondern der Sympathikotonus reduziert und der Parasympathikus aktiviert. Dies wird schon nach einigen Wochen Ausdauertraining, sowohl bei Gesunden wie auch bei KHK-Patienten, deutlich. Erkennbar ist dies in der Abnahme der Ruheherzfrequenz und Senkung des Katecholaminspiegels auf gleicher Belastungsstufe.

Etwa 80% der Patienten aller Altersgruppen mit Bluthochdruck reagieren auf Ausdauertraining mit einer Senkung des Ruhe- und Belastungsblutdruckes

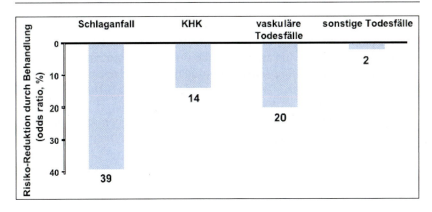

Abb. 17. Was erreicht man durch eine Blutdruckeinstellung?

um 3,0 mmHg. Der systolische Blutdruck reagiert dabei stärker als der diastolische, erhöhte Blutdruckwerte werden stärker gesenkt als normale und der Blutdruck während des Tages wird stärker gesenkt als der während der Nacht. Der blutdrucksenkende Effekt ist dabei umso größer, je höher der Blutdruck vor Trainingsbeginn ist.

Ein verminderter Blutdruck (Hypotonie) als Folge von Ausdauertraining ist nicht zu befürchten und auch eine bestehende Hypotonie wird durch Ausdauertraining nicht verstärkt. Die gelegentliche Empfehlung, kein Ausdauertraining bei Hypotonie, ist daher nicht gerechtfertigt. Training hat auch eine präventive Wirkung: die Wahrscheinlichkeit eine Hypertonie zu bekommen, ist bei regelmäßig trainierenden Menschen geringer. Entscheidend für die Wirkung ist nicht die Bewegung an sich, sondern tatsächlich das Training, da die geschilderten Wirkungen vom Trainingszustand abhängen. Bis zu einer Leistungsfähigkeit von ca. 150% des Normalwertes nimmt die Wirkung zu. Mehr Training und mehr Fitness bringen keine zusätzlichen Effekte.

Die herzfrequenzsenkende Wirkung des Ausdauertrainings trägt zur Verringerung des Druck-Frequenz-Produktes bei und damit sinkt der myokardiale Sauerstoffverbrauch bei gleichen Belastungen. Die Frequenzsenkung bewirkt, dass die Belastung des Herzens bei Trainierten trotz Training geringer ist als bei Untrainierten ohne Training. Wenn durch das Training die Herzfrequenz um durchschnittlich 10/min abgesenkt worden ist, sind das in 24 Stunden rund 14.400 Schläge (und Klappenaktionen) weniger.

Wird 30 Minuten mit einer Herzfrequenz von 50/min über dem Ruhewert trainiert, so sind das 1.500 zusätzliche Schläge, aber netto immer noch 12.900 Schläge/Tag weniger als für das untrainierte Herz ohne Training. Daher ist Ausdauertraining nach Herzklappenoperationen grundsätzlich zulässig.

3.2 Fettstoffwechselstörungen

Durch körperliche Aktivität werden Lipide und Apolipoproteine günstig beeinflusst. Ausdauertraining senkt geringfügig Triglyzeride und Cholesterin, und zwar erhöhte Werte stärker als normale. Das „gute" HDL-Cholesterin steigt leicht an (um bis zu 5%).

Durch Ausdauersport werden vor allem die atherogenen Apolipoproteine B um fast 20% gesenkt! Das sind jene Fette, die bei Erhöhung zur Gefäßverkalkung führen.

3.3 Koronare Herzerkrankung

Bereits vor über 50 Jahren konnte in einer Studie an Busfahrern und Schaffnern englischer Doppeldeckerbusse gezeigt werden, dass die körperlich inaktiven Busfahrer eine doppelt so hohe Herzinfarktrate hatten als die rauf und runter laufenden Schaffner.

Ebenso ist seit über 50 Jahren bekannt, dass die Verkalkung der Herzkrankgefäße (Koronarsklerose) bei Bewegungsmangel schon in jungen Jahren beginnt. So hat bereits einer von 20 jungen Männern im Alter zwischen 25

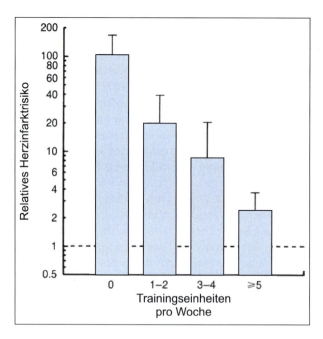

Abb. 18. Untrainierte haben bei körperlicher Belastung ein fast 100faches Herzinfarktrisiko, Trainierte nur das doppelte

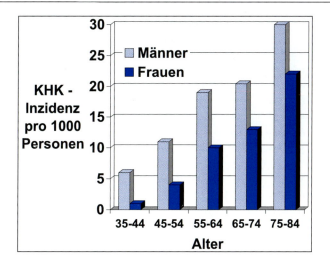

Abb. 19. Alter als wichtiger Risikofaktor für die Entwicklung der koronaren Herzerkrankung

bis 30 Jahren eine fortgeschrittene Atherosklerose mit Einengung (Stenose) der Herzkranzgefäße um über 40%! Bei über 30jährigen Männern ist bereits jeder 5. betroffen. Die Betroffenen wissen nicht, dass sie ein erhöhtes Herzinfarktrisiko haben, weil erst bei höher gradiger Gefäßverengungen typische Herzbeschwerden auftreten.

In der weltweit durchgeführten INTERHEART-Studie wurde nachgewiesen, dass 8 Risikofaktoren die Ursache für über 90% aller Herzinfarkte sind (siehe Abb. 20):

– Rauchen
– Erhöhte Blutfette insb. Apolipoprotein B/Apolipoprotein A1 über 0,6
– Hypertonie
– Übergewicht und insb. Fettsucht
– Diabetes mellitus
– Stress
– Ernährung
– Bewegungsmangel.

Fast alle dieser Risikofaktoren sind durch einen entsprechenden Lebensstil vermeidbar. Darüber hinaus gibt es noch unvermeidbare Risikofaktoren wie Alter, Geschlecht und Vererbung, denen sich kein Mensch entziehen kann (siehe Abb. 19).

Je mehr Risikofaktoren, desto wahrscheinlicher kommt es zu Herzinfarkt und/oder Schlaganfall. Die umfassende Wirkung des Ausdauertrainings

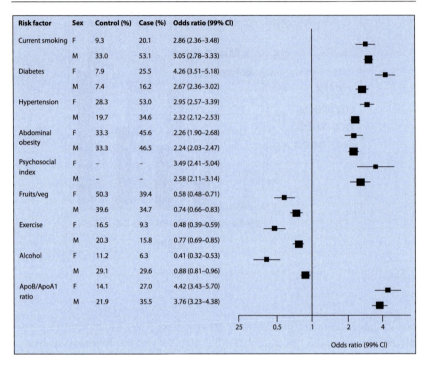

Risk factor	Sex	Control (%)	Case (%)	Odds ratio (99% CI)
Current smoking	F	9.3	20.1	2.86 (2.36–3.48)
	M	33.0	53.1	3.05 (2.78–3.33)
Diabetes	F	7.9	25.5	4.26 (3.51–5.18)
	M	7.4	16.2	2.67 (2.36–3.02)
Hypertension	F	28.3	53.0	2.95 (2.57–3.39)
	M	19.7	34.6	2.32 (2.12–2.53)
Abdominal obesity	F	33.3	45.6	2.26 (1.90–2.68)
	M	33.3	46.5	2.24 (2.03–2.47)
Psychosocial index	F	–	–	3.49 (2.41–5.04)
	M	–	–	2.58 (2.11–3.14)
Fruits/veg	F	50.3	39.4	0.58 (0.48–0.71)
	M	39.6	34.7	0.74 (0.66–0.83)
Exercise	F	16.5	9.3	0.48 (0.39–0.59)
	M	20.3	15.8	0.77 (0.69–0.85)
Alcohol	F	11.2	6.3	0.41 (0.32–0.53)
	M	29.1	29.6	0.88 (0.81–0.96)
ApoB/ApoA1 ratio	F	14.1	27.0	4.42 (3.43–5.70)
	M	21.9	35.5	3.76 (3.23–4.38)

Abb. 20. Die wichtigsten Risikofaktoren, die für über 90% aller Herzinfarkte verantwortlich sind. (Bewegung, Alkohol und Früchte wirken reduzierend)

auf Herz und Blutgefäßsystem macht es daher zum erstrangigen Mittel in Prävention und Rehabilitation koronarer Herzerkrankungen (KHK).

Zusammenfassend: Die enge Korrelation von Sterblichkeit (Mortalität) mit der maximalen Sauerstoffaufnahme zeigt, dass eine $\dot{V}O_2$max über 30 ml/min/kg mit einer deutlich geringeren Mortalität einhergeht. Um die $\dot{V}O_2$max auf diese Werte zu steigern bzw. um ein altersbedingtes Fortschreiten der Koronargefäßeinengung zu verzögern, sind 2 Bedingungen notwendig: erstens ein Bewegungsumfang von mind. 2000 kcal pro Woche (3 Stunden) und zweitens eine Mindestintensität von 60–65% der $\dot{V}O_2$max. Ein stundenlanges Spazierengehen führt zu einer geringeren Reduktion des KHK-Risikos, aber nur die Gehgeschwindigkeit (= Intensität) korreliert negativ mit der KHK (siehe Mindestbelastung Pkt. 5.2) Somit ist ein „schärferes" Gehen notwendig, um in den trainingswirksamen Bereich zu gelangen – mit Intensitätskontrolle durch eine Pulsuhr. Übrigens reduziert auch Krafttraining des KHK-Risikos um bis zu 25%.

3.4 Insulinresistenz und Diabetes mellitus Typ 2 (NIDDM)

Diabetes mellitus Typ 2 ist die Folge eines fortschreitenden Versagens der sog. ß-Zellen der Bauchspeicheldrüse, die das Insulin bilden. Die Zerstörung der Inselzellen des Pankreas erfolgt durch den oxidativen Stress von chronisch erhöhtem Blutzucker.

> **Zucker, insb. Einfachzucker (Monosaccaride), wirken toxisch auf die Inselzellen des Pankreas – sog. Glukotoxizität.**

Somit sind besonders jene Menschen gefährdet Diabetes zu bekommen, die bei genetischer Veranlagung zusätzlich übermäßig zuckerreiche Nahrungsmittel konsumieren (z.B. Softdrinks).

Mit steigendem Energieverbrauch durch körperliche Bewegung (von 500 kcal auf 3.500 kcal) entwickelt sich viel seltener ein nicht Insulinabhängiger Diabetes mellitus (NIDDM). *Ein schrittweiser Anstieg des Energieverbrauchs um 500 kcal reduziert das Risiko für NIDDM um 6%.* Der schützende Effekt der körperlichen Bewegung ist insbesondere bei Personen mit hohen Risikofaktoren für NIDDM (wie z.B. einem hohen BMI, elterlicher Diabetes mellitus, Bluthochdruck) am größten (siehe Abb. 21).

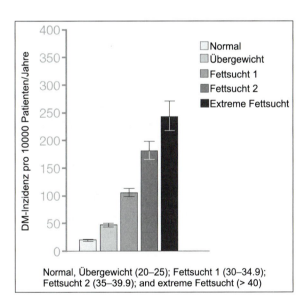

Abb. 21. Je höher der BMI, desto häufiger Diabetes mellitus Typ 2, Bluthochdruck und Fettstoffwechselstörungen

Bis sich ein NIDDM entwickelt, besteht meist 10–20 Jahre lang eine Insulinresistenz. Diese ist durch eine verminderte Insulin-Wirkung gekennzeichnet. Zeichen der Insulinresistenz, dem Diabetes-Vorstadium, sind:

- verminderte Glukoseaufnahme der Zellen, mit erhöhtem Nüchternblutzucker (über 100mg/dl) und damit KH-Mangel der Zellen;
- dauernde Müdigkeit durch den Energiemangel;
- durch die verminderte Insulinwirkung wird die Lipolyse nicht ausreichend gehemmt. Dadurch steigen die freien Fettsäuren im Blut mit all den katastrophalen Konsequenzen;
- vermehrte Insulinfreisetzung, weil der Körper die verminderte Insulinwirkung durch vermehrte Insulinproduktion überspielt;
- ungehemmte Glukosefreisetzung aus der Leber.

Obwohl Insulin in ausreichender und meist sogar in erhöhter Konzentration im Blut vorhanden ist, können die Zellen keine Glukose aufnehmen, weil die Zellen nicht mehr sensibel auf den „Glukosepförtner" Insulin reagieren (=Insulinresistenz)! Körperliche Bewegung weist günstige Effekte auf die Insulinresistenz bei Adipösen und Personen mit Diabetes mellitus Typ 2 auf. Ebenso wird die Glucosetoleranz bei Adipösen verbessert. Ausdauertraining erhöht die Dichte an Insulinrezeptoren an der Muskelzellmembran. Die Folge ist eine Verbesserung der Insulinsensitivität und des Glukosetransports. Auch Krafttraining wäre wichtig, weil dadurch die metabolisch aktive Muskelmasse ansteigt.

Da die Lipolyse sehr insulinempfindlich ist, wird sie bereits durch geringste Insulinmengen gehemmt! Für Glukoseaufnahme in den Muskel sind aber 10 mal höhere Insulinkonzentrationen notwendig.

Bei Insulinresistenz liegen erhöhte Insulinspiegel vor, die neben Lipolysehemmung auch zu anaboler (=aufbauender) Wirkung führen. Dies zeigt sich durch Fettablagerung besonders um die Leibesmitte („Schwimmreifen"). Auch mit zunehmendem Alter nimmt die Empfindlichkeit der Zellen auf Insulin etwas ab und führt so zu erhöhtem Insulinspiegel, der u.a. zum „Baucherl" führt. Gegenüber dieser altersbedingten Abnahme der Insulinsensitivität, ist jedoch die Mehrzahl der Insulinresistenz durch mangelnde Bewegung und atrophe Muskulatur bedingt, meist schon in jungen Jahren. So haben schon viele dicke Kinder eine Insulinresistenz.

Etwa jeder 3.-4. Übergewichtige ist insulinresistent, erkennbar am atherogenen Blutfettprofil mit erhöhten Triglyceriden über 150 mg/dl und verminderten HDL unter 40 mg/dl. Menschen mit Insulinresistenz haben ein doppelt so hohes Risiko für Diabetes mellitus Typ 2, Hochdruck, KHK (koronare Herzerkrankung) und Schlaganfall (dritthäufigste Todesursache). Daher profitieren gerade die insulinresistenten Übergewichtigen „Hochrisikopatienten" am meisten von einer Gewichtsabnahme und Bewegungstherapie. Für die Entstehung der gefährlichen Insulinresistenz sind nicht nur genetische Faktoren und zunehmendes Lebensalter verantwortlich, die beide nicht beeinflussbar sind, sondern entscheidend verstärkt und beschleunigt wird diese Entwicklung durch beeinflussbare Lebensstilfaktoren, wie Übergewicht und Bewegungsmangel.

Bei Bewegungsmangel kommt es zur Muskelatrophie und damit zur Störung der Glukoseaufnahme, weil die Masse des glukoseaufnehmenden Gewebes vermindert wird.

> Normalerweise werden ca. 90% der mit der Nahrung aufgenommenen Glukose von der Muskulatur aus dem Blut entfernt.

Die Verminderung der Insulinrezeptoren an der Muskelzellmembran bedingt eine verminderte Insulinsensitivität. Dies bedeutet, dass für die gleiche Blutzuckersenkung eine höhere Insulinproduktion erforderlich ist. Dies hat zur Folge, dass langfristig ein erhöhter Insulinspiegel besteht und sich die Langerhans'schen Inselzellen des Pankreas, die das Insulin produzieren, erschöpfen und absterben. Da Insulin ein anabol wirkendes Hormon ist, fördert es u.a. die Hypertrophie der glatten Muskelzellen in den Gefäßwänden. Die Folge ist die Entwicklung von Bluthochdruck und Arteriosklerose! Die anabole Wirkung ist auch zuständig für die Förderung des Wachstums von Karzinomzellen, was eine Erklärung für das statistisch gehäufte Zusammentreffen von Hyperinsulinismus und verschiedenen Tumoren ist (Brust- und Eierstockkrebs u.a.).

Diabetes ist eine „Wohlstandskrankheit" und häufigste Ursache von Erblindung, Amputation und Nierenversagen. DM hat sich in den letzten 50 Jahren verzehnfacht und schon jetzt sind 10% der Amerikaner daran erkrankt. Eines von 3 Neugeborenen wird Diabetiker werden!

Zusammenfassend: Kombiniertes Ausdauer- und Krafttraining führen zur Verbesserung der Glukoseaufnahme in der Muskulatur durch:

– Vermehrung der Muskelmasse durch Muskelaufbautraining (Krafttraining),
– Erhöhung der Insulinrezeptordichte an den Muskelzellen mit Verbesserung der Insulinsensitivität,
– Zunahme der Glukosetransporterproteine (GLUT4) in der Zellmembran und damit zur verbesserten Glukoseaufnahme in die Muskulatur – jedoch nur des trainierten Muskels (sowohl durch Ausdauer- als auch Krafttraining).

3.5 Depression

Training hat eine stimmungsaufhellende und antidepressive Wirkung, deshalb wäre der belebende Trainingseffekt gerade bei älteren Menschen das Mittel der Wahl zur Verbesserung der Lebensqualität, wie auch zur Sicherung eines unabhängigen Lebens. Denn viele Senioren bewegen sich oft weniger als 30 Minuten täglich im Freien!

> **Inaktive Personen mit überwiegend sitzendem Lebensstil („couchpotatoes") erleben den höchsten Stress und sind am unzufriedensten!**

Bei körperlich Aktiven, mit einer WNTZ von 2–4 Stunden, findet man die höchste „mental well-being". Aktive leben also nicht nur länger, sondern besser und sind zufriedener!

Bemerkenswert ist, dass Training alleine bei allen genannten Indikationen wirksam ist. Bei medikamentöser Therapie müsste für jede Indikation ein anderes Medikament verordnet werden. Mit klinisch relevanten Trainingswirkungen ist frühestens nach ca. 8 Wochen Training zu rechnen. Bei regelmäßiger Fortsetzung über Jahre werden die Trainingswirkungen eher verstärkt. Eine Aktivitätszunahme von 1000 kcal/Woche (etwa 1,5 Std. WNTZ) bringt eine 20%ige Verringerung der Gesamtsterblichkeit.

> **Je fitter, d.h. leistungsfähiger, desto geringer ist die Gesamtsterblichkeit! (Das wusste auch schon Charles Darwin.)**

Daher sollte man primär auf den Erhalt bzw. die Verbesserung der Leistungsfähigkeit achten und nicht nur einen aktiven Lebensstil führen.

Denn Leistungsfähigkeit kann man mit Erholungsfähigkeit gleichsetzen:

> **Je geringer die Leistungsfähigkeit, desto länger ist die notwendige Erholungszeit für eine gleiche Belastung. Je höher die Leistungsfähigkeit, desto kürzer ist die notwendige Erholungszeit!**

Training ist somit die umfassendste, wirksamste, sicherste und nebenwirkungsärmste therapeutische Maßnahme zur Prävention und Behandlung degenerativer Erkrankungen des Kreislaufs und Stoffwechsels. Der (vorläufig) noch geringe Stellenwert des therapeutischen Trainings in der modernen Medizin ist daher mehr als verwunderlich.

> ### Überprüfungsfragen
>
> Wieviel Glukose aus der Nahrung wird von der Muskulatur aus dem Blut entfernt?
> Was versteht man unter Insulinresistenz?
> Welche Bedeutung hat die Insulinresistenz?
> Welche Wirkungen hat ein Ausdauertraining auf die Insulinresistenz?
> Welche psychischen Wirkungen hat Ausdauertraining?

4 Leistungsdiagnostik

4.1 Begriffserklärung

Lernziele

Symptomlimitierte Ergometrie
Einflussfaktoren auf die Ergometrie

Kraft = Masse × Beschleunigung

Die Maßeinheit der Kraft ist das Kilopond (kp) bzw. als SI-Einheit ein Newton (N). Newton ist die Kraft, die einer Masse von 1 kg eine Beschleunigung von 1 m/s erteilt. Daher ist es notwendig z.B. die Körpermasse in kg mit der Erdbeschleunigung 9,81 m/s zu multiplizieren, um z.B. die Kraft zu ermitteln, die notwendig ist, um einen Berg zu erklimmen. Die Krafteinheiten kp und N werden umgerechnet: 9,81 N=1 kp

Arbeit = Kraft × Weg

Die Einheit der Arbeit ist kpm bzw. Nm.

Arbeit und Energie sind physikalisch dasselbe. Die Einheit der Energie (abgeleitet von der Wärmeenergie) ist Kalorie bzw. Joule.

Energie kann daher mittels mechanischem Wärmeäquivalent umgerechnet werden: 1 cal=4,2 J.

Leistung=Arbeit pro Zeiteinheit=Kraft×Geschwindigkeit

Die Einheit ist kpm/min bzw. Watt.

Da 1 J/s=1 Watt ist, entspricht 1 cal/s=4,2 Watt.

1 Watt=1 J/s=1 N m/s=0,101 kpm/s oder auf eine Minute hochgerechnet ist 1 Watt=6,12 kpm/min.

Um auf Watt zu kommen, muss man kpm/min durch 6 dividieren, und umgekehrt Watt mit 6 multiplizieren, um kpm/min zu erhalten.

Um Watt auf cal/s umzurechnen, muss durch 4,2 dividiert werden. Anschließend mit 60 multipliziert, um auf Minuten umzurechnen und dann wird noch durch 1000 dividiert, um von cal/min auf kcal/min zu gelangen. Da

5 kcal/min einer Sauerstoffaufnahme von 1 l/min entspricht, braucht man nur noch durch 5 dividieren, um die Sauerstoffaufnahme pro Minute zu erhalten.

Um von der Leistung [Watt] auf die Sauerstoffaufnahme zu kommen, kann man mit der Wasserman-Formel umrechnen: $\dot{V}O_2 = 6,3 \times KG + 10,2 \times Watt$, wobei bei Hochtrainierten statt mit 10,2 besser mit 12 multipliziert wird. Die Wasserman-Formel gilt jedoch nur für die Fahrradergonometrie.

4.2 Anwendungsbeispiele

Vor Trainingsempfehlungen ist die Evaluierung der Leistungsfähigkeit nicht nur im Rahmen medizinischer Trainingstherapie notwendig, um Überlastungen zu vermeiden. Besonders bei Hochrisikopersonen reichen folgende Fragen nicht aus: „Wie viele km können Sie gehen oder joggen oder wie lange können Sie Rad fahren?" oder „Wie viele Stockwerke können Sie gehen, ohne außer Atem zu kommen?"

Häufig wird vor Antritt einer Bergtour bzw. teuren Abenteurerreise die Frage gestellt „Werde ich die Tour auch physisch schaffen?" Diese Frage ist nur mittels Ergometrie hinreichend sicher abzuklären. Dazu ein Beispiel aus der elementarsten Bewegungsform, dem Gehen.

Beispiel: Eine 80 kg schwere Person (mit Zusatzgewicht von 5 kg für Schuhe, Kleidung, 2 l Getränk und Essen) will wissen, ob sie eine Bergwanderung auf den Schneeberg oder Untersberg in Salzburg schaffen wird. Für beide Berge sind zwischen Start und Gipfel 1500 Höhenmeter bei einer Gesamtwanderstrecke von 5,5 km zu bewältigen. Die Tour bis zum Gipfel soll in 4 Stunden geschafft werden. Die Steigung errechnet sich annäherungsweise 1500/5500=0,27. Also einem sehr steilen Anstieg von durchschnittlich 27%.

Welche Dauerleistung müsste unser Wanderer leisten können?

$85 \times 9,81 = 833$ N $\times 1500$ m $= 1.250.775$ Nm
dividiert durch die Zeit in Sekunden $1.250.775$ Nm$/4 \times 60 \times 60 =$
86 Nm$/$s$=$Watt

Das entspricht der rein physikalischen Leistung für den Höhenaufstieg.

Anmerkung: Auch junge gesunde Individuen sind nicht in der Lage mehr als 10 kg an Zusatzgewicht (Rucksack etc.) über längere Zeiträume, wie 8 Stunden, zu bewältigen, insbesondere beim Bergaufgehen. Der Großteil der Normalbevölkerung ist nicht fähig 10 kg in der Horizontalen zu tragen und kann auch ohne Zusatzgewicht kaum über 2 Stunden bergauf gehen! Die Sauerstoffaufnahme beim Gehen in der Ebene, auch mit 20 kg Zusatzgewicht, ist geringer und daher weniger anstrengend als das Bergaufgehen ohne

Zusatzgewicht! Das zeigt, wie wichtig es ist das Streckenprofil des Terrains zu beachten.

Welche maximale Leistungsfähigkeit muss der Wanderer haben, um die Dauerleistungsfähigkeit von 69 Watt problemlos bzw. den Berg zu bewältigen?

Die Dauerleistungsfähigkeit einer Normalperson über 8 Stunden beträgt 30% der maximalen Leistungsfähigkeit. Über 4 Stunden kann man 40% der maximalen Leistungsfähigkeit dauernd leisten und über 2 Stunden schafft man 50% der maximalen Leistungsfähigkeit als Dauerleistung. Daher muss man in unserem Beispiel das Ergebnis noch mit 2,5 multiplizieren, um auf die erforderliche maximale Leistungsfähigkeit zu kommen.

$86 \times 2,5 = 215$ Watt

Dieses Ergebnis soll nun mit der Goldman-Formel, die zusätzlich auch Terrainfaktor, Gehgeschwindigkeit und Anstiegswinkel einbezieht, überprüft werden.

Der Terrainfaktor T beträgt auf Asphaltwegen 1,0 und kann aber auf über 4 bei Tiefschnee mit einer Einsinktiefe von 35 cm ansteigen. (T-Werte: Gelände 1,2–1,5; festgepackter Schnee 1,3; Schnee mit 15 cm Einsinktiefe 2,5; bei 25 cm steigt T auf 3,3; weicher Untergrund 1,8; loser Sand 2,1). In unserem Beispiel handelt es sich um trockene Forstwege und Almenwege mit einem Terrainfaktor 1,3. Die Goldman-Formel:

$$M = 1,5KG + 2(KG + Gew) \times (Gew/KG)^2 + T(KG + Gew) \times (1,5v^2 + 0,35vG)$$

M = Metabolische Leistung in Watt, das ist die $\dot{V}O_2$, nicht nur die als ATP gebundene, sondern auch die als Wärme abgestrahlte. KG = Körpergewicht, Gew = zusätzliche Last, T = Terrainfaktor, v = Geschwindigkeit in m/s, G = Grade der Steigung in %.

Zunächst müssen wir die noch fehlenden Daten der Goldman-Formel ermitteln, wie Gehgeschwindigkeit und Anstiegssteilheit. Dazu hat sich unser Wanderer über die geplante Strecke beim lokalen Tourismusverband informiert, der den Weg mit einer Gehzeit von 4 Stunden ausgeschildert hat (üblicherweise mit 400 Höhenmeter/Std.).

Die durchschnittliche Gehgeschwindigkeit errechnet sich aus der Tourlänge und der geplanten Zeit: $5,5/4 = 1,38$ km/h. Zur Umrechnung von km/h auf m/s wird durch 3,6 dividiert: $1,38/3,6 = 0,38$ m/s. Nach Einsetzen aller Daten in die Formel ergibt sich eine metabolische Leistung von 511 Watt. Daraus kann man die notwendige Sauerstoffaufnahme errechnen, indem man das Ergebnis durch 4,2 (Umrechnung von Watt in cal) und durch 5 dividiert und mit 60 multipliziert und durch 1000 dividiert: $\dot{V}O_2 = 1,46$ l/min. Die mechanische Leistung (in den Beinen) ist bestenfalls nur 1/5 der gesamten metabolischen Leistung, der Rest ist Wärme (mechanischer Wirkungsgrad). Deshalb werden die 511 Watt mit 0,22 multipliziert: 112 Watt. (Bei 112 Watt nimmt ein Proband mit insgesamt 85 kg 1,7 l/min Sauerstoff auf. Die Ergebnisse –

86 gegenüber 112 Watt – unterscheiden sich um über 30%, weil die Gold-man-Formel mehr relevante Faktoren mitberücksichtigt.)

Welche Leistungsfähigkeit muss der Wanderer haben, um die 1500 Höhenmeter in 4 Stunden bewältigen zu können?

Da „Normale" nur 40% der Maximalleistung über 4 Stunden nutzen können: $112 \times 100/40 = 280$ Watt bzw. auf sein KG von 80 kg bezogen sind, ist das eine notwendige maximale Leistungsfähigkeit von 3,5 Watt/kg KG, was mehr als ausgezeichnet ist.

Wenn er längerfristig nur ein wenig mehr, nämlich 50% nutzen könnte, dann würde ein W_{max} von $112 \times 2 = 225$ Watt bzw. 2,8 Watt pro kg für die Bewältigung der Tour in 4 Stunden ausreichen.

Ergebnis: Für die geplanten 1500 Höhenmeter (Schneeberg oder Untersberg) ist für unseren 80 kg schweren Wanderer mit 5 kg Marschgepäck eine max. Leistungsfähigkeit von 280 Watt bzw. etwa 3–4 Watt/kg KG eine notwendige Voraussetzung, um die Tour in 4 Stunden zu bewältigen. (Auch hier unterscheiden sich auch die Ergebnisse aus der einfacheren ersten Berechnung mit 215 Watt und dem realistischeren Ergebnis mit 280 Watt.)

Mittels Ergometrie kann vor sportlichen Unternehmungen überprüft werden, ob die notwendigen körperlichen Voraussetzungen eine erfolgreiche Beendigung wahrscheinlich machen oder in einer Katastrophe enden werden. Dies ist besonders vor teuren Trekkingtouren in ferne Länder sinnvoll, wo oft keine gut ausgebaute Rettungs- und medizinische Infrastruktur vorhanden ist, und deshalb ein Scheitern rascher in lebensbedrohliche Situationen führen kann.

Wie ist es möglich, dass gut trainierte Hobbyberggeher, die meist auch „nur" eine max. Leistungsfähigkeit von 4 Watt/kg KG erreichen, bis zu 800 Höhenmeter pro Stunde schaffen? Das ist deshalb möglich, weil die tatsächliche Zeit von der anaeroben Schwelle abhängt, das ist der für Dauerleistung nutzbare Anteil der maximalen Sauerstoffaufnahme und der ist bei gut Trainierten viel höher.

Vergleich mit gut Trainiertem und mit Leistungssportler: Wie lange würde ein Wanderer mit 4 Watt/kg max. Leistungsfähigkeit für die Tour brauchen, wenn er 70% der $\dot{V}O_2$max längerfristig nutzen kann (erkennbar in der Ergometrie an seiner ANS bzw. MLSS, der bei ca. 70% der Wmax liegt)?

Bestimmung der max. Leistungsfähigkeit: $80 \times 4 = 320$ Watt
70% nutzbarer Anteil: $320 \times 70/100 = 224$ Watt
Errechnung der metabolischer Energie: $224/0,22 = 1000$ Watt

Damit kann man mit der Goldman-Formel die Gehgeschwindigkeit errechnen, die ergibt $0,7 \text{ m/s} \times 3,6 = 2,7 \text{ km/h}$

Aus der Gesamtstrecke von 5,5 km/2,7 ergibt sich die notwendige Zeit von 2 Stunden. Die Aufstiegsleistung wäre mit 750 Höhenmeter pro Stunde (=1500 m/2) doppelt so hoch, wie vorher (370 HM pro Stunde).

Man darf jedoch nicht vergessen, dass ab 2000 m „die Luft dünn wird" und damit die Leistungsfähigkeit abnimmt und somit auch die Aufstiegsgeschwindigkeit.

Wie lange wird die gesamte Tour dauern und wieviel Energie wird er umsetzen? Denn er möchte seinen Reiseproviant entsprechend dimensionieren, da sich keine Hütte auf der Route befindet.

Der Abstieg geht erfahrungsgemäß um 1/3 schneller, d.h. für die Tour müssen noch 4×0,7=2,8 Stunden dazugerechnet werden. Weiters kommt noch eine 10 Minuten Gipfelpause dazu. Somit dauert die gesamte Tour:

Ergebnis: Aufstieg 4 Stunden, Pause 10 Minuten, Abstieg 2,8 ergibt ca. 7 Stunden Gesamtwanderzeit und ist somit nur im Sommer/Herbst bei langer Tageslichtdauer möglich.

Zur Berechnung des Energieumsatzes benötigt man die Sauerstoffaufnahme und die Zeitdauer (in Minuten). Für den 4-stündigen Aufstieg werden

1.5×4 × 60=360 Liter Sauerstoff benötigt.

Der RQ wäre 0,85 (=Mischstoffwechsel mit 50% Fett- und 50% Kohlenhydratverbrennung). Bei diesem RQ entspricht 1 Liter Sauerstoff 4,85 kcal.

360×4,85=1746 kcal

Beim Abstieg wird ca. 1/3 weniger Sauerstoff benötigt bzw. Energie umgesetzt, so dass für den Abstieg noch 1150 kcal hinzukommen.

Ergebnis: Bei dieser Tour werden etwa 3000 kcal umgesetzt. Nicht vergessen werden darf der Grundumsatz. Der beträgt für unseren 80 kg schweren Wanderer bei der 8 Stunden dauernden Wanderung ca. 500 kcal. Somit werden insgesamt etwa 3500 kcal umgesetzt.

Eine „Normalnahrung" hat eine Energiedichte von 3–4 kcal/g Nahrungsmittel. Daher müsste unser Wanderer mindestens 1 kg Nahrungsmittel mitnehmen, um kein Energiedefizit zu bekommen. Da man die Leistungsfähigkeit durch zusätzliches Gewicht nicht überschreiten möchte, spart man an Gewicht ein, wo es nur geht. Denn eine Übernachtung in der Wildnis ist nicht geplant und man wird hoffentlich nicht in einen unverhofften Schneesturm kommen bzw. sich verirren oder verletzen. Daher kann man das Energiedefizit nach Ende der Tour in gemütlicher gastlicher Zivilisation auffüllen. Aber sicherlich ist es zweckmäßig, dass man 1/3–1/4 der zu erwartenden umgesetzten Energie, vor allem in Form von Kohlenhydraten, mitführt.

Das wären bei 1200 kcal/4 kcal pro Gramm etwa 300 g KH als Proviant.

Ergebnis: Als Reiseproviant für die Bergwanderung sind 300 g KH zweckmäßig. Dabei sollten 2 Liter Getränke fast 140 g Glukose enthalten (=60–70g/l). Somit müssen nur noch etwa 150 g KH zusätzlich auf den Berg „raufgeschleppt" werden.

Achtung: In wasserarmen Regionen (Totes Gebirge etc.) wäre der mitgeführte Trinkvorrat für eine Tagestour nicht ausreichend! Daher muss man für Wanderungen auch Kartenlesen können und Orientierungsfähigkeiten haben, um Wasserquellen zu finden. Eine aktuelle Info vom lokalen Tourismusverband ist immer sinnvoll, weil sich die Bedingungen nicht nur von Jahr zu Jahr sondern auch innerhalb eines Jahres rasch ändern können (z.B. Austrocknen bekannter Trinkwasserquellen in langen Hitzeperioden oder Felsstürze oder Vermurungen, die zu einer Routenänderung zwingen etc.). Die Ignoranz des aktuellen Wetterberichtes (angekündigter Wettersturz mit Schneesturm) lässt aus einer einfachen Wanderung eine Katastrophe mit der Gefahr eines Erschöpfungs- und Kältetodes werden.

Ein kurzes anderes Beispiel aus dem Laufsport:

Das Laufen über 1 km ohne Berücksichtigung der Zeit ist physikalisch gesehen Arbeit. Daher hängt der Nettoenergieeinsatz (abzüglich Grundumsatz) über 1 km beim Laufen ausschließlich vom zu tragenden Gewicht (mit Kleidung) ab. Der Nettoenergieeinsatz beträgt ca. 1 kcal pro kg Körpergewicht und pro km, unabhängig vom Trainingszustand, vom Alter, Geschlecht und vom Lauftempo. Das Lauftempo beeinflusst den Energieumsatz pro Zeit (=Leistung). Bei hohem Lauftempo über eine gewisse Strecke wird der Energieumsatz pro Minute höher, dafür aber die Zeit geringer.

Welche Leistungsfähigkeit ist notwendig, damit eine 70 kg schwere Person den Marathon in 3 Stunden schafft?

Die 70 kg schwere Person$\times$42,2 km=2954 kcal=Nettoenergie ohne Grundumsatz

Grundumsatz GU=1 kcal/kg KG/Stunde
70$\times$3 Stunden=210 kcal
Bruttoenergieeinsatz=2954+210=3164 kcal
Energieumsatz pro Minute=3164/180=17,6 kcal/min

Da diese Person den Marathon mit 70% Intensität laufen kann, sind 100%:

17,6$\times$100/70=25 kcal/min

Und da nur Kohlenhydrate verbrannt werden, ist der RQ 1 und somit 5 kcal= 1 l O_2. Daher entsprechen 25 kcal/5=5 l/min Sauerstoffaufnahme.

Auf das Körpergewicht bezogen 5000/70=71 ml O_2/min.

Für diese Sauerstoffaufnahme muss am Ergometer eine Leistung von mindestens 444 Watt erbracht werden. Eine Leistungsfähigkeit von über 6 Watt pro kg Körpergewicht ist für eine 70 kg schwere Person Voraussetzung, um den Marathon in 3 Stunden zu schaffen! Die tatsächliche Zeit hängt aber auch hier von der anaeroben Schwelle ab, den für die Dauerleistung nutzbaren Anteil der maximalen Sauerstoffaufnahme und auch von der Laufökonomie, d.h. mehr Tempo bei gleichem Energieumsatz.

> Die Leistungsdiagnostik überprüft die allgemeinen Voraussetzungen für die Erbringung körperlicher Leistung; gute leistungsdiagnostische Daten sind aber noch keine Garantie für Erfolg im Sport.

4.3 Was ist Ergometrie?

Ergometrie ist die Messung von Leistung. Dafür werden unterschiedliche Geräte und unterschiedliche Verfahren verwendet. In Österreich sind das Fahrradergometer und die stufenförmig ansteigende Belastung bis zur Erschöpfung bzw. Auftreten von Symptomen üblich (=symptomlimitierte Ergometrie).

Das Hauptergebnis der Ergometrie ist die Leistung in Prozent des Referenzwertes; die Hauptinformation ist die Abweichung vom Normalwert. Differenziertere Information erhält man mit zusätzlichen Messungen betreffend Kreislauf, Atmung und Stoffwechsel.

4.4 Die Leistungsfähigkeit

Die Leistungsfähigkeit (LF) ist die Fähigkeit, den Energieumsatz über den Grundumsatz hinaus zu steigern. Daher wird die Leistungsfähigkeit am besten in METs beschrieben.

Ein objektives Maß für die maximale Leistungsfähigkeit ist die Leistung in der Ergometrie beim symptomlimitierten Belastungsabbruch. Sie wird in Watt angegeben (Wmax) und dient zur Abschätzung, ob eine bestimmte Leistung möglich ist.

Beispiel: Wie hoch muss die maximale Leistungsfähigkeit sein, wenn eine körperliche Arbeit eine durchschnittliche Leistung von 60 Watt erfordert und diese Durchschnittsleistung pro Schicht nicht mehr als 1/3 der individuellen maximalen Leistungsfähigkeit sein soll?

Ergebnis: Jeder, dessen Wmax unter 180 Watt liegt, ist für diese Arbeit nicht geeignet, unabhängig von Alter oder Geschlecht.

Wmax ist allerdings abhängig von Geschlecht, Körpermaßen und Alter und daher zur Beurteilung, ob die individuelle Leistungsfähigkeit gut oder schlecht ist, nicht geeignet. Denn der Bezug auf einen Referenzwert sagt mehr als die Wmax, weil der Referenzwerte von den erwähnten Variablen abgeleitet wird. Dann wird die Leistung in Prozent dieses Referenzwertes (oder Normalwertes) angegeben: LF%Ref

LF%Ref=100×Wmax/Normalwert%

Referenzwerte („Normwerte") der Leistungsfähigkeit für:

Männer mit 25 Jahren: 3 Watt/kg Körpergewicht.
                          Pro Lebensjahr um 0,9% weniger.
Frauen mit 25 Jahren: 2,4 Watt/kg Körpergewicht.
                          Pro Lebensjahr um 0,6% weniger.

Diese Angaben sind abgeleitet von der in Österreich empfohlenen Referenzwertformel zur Bestimmung des „100% Sollwertes":

Männer W_{max}=6,773+136,141×KO–0,064×A–0,916×KO×A
Frauen W_{max}=3,993+86,641×KO–0,015×A–0,346×KO×A

KO=Körperoberfläche [m²]=0,007184×$KG^{0,425}$×$L^{0,725}$ (Formel nach Dubois)
KG=Körpergewicht [kg], L=Körperlänge [cm], A=Alter [Jahre]

Nach der ergometrischen Bestimmung der Wmax kann durch den Vergleich mit dem aus der Formel errechneten Wert die individuelle Leistungsfähigkeit als Abweichung vom Normalwert beurteilt werden, und zwar unabhängig von Alter, Geschlecht und Körpermaßen:

– normale Leistungsfähigkeit: 90–110%
– verminderte Leistungsfähigkeit: <90%
– überdurchschnittliche Leistungsfähigkeit: >110%

Beispiel: Wie hoch ist die Leistungsfähigkeit in Prozent vom Referenzwert (LF%Ref) eines Marathonläufers, der am Ergometer 444 Watt leisten kann? (Das wäre etwa die Voraussetzung für eine Zeit von unter 3 Stunden.)

Referenzwert=3 Watt/kg, bei 70 kg KG daher 70×3=210 Watt
LF%Ref=100×Wmax/Normalwert%=444/210×100=211%

Ergebnis: 444 Watt sind 211% des Referenzwertes. Wer den Marathon mit 70 kg KG in 3 Stunden oder darunter laufen will, braucht die doppelte altersentsprechende Leistungsfähigkeit und muss für die Erreichung dieses Zieles 8–10 Stunden pro Woche trainieren; was frühestens nach 5 Jahren systematischen Aufbautrainings erreichbar ist.

Zur Ergometrie gibt es Zusatzuntersuchungen, die prüfen, mit welchem biologischen Aufwand die Leistung erbracht werden kann. Die Zusatzuntersuchungen sind: Herzfrequenz, Blutdruck, EKG, Laktat bzw. Blutgasanalyse, Atemgasanalyse (Spiroergometrie) mit Atemminutenvolumen (AMV), O_2-Aufnahme ($\dot{V}O_2$), CO_2-Abgabe ($\dot{V}CO_2$) und abgeleitete Werte wie Respiratorischer Quotient, Atemäquivalent (AÄ) etc. Für die große Mehrzahl der Untersuchungen für Jugendsport, Hobbysport und Klinik ist die Ergometrie ohne Atemgasanalyse ausreichend.

Auf die Messung von Herzfrequenz, Blutdruck und EKG sollte aus medizinischer Sicht nicht verzichtet werden, weil damit auch medizinisch relevante Gesundheitsstörungen wie Bluthochdruck oder KHK im Frühstadium aufgedeckt werden können. Wenn ein Test als medizinisch gelten soll, müssen Herzfrequenz, Blutdruck und EKG unter kompetenter ärztlicher Aufsicht begutachtet und interpretiert werden. Ansonsten handelt es sich um sportmotorische Tests, vergleichbar einem Testlauf über 5000 m.

Ob eine bestimmte Leistungsfähigkeit ausreichend ist, hängt selbstverständlich von der zu erwartenden Leistung ab.

Beispiel: Kann ein 60-jähriger, 1,80 m großer und 80 kg schwerer Wanderer mit einem 5 kg schweren Rucksack und etwa 2 kg Zusatzgewicht (Schuhe, Kleidung, Stöcke), folgende Wandertour bewältigen, wenn er über eine altersentsprechende Leistungsfähigkeit von 100% verfügt? 10 km Länge, Steigung 10%; er hofft die Tour in 6 Stunden zu bewältigen, um eine Schutzhütte für die Nächtigung zu erreichen.

Die Berechnung der Körperoberfläche, um seine LF100% zu errechnen, ergibt 2 m^2. Seine LF100% ermittelt mit obiger Formel ergibt: 165 Watt bzw. 2 Watt/kg

Die max. Sauerstoffaufnahme mittels Wasserman-Formel ergibt fast 2200 ml/min.

Mittels Goldman-Formel lässt sich die erforderliche Leistung berechnen: Da er die Wegstrecke von 10 km in 6 Stunden bewältigen möchte, wäre seine Gehgeschwindigkeit 1,67 km/h (dividiert durch 3,6 sind das 0,46 m/s). In unserem Beispiel soll es sich um einen trockenen Forstweg handeln, daher der Terrainfaktor von 1,1.

Es errechnet sich eine metabolische Leistung von 300 Watt. Mit 0,22 multipliziert, ergibt das eine mechanische Leistung (in den Beinen) von 66 Watt, der Rest ist Wärme.

Da eine Dauerleistungsfähigkeit über 4 Stunden mit bestenfalls 40% der maximalen Leistungsfähigkeit möglich ist, muss das Ergebnis noch mit 2,5 multipliziert werden: 165 Watt; das sind 2 Watt/kg KG. Da er 2 Watt/kg leisten kann bzw. seine W_{max} 165 Watt ist, wird er die Tour in der geplanten Zeit voraussichtlich schaffen.

4.5 Einflussfaktoren auf ergometrische Messergebnisse

Das Ergebnis der Ergometrie hängt nicht nur von den körperlichen Voraussetzungen ab, sondern auch von einer Reihe von Einflussfaktoren, die unabhängig vom Trainingszustand die ergometrische Leistung in der Regel negativ beeinflussen.

4.5.1 Temperatur und Luftfeuchte

Temperaturanstieg und zunehmende relative Luftfeuchte führen zur Abnahme der Leistungsfähigkeit, weil der Kreislauf neben der Sauerstoffversorgung der Muskulatur auch die Wärmeregulation bewältigen muss. Zur Wärmeabfuhr muss ein Teil des Herzminutenvolumens in die Haut umgeleitet werden und steht dann nicht mehr für die Muskeldurchblutung zur Verfügung.

Bei höherer Außentemperatur kommt es bei gleicher Leistung daher zu höherer Herzfrequenz. Deshalb sind für ergometrische Untersuchungen klimatisierte Untersuchungsräume mit konstanten Umgebungsbedingungen optimal.

4.5.2 Tageszeit

Die Leistungsfähigkeit unterliegt einem zirkadianen Rhythmus. Wiederholte Untersuchungen an denselben Personen sollten immer zur gleichen Tageszeit durchgeführt werden.

4.5.3 Erholungszustand

Am Untersuchungstag und 1–2 Tage davor sollte anstrengendes Training vermieden werden.

4.5.4 Ernährungszustand

Kohlenhydratarme Kost vor dem Untersuchungstag vermindert die Leistungsfähigkeit. Bei Spitalpatienten können mehrtägige Nüchternperioden die Leistungsfähigkeit beeinträchtigen.

4.5.5 Menstruationszyklus

In den Tagen vor Beginn der Periode kann die Leistungsfähigkeit individuell verschieden bis zu 30% vermindert sein. In dieser Phase sollten keine ergometrischen Untersuchungen durchgeführt werden.

> **Überprüfungsfragen**
>
> Wann ist eine Ergometrie grundsätzlich sinnvoll?
> Wovon können die Ergebnisse bei einer Ergometrie beeinflusst werden?

4.6 Verhalten von Messgrössen bei der Ergometrie

> **Lernziele**
>
> Nichtlineare Messwertverläufe
> Hyperkinetisches Herzsyndrom
> Belastungsverhalten von Bludruck, Laktat, AMV, Sauerstoff-aufnahme
> Atemäquivalent
> RQ

> **Es gibt Parameter die mit zunehmender Leistung einen nichtlinearen An-stieg zeigen: Laktat, die Katecholamine (Noradrenalin, Adrenalin), pH u.a.**

Diesem Muster folgen im Wesentlichen alle Parameter, die das innere Milieu der Muskelzelle oder das Maß der biologischen Stimulierung kennzeichnen (siehe Abb. 22).

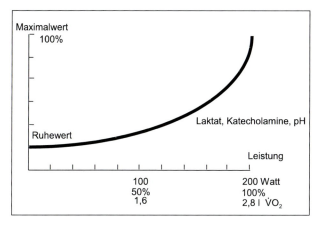

Abb. 22. Nichtlinearer Verlauf physiologischer Parameter des inneren Milieus bei zunehmender Belastung

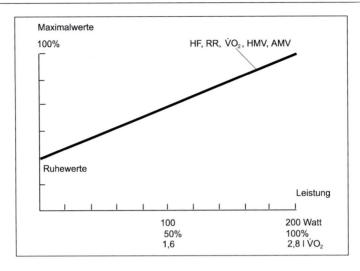

Abb. 23. Linearer Verlauf der mit dem O_2-Transport verbundenen physiologischen Parametern bei ansteigender Belastung

Die Ausschüttung von Noradrenalin NA und Adrenalin A (aus dem sympathischen Nervensystem und der Nebenniere) geht somit parallel zur Laktatproduktion.

Einen linearen ansteigenden Verlauf mit dem aeroben Energieumsatz zeigen diejenigen Parameter, die direkt oder indirekt mit dem O_2-Transport für den aeroben Energiestoffwechsel verbunden sind (siehe Abb. 23):

Kreislaufparameter wie, HF, systolischer Blutdruck, HMV und Atemparameter wie, Atemminutenvolumen $\dot{V}_E$ oder Sauerstoffaufnahme $\dot{V}O_2$.

Die Maximalwerte von Katecholaminen, pH, Laktat, HF und RR sind in grober Näherung typisch für den Ausbelastungszustand und nicht für die erreichte Leistung. Sie sind lediglich abhängig vom Alter. Sofern sich der Proband ausbelastet, werden die altersentsprechenden Maximalwerte erreicht, unabhängig davon, ob die erbrachte Leistung hoch oder niedrig ist.

4.6.1 Die Herzfrequenz

Die Herzfrequenz (HF) nimmt bei Ergometrie, ausgehend vom Ruhewert, im wesentlichen linear mit der Belastungshöhe zu, bis beim symptomlimitierten Abbruch der Maximalwert erreicht wird. Die durchschnittliche maximale Herzfrequenz ist unabhängig vom Geschlecht und den Körpermaßen.

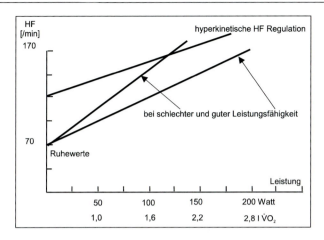

Abb. 24. HF-Anstieg bei ergometrischer Belastung

Nach der Formel:

$$HFmax = 220 - Alter \, [Jahre]$$

nimmt die HF mit dem Alter ab. Diese Formel gibt nur einen statistischen mittleren Schätzwert wieder. Im Einzelfall kann die maximale Herzfrequenz erheblich sowohl nach oben als auch nach unten abweichen. Die Spannweite beträgt etwa ± 30/min. Die tatsächliche individuelle maximale Herzfrequenz kann nur durch die symptomlimitierte Ergometrie ermittelt werden. Daher ist auch das Erreichen des nach obiger Formel ermittelten Schätzwertes in keinem Fall ein Abbruchkriterium für die Ergometrie. Für die Ergometrie bedeutet das, dass die individuelle maximale Herzfrequenz ein Ergebnis der Ergometrie ist und keine Vorgabe (siehe Abb. 24).

Die individuelle maximale Herzfrequenz ist weitgehend unabhängig von der aktuellen Leistungsfähigkeit, d.h. dass bei Belastung die Herzfrequenz bei schlechterer Leistungsfähigkeit steiler („schneller") ansteigt. Bei geringer LF%Ref kommt es sowohl bei gleichen absoluten Belastungsstufen (z.B. 50 Watt), als auch bei gleichen relativen Belastungen (z.B. 1 W/kg Körpergewicht) zur höheren Belastungsherzfrequenz.

Besteht die ansteigende Belastung aus vielen (mindestens 12) Stufen, dann kann man häufig bei ca. 70–80% der Wmax erkennen, dass der Anstieg der Herzfrequenz etwas flacher wird. Dieser Übergang vom steileren in den etwas flacheren Teil des Herzfrequenzanstiegs ist als Conconi-Schwelle definiert.

Die Herzfrequenzregulierung bei verminderter LF%Ref ist durch einen linearen Anstieg vom normalen Ruhewert (70–90 pro min) bis zur maximalen Herzfrequenz bei Ausbelastung gekennzeichnet. Das hyperkinetische Herz-

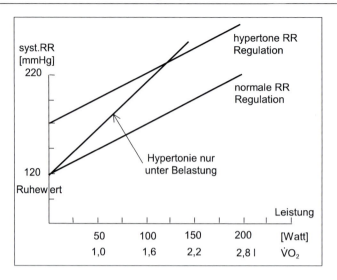

Abb. 25. Blutdruckregulation unter Belastung

syndrom zeigt bereits eine Ruhetachykardie und überhöhte Herzfrequenz-werte vor allem bei niedrigen Belastungsstufen, z.B. bei 1 Watt/kg.

4.6.2 Der Blutdruck

Grundsätzlich wird der Blutdruck von zwei Variablen determiniert: der Aus-wurfleistung des Herzens (HMV) und dem peripheren Gesamtwiderstand der Blutgefäße. Da der periphere Gefäßwiderstand unter körperlicher Belastung stark abnimmt, steigt der mittlere arterielle Blutdruck bei maximaler Belastung nur auf etwa das 1,5-Fache, während das HMV auf das 4-Fache ansteigt. Mit-tels Ergometrie wird das Blutdruckverhalten unter Belastung überprüft.

Solange ein Arm bei der Fahrradergometrie halbwegs ruhig gehalten wer-den kann, ist die Methode nach Riva Rocchi und Korotkoff (mittels Manschet-te) ausreichend genau. Ein Ruhewert von über 220/120 ist eine Kontraindi-kation gegen die Ergometrie. Ein Blutdruck von über 260/130, während der Belastung, ist ein Abbruchkriterium (siehe Abb. 25).

Auch der Blutdruck steigt mit zunehmender Belastung linear vom Ruhe-wert bis zum Maximalwert bei Belastungsabbruch an. Bei normalem Ruheblut-druck soll unter Belastung bei 50 Watt ein Wert von 180/90 und bei 100 Watt von 200/100 nicht überschritten werden. Dies gilt entsprechend der Formel für den oberen Grenzwert für den systolischen Belastungsblutdruck:

$$RR_{syst} = 145 + 1/3 \times Alter \ [Jahre] + 1/3 \times Leistung \ [Watt]$$

Diese Werte gelten für Personen ab 40 Jahren und sind unabhängig vom Geschlecht.

Liegt der Blutdruck in Ruhe und bei Belastung über dem Grenzwert, so liegt ein Bluthochdruck (Hypertonie) vor. Ist der Ruhewert normal, die Belastungswerte aber erhöht, so liegt eine Belastungshypertonie vor, die ev. trotz normaler Ruhewerte behandlungsbedürftig ist, da in solchen Fällen während des Berufsalltages überwiegend eine Hypertonie bestehen kann.

4.6.3 Arterieller Sauerstoffpartialdruck und Kohlendioxidpartialdruck

Der arterielle Sauerstoffpartialdruck (paO_2) bleibt im Normalfall unter ansteigender Belastung gleich oder steigt an (wird besser), da unter Belastung die Ventilations/Perfusions-Inhomogenitäten besser werden. Nur bei Lungenerkrankungen mit Diffusionsstörung fällt er unter Belastung ab.

Der arterielle Kohlendioxidpartrialdruck ($paCO_2$) bleibt normalerweise unverändert. Bei erschöpfender Anstrengung kann auch er abnehmen. Steigt er unter Belastung an, so bedeutet das, dass die in solchen Fällen meist krankhaft eingeschränkte Ventilation nicht mehr in der Lage ist, das gesamte metabolisch und durch die Pufferung freigesetzte CO_2 abzuatmen.

4.6.4 Base Excess, Laktat

Wird bei Belastung im Muskelstoffwechsel Laktat gebildet und ins Blut abgegebenen, wird es von Bikarbonat abgepuffert. Die daraus resultierende Abnahme des Standardbikarbonats wird in der Blutgasanalyse als negativer Base Excess (ΔBE) angezeigt.

Maßgeblich ist die Differenz des BE zwischen Ruhe- und Belastungswert, das ΔBE. Da das ΔBE unter Belastung immer ein negatives Vorzeichen hat,

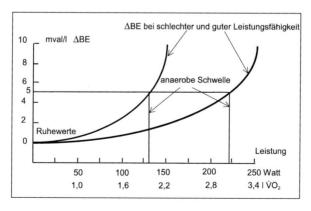

Abb. 26. ΔBE bei unterschiedlicher Leistungsfähigkeit

kann dieses weggelassen werden. Etwa 80% des ΔBE unter Belastung sind durch Laktat bedingt, der Rest durch andere Säuren, z.B. Pyruvat.

Das ΔBE ist also in Ruhe immer 0 und steigt bei Belastung normalerweise auf Werte von 6–10 mVal/l an. Es hat einen nichtlinearen Kurvenverlauf. Die Laktat-Leistungskurve ist mit der ΔBE-Kurve prinzipiell gleich (mit ca. 20% niedrigeren Zahlenwerten für das Laktat) (siehe Abb. 26).

> **Die Werte über 6 mVal/l sind ein Zeichen, dass der aerobe Muskelstoffwechsel weitgehend ausbelastet worden ist.**

Aber auch Werte von 10 mVal/l oder mehr sind möglich. Diese Maximalwerte sind unabhängig von Geschlecht und Alter, können aber durch ein spezielles Training erhöht werden.

Bei Verbesserung der Leistungsfähigkeit verlagert sich die Kurve des ΔBE nach rechts und die Maximalwerte treten dann erst bei einer höheren Wmax auf.

Bei einem ΔBE von 5 mVal/l bzw. einem Laktat von 4 mmol/l wird ein Punkt definiert, der als anaerobe Schwelle (ANS) bezeichnet wird. Er liegt normalerweise bei etwa 60% der individuellen maximalen Leistungsfähigkeit. Um diesen Punkt bestimmen zu können, sind Bestimmungen des ΔBE (Laktat) in der letzten halben Minute jeder Belastungsstufe inklusive nach Ende der Belastung in der 3. Erholungsminute erforderlich. Die ΔBE (Laktat) Kurve kann dann graphisch dargestellt und die dem Punkt 5 mVal/l (4 mmol/l) entsprechende Belastung bestimmt werden.

Die ANS kann auf zwei Arten angegeben werden:

(1) als $\dot{V}O_2$ oder als Wattleistung bei Laktat von 4 mmol/l (= ΔBE von 5 mVal/l).
(2) als $\dot{V}O_2$ oder (Watt) in Prozent der $\dot{V}O_2$max (Wmax).

Ersteres ist ein etwas genaueres Maß für die tatsächliche, bei Belastungen nutzbare Ausdauerleistungsfähigkeit, als es die $\dot{V}O_2$max ist.

Die Angabe in Prozent der $\dot{V}O_2$max gibt an, in welchem Umfang die momentan verfügbaren Organkapazitäten für eine Dauerleistung nutzbar gemacht werden können. Denn die $\dot{V}O_2$max am Belastungsabbruch steht für Dauerleistungen nicht zur Verfügung.

4.6.5 Die Atemgasanalyse

Die Kombination von Ergometrie mit Spirometrie und Atemgasanalyse wird als Spiroergometrie bezeichnet. Dabei wird der Atemfluss erfasst, aus dem die Atemvolumina abgeleitet werden. Aus der Gasanalyse von O_2 und CO_2 in der Exspirationsluft wird die Konzentrationsdifferenz zur Raumluft ermittelt. Die Analyse wird Atemzug für Atemzug durchgeführt. Meist sind auch das EKG (für die HF-Erfassung) und der Blutdruck integriert und die manuelle Eingabe weiterer Daten wie Blutgaswerte möglich.

Atemvolumina werden auf BTPS-Bedingungen umgerechnet: Body Temperature (37°C), Pressure (760 mm Hg) Saturated (100% Wasserdampf gesättigt). Atemgasvolumina von O_2 und CO_2 werden auf STPD-Bedingungen umgerechnet: Standard Temperature (0°C), Pressure (760 mmHg) Dry (0% Wasserdampf).

4.6.5.1 Das exspiratorische Atemminutenvolumen

Das exspiratorische Atemminutenvolumen ($\dot{V}_E$) steigt linear mit der Leistung an. Von einem Ruhewert mit 8–10 l/min nach der Formel:

$$\dot{V}_E = 6 + 0,39 \times Watt$$

Im Detail ändert das $\dot{V}_E$ seine Anstiegssteilheit in Relation zur Leistung bei etwa 60% der maximalen Leistungsfähigkeit im Sinne einer rascheren Zunahme. Ab diesem Leistungsniveau muss nämlich nicht nur das metabolisch gebildete, sondern auch das durch die zunehmenden Mengen Laktat aus dem Bikarbonatpuffer freigesetzte CO_2 abgeatmet werden. Das $\dot{V}_E$ verhält sich so, als ob es durch das CO_2 geregelt werden würde. Der Punkt an dem das $\dot{V}_E$ die Anstiegssteilheit ändert, entspricht der respiratorisch bestimmten anaeroben Schwelle.

Das $\dot{V}_E$ bietet zusätzlich zur Wmax oder $\dot{V}O_2$max keine wesentliche, die Leistungsfähigkeit betreffende Information. Ein wesentlich über den Schätzwert hinausgehendes $\dot{V}_E$ entspricht einer Hyperventilation, die in der Blutgasanalyse durch einen erniedrigten pCO_2 ebenfalls dokumentiert sein müsste. Als Ursache kommt z.B. Nervosität beim Test in Frage. Ist der pCO_2 bei Hyperventilation normal, so spricht das für eine vermehrte Totraumventilation, z.B. bei massiven Gefäßprozessen der Lunge. Ein erniedrigtes $\dot{V}_E$ weist am ehesten auf Messfehler hin, z.B. eine undichte Atemmaske.

4.6.5.2 Die Sauerstoffaufnahme

Die Sauerstoffaufnahme ($\dot{V}O_2$) wird aus dem $\dot{V}_E$ mittels Spiroergometrie bestimmt. Sie ist die Konzentrationsdifferenz zwischen Inspirationsluft (meistens Raumluft) und Exspirationsluft für O_2 und auf STPD umgerechnet.
Die $\dot{V}O_2$max ist eine direkte Funktion der aktiven Körpermasse (Muskulatur) und steigt vom Ruhewert linear mit der Belastung bis zur $\dot{V}O_2$max beim symptomlimitierten Abbruch an. Daher haben große Menschen bei gleichem Trainingszustand eine größere $\dot{V}O_2$max als kleinere Individuen. Um dies auszugleichen, wird die $\dot{V}O_2$max häufig auf die Körpermasse bezogen: $\dot{V}O_2$max/kg

Körpergewicht (=relative $\dot{V}O_2$max). Die höchsten Absolutwerte ($\dot{V}O_2$max und kcal/min) werden nur von Sportlern mit einer höheren Körpermasse erreicht (90 kg oder mehr), die höchsten Relativwerte ($\dot{V}O_2$max/kg und MET) nur von solchen mit einer niedrigeren Körpermasse (75 kg oder weniger).

Damit ist der Einfluss der unterschiedlichen Körpermasse ausgeschaltet und man könnte annehmen, dass bei gleichem Trainingszustand immer die gleiche $\dot{V}O_2$max vorliegt. Dies ist aber nicht der Fall. Denn im Gegensatz zur $\dot{V}O_2$max nimmt die relative $\dot{V}O_2$max mit zunehmendem Körpergewicht bei gleichem Trainingszustand ab. Die normale $\dot{V}O_2$max eines 60 kg schweren Mannes beträgt 42 ml/kg, die eines 90 kg schweren Mannes nur 35 ml/kg. Daher ist auch die relative $\dot{V}O_2$max zur Beurteilung nicht optimal geeignet.

Ein Ausweg aus dieser Situation ist der Bezug der $\dot{V}O_2$max auf einen Referenzwert, der empirisch, d.h. durch Untersuchungen einer großen Anzahl von Personen, ermittelt werden muss. Der Referenzwert wird von Körpergröße, Körpergewicht, Geschlecht und Alter abgeleitet. Eine normale $\dot{V}O_2$max entspricht dann immer 100%. Die in der Spiroergometrie ermittelte Sauerstoffaufnahme wird als Ergebnis immer in Prozent dieses Referenzwertes angegeben: gemessene $\dot{V}O_2$max dividiert durch den Referenzwert mal 100%. Beurteilt wird die Abweichung der individuellen $\dot{V}O_2$max vom Referenzwert. Diese Abweichung kann auch Trainingszustand genannt werden.

Wird der Energieumsatz in METs angegeben, bei denen die Körpermaße und das Geschlecht bereits berücksichtigt sind, dann entspricht der maximale Energieumsatz im Normalfall ca. 12 METs.

Bei hochausdauertrainierten Personen ist die $\dot{V}O_2$ auf gleichen Belastungsstufen aufgrund des metabolischen Trainingseffektes höher (höherer Anteil der Fettoxidation und geringere anaerobe Laktatbildung). Bei den meisten Menschen lässt sich bei einfacher Ergometrie die Sauerstoffaufnahme für eine bestimmte Leistung mit der schon erwähnten Formel nach Wasserman recht gut schätzen:

$$\dot{V}O_2 = 6,3 \times KG + 10,2 \times Watt$$

bei Hochtrainierten wird statt mit 10,2 besser mit 12 multipliziert.
KG ist die Körpermasse in [kg]

Die Körpermasse mal 6,3 ergibt die Sauerstoffaufnahme in ml für das Sitzen am Ergometer incl. dem Leertreten mit 0 Watt (da hier die Masse der Beine bewegt und beschleunigt werden muss) plus 10,2 ml Sauerstoff für jedes zusätzliche Watt an Leistung.

Irgendwelche Plateau- oder „leveling off"-Phänomene treten beim symptomlimitierten Stufentest mit höchstens 3 Minuten Belastungsdauer selten auf. (Eine längere Stufendauer ist für die Leistungsdiagnostik nicht erforderlich).

Warum ist die Wasserman-Formel überhaupt notwendig?

Die Ergometrie ist an vielen Plätzen inklusive Ordinationen verfügbar. Die Spiroergometrie als technisch aufwendige Spezialuntersuchung nur in Spezi-allabors. Die $\dot{V}O_2$ ist aber für einige praktisch bedeutungsvolle Fragestellungen erforderlich.

Beispiel: Wie ist der Trainingszustand eines 80 kg schweren, 170 cm großen, 40 jährigen Mannes, der bei der symptomlimitierten Ergometrie 250 Watt leisten konnte?

- Berechnung des Referenzwertes mit der österreichischen Referenzwertformel,
- Ermittlung der Abweichung=individuelle Wmax/WReferenzwert×100%.

Der Trainingszustand dieses Mannes ist 128% des Referenzwertes =+28%.

Wie hoch ist seine geschätzte $\dot{V}O_2$max?

$\dot{V}O_2$max=80×6,3+10,2×250=3054 ml/min

Wofür kann diese Schätzung nützlich sein? Zur Klärung folgender Frage: Wieviel Energie setzt dieser Mann bei einer Stunde Dauerlauf mit einer Intensität von 60% um?

3,054×0,6×5×60=550 kcal
5=Umrechnung der $\dot{V}O_2$ in kcal, da 1 Liter O_2/min=5 kcal/min
60=Umrechnung von Stunden auf Minuten

Natürlich gibt es noch von vielen anderen Autoren erarbeitete Formeln zur Berechnung der maximalen Sauerstoffaufnahme. Zum Beispiel die Formel von Hawley und Noakes:

$$\dot{V}O_2\text{max}=11,4\times\text{Watt}_{max}+435$$

Die Wattmax ist dabei definiert als die höchste Belastung, welche über die gesamte letzte Belastungsstufe geleistet werden kann.

Berechnung der absoluten Sauerstoffaufnahme in [ml/min] am Laufband:

$$\dot{V}O_2=(0,1\times v\div3,6\times60+1,8\times v\div3,6\times60\times G\div100+3,5)\times KG$$

v=Laufbandgeschwindigkeit in km/h, G=Steigung in %, (denn damit sind kleinere Steigungen genauer einzugeben als mit Winkelgraden °), KG=Körpergewicht in kg

Diese Formel kann man dazu verwenden, um eine gewünschte Sauerstoffaufnahme (=Belastung) am Laufband einzustellen. Um dann auf die Leistung [Watt] zu kommen, kann man die ACSM- oder Wasserman-Formel benutzen.

Beim Radfahren hat sich zur Berechnung der Sauerstoffaufnahme die Formel von McCole bewährt:

$$\dot{V}O_2 = 0,17 \times v + 0,052 \times \text{Windgeschw.} + 0,022 \times KG - 4,5$$

v=Fahrgeschwindigkeit in km/h, Gegenwindgeschwindigkeit in km/h, KG=Körpergewicht in kg

Die Formel nach McCole gilt für Geschwindigkeiten von 30–41 km/h und für Windgeschwindigkeiten von 9–18 km/h.

Tabelle 5. Ausschnitt aus der 12teiligen Windstärkenskala nach Beaufort

Windstärke in Beaufort	Bezeichnung	Windgeschwind km/h	Landwahrnehmung
0	Stille	<1	Vollkommene Windstille
1	Leiser Zug	1–5	Rauch steigt fast senkrecht empor
2	Leichte Brise	6–11	Für das eigene Gefühl gerade merkbar
3	Schwache Brise	12–19	Blätter werden bewegt, desgleichen leichte Wimpel
4	Mäßige Brise	20–28	Wimpel werden gestreckt, kleine Zweige bewegt und Staub von Wegen gehoben

Da Profiradfahrer an ihr Rad incl. Sitzposition etc. gewohnt sind bzw. auch die Leistung davon abhängt, wird die ergometrische Leistungserfassung für Bergauffahren folgendermaßen bestimmt:

Das Fahrrad wird auf ein Laufband gestellt und anschließend wird die Steigung des Laufbandes laufend erhöht, bis zum erschöpfungsbedingten Abbruch.

Die abgegebene Leistung errechnet sich dann einfach aus dem Höhenzuwachs:

$$W = KG \times 9,81 \times \text{Höhenzuwachs}$$

Beispiel: Wieviel Watt leistet ein 80 kg schwerer Radfahrer, auf seinem 10 kg schweren Rad, wenn er eine Steigung von 10% (=0,1) mit 16 km/h (=4,44 m/s) fährt?

$$\text{Leistung} = \text{Kraft} \times \text{Geschwindigkeit}$$
$$W = (80 + 10) \times 9,81 \times 0,1 \times 4,44 = 392 \text{ Watt}$$

Leistung [Watt] = Erbrachte Arbeit des Höhenzuwachses [Joule] / Zeit [sec] + Rollwiderstand

Der Rollwiderstand (Watt) für Rennradreifen mit 7 bar Druck ist etwa $3,2 \times$ Geschwindigkeit [m/s]

$$\text{Gesamtleistung} = 392 + 3,2 \times 4,44 = 406 \text{ Watt}$$

Da das MLSS bei etwa 70% der Wmax liegt, muss die Gesamtleistung noch durch 0,7 dividiert werden, um die Wmax zu ermitteln: 407/0,7 = 580 Watt.

Ergebnis: Eine Leistungsfähigkeit von über 7 Watt/kg KG (= 580/80) ist die notwendige Voraussetzung um bei einem KG von 80 kg mit einem Rennrad eine Steigung von 10% mit 16 km/h zu „erklimmen".

Anders ist die Situation, wenn man mit dem Rad in der Ebene fährt. Dabei ist die Überwindung des Luftwiderstandes die leistungsbestimmende Größe. Der Luftwiderstand FL in [N] ist eine Kraft die gegen die Fahrtrichtung wirkt und quadratisch mit der Geschwindigkeit zunimmt. Da Leistung = Kraft × Geschwindigkeit ist, errechnet sich die Luftwiderstandsleistung PL in [Watt] aus Luftwiderstand mal Geschwindigkeit.

Der Einfachheit halber wird die Fahrgeschwindigkeit in [m/s] zur dritten Potenz mit einem Faktor von 0,2–0,3 multipliziert. (Der Faktor 0,2 gilt für eine aerodynamische Rennposition auf dem Rennrad und 0,3 für ein Straßenrad in aufrechter Sitzposition bzw. BMX).

Beispiel: Bei welcher Leistung liegt der MLSS eines Radfahrers um auf dem Rennrad längere Zeit mit 36 km/h fahren zu können bzw. welche max. Leistungsfähigkeit ist dazu notwendig?

Luftwiderstand $FL = 0,25 \times$ (Geschwindigkeit [m/s] + Gegenwind [m/s] $)^2$
Bei Windstille muss nur die Fahrgeschwindigkeit von km/h auf m/s umgerechnet werden: 3,6 : 36/3,6 = 10 m/s
$FL = 0,25 \times 10^2 = 0,25 \times 100 = 25$ N
Leistung = Kraft × Geschwindigkeit
Luftwiderstandsleistung $PL = 25 \times 10 = 250$ Watt
Oder anders berechnet:
$PL = 0,25 \times$ (Geschwindigkeit + Gegenwind$)^3$
$PL = 0,25 \times 10^3 = 0,25 \times 10 \times 10 \times 10 = 250$ Watt
Dazu muss noch die notwendige Leistung für die Überwindung des Rollwiderstands addiert werden: 3,2 × Geschwindigkeit [m/s] = 3,2 × 10 = 32 Watt
Gesamtleistung = 250 + 32 = 282 Watt

Ergebnis: Um in der Ebene mit dem Rennrad 36 km/h längere Zeit fahren zu können ist eine Leistung von 282 Watt notwendig, unabhängig vom Körpergewicht! Das MLSS eines 80 kg schweren Radfahrers muss bei 3,5 W/kg KG liegen (= 282/80).

Zur Ermittlung der notwendigen max. Leistungsfähigkeit muss die Gesamtleistung noch durch 0,7 dividiert werden, da das MLSS bei etwa 70% der Wmax liegt: 282/0,7 = 403 Watt, das sind über 5 W/kg KG. Nur Profiradfahrer erreichen eine so hohe Leistung.

Bei schweren (muskulären) Individuen mit einem KG von z.B. 110 kg sind im MLSS nur 2,5 W/kg KG notwendig und eine relative max. Leistungsfähigkeit von 3,6 W/kg KG.

Diese Leistungsfähigkeit können Hobbyradler gerade noch schaffen, wenn sie viel trainieren.

Zusammenfassend: Um in der Ebene mit dem Rad 36 km/h fahren zu können, müssen leichtere Fahrer eine höhere relative Leistungsfähigkeit haben als schwerere. So muss unser 80 kg schwerer Fahrer eine max. Leistungsfähigkeit von mind. 5 W/kg KG erreichen, ein 110 kg schwerer Sportler „nur" 3,6 W/kg KG. Durch Windschattenfahren reduziert sich die notwendige Leistung um ca. 1/3. Erst über 15 km/h Fahrgeschwindigkeit spielt der Luftwiderstand eine Rolle. Daher ist die Überwindung des Luftwiderstandes nur bei höheren Geschwindigkeiten und somit nur in der Ebene die leistungsbestimmende Größe! So müssen bei 25 km/h Fahrgeschwindigkeit etwa 100 Watt aufgewendet werden. Da beim Bergauffahren so hohe Geschwindigkeiten kaum erreicht werden, sind deshalb nur die Steig- und die Rollwiderstandsleistung maßgeblich. Deshalb sind leichtere Radfahrer am Berg im Vorteil, da die Steigleistung nur vom Körper- und Radgewicht abhängt.

> **Profiradfahrer müssen über 5,5 W/kg KG leisten können!**

4.6.5.3 Das Atemäquivalent

Das Atemäquivalent (AÄ) ist eine dimensionslose Verhältniszahl und errechnet sich aus $\dot{V}_E/\dot{V}O_2$. Das AÄ ist ein Maß für die Atemökonomie und gibt an, wieviel Liter Luft ventiliert werden müssen, um 1 Liter Sauerstoff aufnehmen zu können.

Bei zunehmender Belastung sinkt das AÄ von seinem Ruhewert von 30 zunächst bis auf etwa 20 ab, welcher Wert bei etwa 60% der maximalen Leistungsfähigkeit erreicht wird. Bei weiterer Belastungssteigerung bis zur Erschöpfung steigt das AÄ wieder bis auf 30 oder darüber an.

Der tiefste Wert unter Belastung war als „Punkt des optimalen Wirkungsgrades" (der Atmung) die erste Erwähnung des Phänomens, das später unter dem Namen anaerobe Schwelle bekannt geworden ist (siehe Abb. 28). Bei Patienten kann das AÄ auch Werte von 40 oder mehr annehmen. Es hat dies keine leistungsdiagnostische Bedeutung, sondern besagt, dass die Atmung unökonomisch ist. So ist ein hohes AÄ in Verbindung mit einem erniedrigten pCO_2 und normalem pO_2 ein Zeichen einer Luxusventilation bei an sich normalem Gasaustausch, z.B. bei Nervosität. Diese Konstellation kann auch bei vermehrtem Totraumvolumen vorkommen.

4.6.5.4 Der respiratorische Quotient

Der respiratorische Quotient (RQ) ist das Verhältnis der bei der Verbrennung von Nährstoffen freigesetzten Menge an Kohlendioxid zum verbrauchten Sauerstoff.

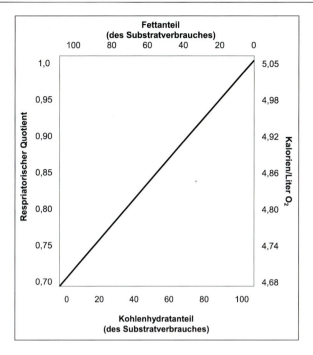

Abb. 27. Der Nährstoffanteil an der oxidativen Energiebereitstellung geschätzt über die Messung des respiratorischen Quotienten

$RQ = \dot{V}CO_2/\dot{V}O_2$

Der RQ zeigt nicht eine bestimmte Leistung sondern einen Stoffwechselzustand an, nämlich die aktuelle Relation Fett- zu Kohlenhydratoxidation in der Arbeitsmuskulatur z.B. bei der Ergometrie (siehe Abb. 27).

Je nach Ausprägungszustand der oxidativen Kapazität (Mitochondriendichte) und Kapillardichte der Muskulatur kann die gleiche Relation bei einer niedrigen oder hohen Leistung bzw. einer niedrigen oder hohen Prozentzahl der $\dot{V}O_2$max auftreten. Somit ist grundsätzlich die oxidative Kapazität dafür bestimmend, ob der Übergang von FOX auf Glucoseverbrennung bei geringer oder höherer Leistung erfolgt.

Bei einer hohen aeroben Kapazität ist der RQ bei gleicher Belastung niedriger. Ein RQ von über 1 zeigt an, dass ein Proband z.B. bei einer Ergometrie metabolisch ausbelastet war. Diese Feststellung ist unabhängig von der erbrachten Leistung, da der gleiche Wert von z.B. 1,1 sowohl bei schwachen als auch bei hochtrainierten Probanden bei Ausbelastung auftritt (nur beim Schwachen bereits bei geringerer Leistung als beim Leistungsstarken).

Im Rahmen einer indirekten Kalorimetrie dient der RQ der präzisen Bestimmung des Kalorischen Äquivalents. (Je nach oxidiertem Substrat schwankt das Kalorische Äquivalent zwischen 4,7 kcal/l O_2 bei FOX und 5,0 kcal/l O_2 bei Kohlenhydratverbrennung. Meist wird aber ein mittlerer Wert von 4,85 kcal/l O_2 mit der Sauerstoffaufnahme multipliziert, um auf den Energieumsatz hochzurechnen).

> **Anhand des RQ kann das Mischungsverhältnis des Fett- und Kohlenhydratanteils an der Energiebereitstellung bestimmt werden. Die ausschließliche FOX führt zu einen RQ von 0,7. Wenn bei intensiven Belastungen nur noch Kohlenhydate verbrannt werden, steigt der RQ auf 1,0.**
> **Daher bedeutet z.B. ein RQ von 0,85 einen Mischstoffwechsel mit 50% Fett- und 50% Kohlenhydratverbrennung.**

Nach Ende der Belastung, in der Nachbelastungsphase, steigt der RQ wegen des sehr schnellen Abfalls der Sauerstoffaufnahme weiter an. Außerdem muss das bereits gebildete CO_2 noch abgeatmet werden. Daher können die Messergebnisse nach Belastungsende (in der Nachbelastungsphase) nicht metabolisch bewertet werden.

4.6.5.5 Die Kohlendioxidabgabe

Die Kohlendioxidabgabe ($\dot{V}CO_2$) wird aus dem $\dot{V}_E$ und der CO_2-Konzentration der Exspirationsluft errechnet und ebenfalls in STPD umgerechnet. Die Konzentration in der Inspirationsluft ist normalerweise 0.

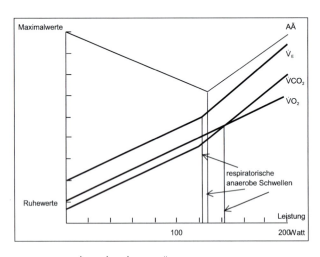

Abb. 28. $\dot{V}CO_2$, $\dot{V}O_2$, $\dot{V}_E$ und AÄ bei ansteigender Belastung

Das $\dot{V}CO_2$ steigt zunächst ebenfalls linear mit der Belastung an. In dem Maße als bei zunehmender Belastung mehr Glukose und weniger Fettsäuren verstoffwechselt werden, gleicht sich das $\dot{V}CO_2$ dem $\dot{V}O_2$ an und der RQ steigt, um ab dem Zeitpunkt der ausschließlichen Glukoseoxidation den Wert 1 anzunehmen. Wird bei weiter zunehmender Belastung dann auch aus dem Bikarbonatpuffer CO_2 freigesetzt und abgeatmet, steigt der RQ auf Werte über 1 an.

Bei graphischer Darstellung lässt sich der Punkt darstellen, in dem die Kurve des $\dot{V}CO_2$ die des $\dot{V}O_2$ schneidet (siehe Abb. 28). Die diesem Punkt entsprechende Leistung ist eine weitere respiratorische Definition der anaeroben Schwelle. Ihre leistungsdiagnostische Bedeutung ist mit der mittels ΔBE oder Laktat ermittelten ident, weil auch die zugrundeliegenden physiologischen Prozesse die gleichen sind.

Überprüfungsfragen

Wie ändern sich Laktat und Katecholamine mit zunehmender Belastung?
Wie ändern sich die HF und Blutdruck mit zunehmender Belastung?
Wie ändern sich die Atemparameter mit zunehmender Belastung?
Was versteht man unter Atemäquivalent?
Was ist der RQ und was bedeutet ein RQ von 0,85?

4.7 Kraftmessung

Lernziele

Objektive Kraftmessung
EWM
Dynamometer

Gegenüber der Ergometrie wird die Kraftmessung in der Funktionsdiagnostik sehr vernachlässigt, obwohl Leistungsschwäche nicht nur einen Mangel an Ausdauer, sondern auch einen Mangel an Kraft zur Ursache haben kann. Die meisten Menschen überschätzen ihre eigene Kraft. Für eine objektive Kraftmessung ist die Maximalkraft die geeignete Größe, da sie dem Muskelquerschnitt direkt proportional ist – also der organischen Kraftgrundlage.

Die Maximalkraft wird durch das Einwiederholungsmaximum (EWM) quantifiziert. Es beschreibt jene Kraft, die bei größter physischer und psychischer Anstrengung gerade einmal aufgebracht werden kann. Das EWM muss, insbesondere in einem Rehabilitationstraining, für alle wichtigen großen Muskelgruppen (Arme, Beine) gesondert bestimmt werden (bei einer Rehabilitation nach einer einseitigen Verletzung auch gesondert für linke und rechte Extremität).

Für eine allgemeine Krafteinschätzung reichen allerdings 3 Übungen: Bankdrücken, Bankziehen, Tiefkniebeuge.

Die Krafttests werden in der Praxis auf Dynamometer (z.B. Concept 2 Dyno) durchgeführt; EWM können aber auch mit freien Hanteln bestimmt werden. Das Concept 2 Dyno erzeugt Widerstände bis zu 500 kp mit einem Windrad als Bremse.

Das Meßergebnis ergibt dann die optimale Information durch den Vergleich des individuellen EWM mit einem Referenzwert. Da die Kraftmessung nicht so standardisiert ist wie die Ergometrie, stehen zur Zeit eher Richtwerte, denn Referenzwerte zur Verfügung:

EWM Bankdrücken $= -0,28 \times A + 22,129 \times Sex + 23,541 \times KO - 16,062$
EWM Bankziehen $= -0,195 \times A + 26,02 \times Sex + 24,084 \times KO - 21,31$
EWM Beinstoß $= -1,009 \times A + 45,711 \times Sex + 36,338 \times KO + 21,424$
A = Alter (Jahre), Sex: weiblich = 1, männlich = 2, KO = Körperoberfläche (m²)
Diese Formeln für das EWM wurden am Concept 2 Dyno bestimmt.

Die Kraftausdauer als gesondert zu trainierende motorische Eigenschaft ist nur im Leistungssport von Bedeutung. In allen anderen Zielgruppen wird die Kraftausdauer in ausreichendem Maße durch das Hypertrophietraining mittrainiert. Im Leistungssport soll die Kraftausdauer schwerpunktmäßig erst dann trainiert werden, wenn die Maximalkraft das geplante Ziel erreicht hat. Denn bei Leistungssportlern kann es auch vorkommen, dass die Maximalkraft ausreichend ist, aber das Kraftausdauerniveau zu gering ist.

Gelegentlich wird die Meinung vertreten, dass Tests auf Basis submaximaler Belastungen besser die Bedingungen des Alltags widerspiegeln als das EWM. Das ist im Prinzip zwar richtig, weil im Alltag praktisch nie Maximalkraftanwendungen vorkommen. Dennoch ist die Maximalkraft – quantifiziert als EWM – die bei weitem genaueste und am besten reproduzierbare Messgröße für die Funktionsfähigkeit des Muskels und sollte daher für die Funktionsdiagnostik ausschließlich verwendet werden. Jede beliebige Anwendungsform, sei sie maximal oder submaximal z.B. Sprungkraft oder Kraftausdauer ist unmittelbar vom Niveau der Maximalkraft abhängig. Denn die Maximalkraft repräsentiert den Rahmen innerhalb dessen jede beliebige andere Form der Kraftanwendung stattfindet.

Überprüfungsfragen

Wie kann man das EWM bestimmen?
Wann sollte man Krafttests durchführen?
Welche Muskelgruppen sollen mittels Krafttest überprüft werden?

5 Training und Regeln der medizinischen Trainingslehre

Lernziele

Gesetze in derTrainingslehre
WNTZ
Intensität beim Ausdauertraining
Sätze/Muskelgruppe/Woche
Überforderung
Erholungsfähigkeit
Systematische Belastungssteigerung
Periodisierung
tapering

Bei medizinischer Trainingsauffassung handelt es sich um eine gezielte Intervention zur Beeinflussung von Struktur und Funktion von Organsystemen.

> Training ist regelmäßige körperliche Bewegung zum Zweck der Erhaltung oder Verbesserung der körperlichen Leistungsfähigkeit auf der Basis von Wachstumsprozessen in den beanspruchten Organen.

Das gilt auch für ein Training zur Erhaltung der Leistungsfähigkeit. Bewegungen, die keine Wachstumsprozesse auslösen, sind daher kein Training. Dazu gehören die meisten Bewegungen des Alltags.

Leistungsverbesserungen können auch durch eine Verbesserung der Koordination bedingt sein (ebenfalls ohne Wachstumsprozesse). Hier handelt es sich um Lernvorgänge, die als Üben bezeichnet werden können (z.B. Tanzen).

Wie jede medizinische Intervention muss auch Training nach biologisch begründbaren Regeln erfolgen. Die Nichtbeachtung derartiger Regeln führt zu Misserfolg im Training, bei Patienten u.U. auch zur Gefährdung des Trainierenden.

5.1 Regel Nr. 1: Es muss eine geeignete Sportart ausgewählt werden

Grundsätzlich ist eine Sportart nur insoweit relevant, als sie tatsächlich Training enthält, gut dosierbar und kontrollierbar ist und kein nennenswertes Gefahrenpotential aufweist.

Sportarten, die kein oder wenig Training enthalten, sind aus medizinischer Sicht dann nicht zu empfehlen, auch wenn sie durchaus Vergnügen bereiten können wie z.B. Golf oder Segeln. Das heißt nicht, dass unbedingt abgeraten werden muss. Es müsste allenfalls zusätzlich zu einem regelmäßigen Training geraten werden.

> Für das Ausdauertraining geeignete Sportarten sind dadurch gekennzeichnet, dass mehr als 1/6 der gesamten Muskelmasse mit mittlerer Intensität gleichmäßig über längere Zeit bewegt werden. Ist die betätigte Muskelmasse weniger als 1/6 der gesamten Muskelmasse, entwickeln sich nur lokale Veränderungen, nicht aber allgemeine Anpassungen, wie z.B. die Zunahme des Herzminutenvolumens oder der maximalen Sauerstoffaufnahme.

Ideale Ausdauersportarten sind: Laufen, Radfahren, Inlineskaten, Walken (Gehen in der Ebene oder aber auch am Laufband), Wandern, Nordic Walking, Nordic Running, Nordic Skating (Skaten mit Langlaufstöcken), Skilanglaufen oder Schwimmen. Grundsätzlich muss betont werden, dass die Gelenkbelastung beim Laufen im Vergleich zu Nordic Walking und Walking „im Mittel" als höher einzuschätzen ist und somit sowohl Nordic Walking als auch Walking generell eine Alternative zum Laufsport darstellen. Dies gilt insbesondere für übergewichtige Menschen und solche, die nach längerer Sportabstinenz einen „sanften" Wiedereinstieg in den Sport planen. (Die weit verbreitete Integration von Nordic Walking bei der Mobilisation und Gehschule/Terraintraining im Rahmen von Rehabilitationsmaßnahmen, insbesondere nach Kreuzbandersatz sowie knie-endoprothetischer Versorgung, sollte kritisch überdacht werden, weil beim Nordic Walking eine höhere Belastung des Kniegelenks innerhalb der Landephase beobachtet wird.) Ebenso ist es sinnvoll Alltagsbewegungen zu nutzen z.B. bei der Fahrt zur Arbeit eine Station früher auszusteigen oder nicht direkt vor der Eingangstür zu parken bzw. auf den Aufzug zu verzichten, Gesprächspartner persönlich aufzusuchen und nicht einfach nur telefonieren.

Für Krafttraining am besten geeignet sind Krafttrainingsmaschinen. Möglich ist Krafttraining auch mit Kurzhanteln oder Gummibändern unterschiedlicher Stärke.

5.2 Regel Nr. 2: Quantifizierung des Trainings und die Beachtung von Mindestbelastungen

Wie bei jeder anderen Therapie ist es auch bei der Verordnung von Training notwendig, die Dosis quantitativ exakt angeben zu können. Dies geschieht durch Angabe von 4 Maßzahlen, drei qualitativen und einer quantitativen:

(1) Intensität
(2) Dauer

(3) Häufigkeit

(4) WNTZ (wöchentliche Netto-Trainingszeit) bzw. WNTB (wöchentliche Netto-Trainingsbelastung beim Krafttraining)

Zum Auslösen von Trainingseffekten müssen für die Punkte 1–3 Mindestwerte überschritten werden (siehe unten)!

> **Bleibt auch nur eine dieser Maßzahlen 1–3 unterschwellig, entwickelt sich kein Trainingseffekt.**

5.2.1 Ausdauertraining

5.2.1.1 Die Intensität

Die Intensität wird in Prozent der individuellen max. Leistungsfähigkeit ($\dot{V}O_2$ beim Training in % der $\dot{V}O_2$max) angegeben. Um einen Trainingseffekt zu erzielen, muss mit mind. der Hälfte der max. Leistungsfähigkeit trainiert werden! Das heisst der Schwellenwert, um einen Trainingseffekt auszulösen, liegt bei 50%. Bei sehr leistungsschwachen Patienten, die bei der Ergometrie weniger als 70% der normalen Leistungsfähigkeit erreichen, sind 50% angemessen; üblicherweise ist für extensives Ausdauertraining 55–65% optimal.

> **Die Einhaltung von aeroben, anaeroben oder sonstigen Schwellen ist für extensives Ausdauertraining nicht erforderlich und eher kontraproduktiv!**

Es gibt mindestens 7 verschiedene Möglichkeiten die Trainingsintensität auszudrücken:

- Energieverbrauch pro Zeiteinheit (z.B. 9 kcal/min),
- Absolute Leistung in Watt,
- Sauerstoffaufnahme als Teil der max. Sauerstoffaufnahme,
- Belastung an, unterhalb oder oberhalb der ANS,
- MET-Angabe,
- Empfinden der Belastungsintensität nach der BORG-Skala. RPE, Perceived Exertion Rate, bedeutet den subjektiv empfundenen Anstrengungsgrad, an einer Skala von 6 bis 20, wobei die Zahl dann mit 10 multipliziert in etwa der Herzfrequenz gesunder Probanden entspricht.
- Herzfrequenz.

Üblicherweise erfolgt die Kontrolle der gewählten Trainingsintensität über die Trainingsherzfrequenz (HF_{tr}). Für die Berechnung des HF-Zielbereiches benötigt man die HF in Ruhe (HF_{Ruhe}) und die individuelle maximale HF (HF_{max}).

Die maximale HF wird mit der symptomlimitierten Ergometrie ermittelt. Die Ruhe-HF wird vor dem Aufstehen am Morgen im Liegen gemessen. Daraus kann dann die individuelle Trainings-HF nach Karvonen berechnet werden:

$$HF_{tr}=(HF_{max}-HF_{Ruhe})\times 0{,}6+HF_{Ruhe}$$

Diese Trainings-HF +/− 5 Schlägen pro Minute ergibt dann den optimalen Trainingsbereich. Bei gering leistungsfähigen Personen sollte die ersten 3 Trainingsmonate statt 0,6 der Faktor 0,5 verwendet werden und bei leistungsstärkeren 0,7. Die Trainings-HF sollte bei Langzeitbelastungen deshalb nicht überschritten werden, um die Inanspruchnahme der anaeroben Energiebereitstellung und damit das mit Belastungsazidose und Katecholaminanstieg einhergehende Herzkreislaufrisiko zu vermeiden.

Belastungen mit einer Intensität unterhalb der sog. kritischen Belastung können ermüdungsfrei über längere Zeit geleistet werden. Die Intensität der kritischen Belastung liegt bei 15% der alaktazid-anaeroben Leistung (=12 Watt/kg KG), das sind 1,8 Watt/kg KG.

Bei Belastungen über der kritischen Grenze tritt umso rascher Ermüdung und Erschöpfung auf, je stärker die Belastung darüber liegt. Diese Schwelle ist die ANS, anaerobe Schwelle, die bei etwa 60% der maximalen aeroben Leistungsfähigkeit liegt.

5.2.1.2 Die Dauer

Das ist die Trainingszeit (in Minuten oder Stunden), in der die Intensität über dem erforderlichen Minimum von 50% liegt. Nach einer halben Stunde gemütlichen Spazierengehens ist die Trainingsdauer daher 0. Die erforderliche Mindestdauer beträgt 10 Minuten. Nach oben ist die Dauer offen und kann auch die Größenordnung von Stunden erreichen.

5.2.1.3 Die Häufigkeit

Dies ist die Anzahl der Trainingseinheiten pro Woche, in denen sowohl Intensität als auch Dauer die Mindestgrößen überschreiten. Die minimale Häufigkeit sind 2 Trainingseinheiten pro Woche, die auf 2 Tage verteilt sein müssen, mit mindestens einem Ruhetag dazwischen. Optimal für therapeutisches Training sind 3–4 Trainingseinheiten pro Woche.

5.2.1.4 Die wöchentliche Netto-Trainingszeit

Die wöchentliche Netto-Trainingszeit (WNTZ) ist die Summe aller richtigen Trainingsbelastungen pro Woche, also aller Trainingseinheiten, bei denen sowohl die Intensität über 50%, als auch die Dauer länger als 10 Minuten beträgt und die mindestens 2-mal pro Woche stattfinden.

Die WNTZ ist die Dosis, von der die Wirkung des Ausdauertrainings in berechenbarer Weise abhängt. Die Wirkung ist die Zunahme der Leistungsfähigkeit, die mit der Ergometrie überprüft wird.

Im Bereich des therapeutischen Trainings kommt eine WNTZ zwischen 30 Minuten und 3 Stunden zur Anwendung. Mehr ist nur bei sportlichen Zielstellungen von Nutzen.

5.2.2 Krafttraining

5.2.2.1 Die Intensität

Beim Krafttraining ist die Intensität das Trainingsgewicht in Relation zur maximalen Leistungsfähigkeit (in Form des Einwiederholungsmaximums, EWM).

Die minimale Intensität für untrainierte Normalpersonen beträgt 30% des EWM, weil geringere Belastungsintensitäten keine Hypertrophie auslösen. 15% des EWM wird kritische Kraft genannt, denn bis zu dieser Intensität tritt keine Ermüdung auf. Die angemessene Intensität für Muskelaufbautraining ist 50–70% des EWM. Die konkrete Trainingsintensität muss aber in jedem Einzelfall individuell ermittelt werden! Eine höhere Trainingsintensität ist nur bei Leistungssportlern in Kraftsportarten erforderlich.

Daher werden grundsätzlich 3 Krafttrainingsmethoden unterschieden:

(1) Hypertrophietraining: Heben nichtmaximaler Lasten bis zur Erschöpfung (Methode der ermüdungsbedingt letzten Wiederholung s.u.)

(2) Methode der max. Krafteinsätze, die wegen der hohen Verletzungsgefahr aber nur im Leistungssport angewandt wird. Dabei wird durch Heben (1–2 Wiederholungen) einer Maximallast die Synchronisation und Koordination verbessert.

(3) Methode der dynamischen Krafteinsätze, ebenso nur im Leistungssport: wiederholtes Heben und Werfen einer nichtmaximalen Last mit der höchstmöglichen Geschwindigkeit.

5.2.2.2 Die Dauer

Die Belastungsdauer bei dynamischem (auxotonischen) Muskeltraining ist das pausenlose Wiederholen ein und derselben Übung mit dem Trainingsgewicht; auch „ein Satz" genannt.

Eine Alternative ist eine isometrische Kontraktion mit ausreichender Intensität. Die funktionelle Voraussetzung zur Erzielung einer Muskelhypertrophie ist, dass weitgehend alle Muskelfasern, also sowohl rote als auch weiße, nacheinander „eingeschaltet" und mit hoher Impulsrate jeweils bis zur Erschöpfung der Kreatinphosphatreserven tetanisch, d.h. mit maximaler Verkürzung bzw. Kraftentfaltung kontrahiert worden sind.

Bei maximaler willkürlicher Innervation wird bei untrainierten und ungeübten Personen etwa 35–40% der motorischen Einheiten synchronisiert und jede Einheit wird nach ca. 2–3 Sekunden wieder abgeschaltet.

1. Isometrische maximale Kontraktion

Bei einer isometrischen maximalen Kontraktion ist die weitgehende Erschöpfung aller Muskelfasern nach ca. 7–9 Sekunden gegeben. Beim Versuch, diese Dauer mit maximaler isometrischer Kontraktion zu überschreiten, kommt es zu einem Kraftabfall. Eine Verlängerung der Kontraktionsdauer über 9 Sekunden hinaus vergrößert den Trainingseffekt nicht!

Wird aber die Kontraktionsdauer von 7 Sekunden unterschritten, dann kommt es zum Verlust des Trainingseffektes, bis er bei 2 Sekunden und weniger den Wert 0 erreicht. Diese kurze Zeit ist nicht ausreichend, um alle motorische Einheiten bis zur Erschöpfung zu kontrahieren. Wenn die isometrische Kontraktion nicht maximal durchgeführt wird, werden weniger als 40% der motorischen Einheiten synchronisiert und die Zeit bis zur Erschöpfung des Muskels verlängert sich.

2. Dynamische (auxotonische) Kontraktion

Dies ist die übliche Form des Krafttrainings bei der durch wiederholtes Heben einer nichtmaximalen Last alle beteiligten Muskelfasern aktiviert werden. Dies führt dazu, dass eine weitere Übungswiederholung mit gleichem Trainingsgewicht nicht mehr möglich ist. Zur Muskelermüdung kommt es, weil die verfügbaren Reserven an energiereichen Phosphaten erschöpft sind.

Beim dynamischen Krafttraining soll die Intensität in jeder Phase des Bewegungsablaufes mindestens 40% des EWM betragen. Ist die Intensität geringer (viele Wiederholungen möglich), bewirkt die Übung keine Kraftentwicklung (Hypertrophie), sondern eine Verbesserung der lokalen aeroben Ausdauer (Mitochondrienmasse und Kapillardichte).

Für das Muskelaufbautraining soll die Übung langsam mit einer Frequenz von 15–20/min und ohne Schwung und ohne Absetzen der Bewegung an den Endpunkten durchgeführt werden!

Was versteht man unter dem Prinzip der ermüdungsbedingten letzten Wiederholung?

Die Wiederholungszahl pro Satz und damit die Belastungsdauer war dann richtig, wenn sie zu einer merklichen Muskelermüdung geführt hat. Im Idealfall bis zur Unmöglichkeit, die Übung ein weiteres Mal zu wiederholen. Tritt diese nicht ein, war die Dauer zu kurz und der Satz im Hinblick auf die Kraftentwicklung durch Hypertrophie weitgehend wirkungslos!

Was versteht man unter der Methode des fortlaufend adaptierten Krafttrainings (FAKT)?

Die individuelle Feinabstimmung der Intensität erfolgt bei jedem einzelnen Training durch die Modifikation des Trainingsgewichts, sodass die ermüdungsbedingte letzte Wiederholung mindestens die 10. und höchstens die 15. ist, also eine 16. Wiederholung nicht mehr möglich ist=FAKT. Sind mehr als 15 Wiederholungen möglich, sollte das Trainingsgewicht für diese Übung schon beim nächsten Satz etwas erhöht werden.

Nur bei leistungssportlichem Training in Kraftsportarten werden 5–10 Wiederholungen bevorzugt. Sätze mit max. 3 Wiederholungen oder weniger (Methode der maximalen Krafteinsätze) führen auch dann nicht zu einer Hypertrophie, wenn sie mit 100% Intensität durchgeführt werden, wohl aber zu einer Steigerung der Maximalkraft.

Die Methode der maximalen Krafteinsätze wird in Kraft- und Schnelligkeitssportarten eingesetzt, wo eine Verbesserung der intramuskulären Synchronisation und allenfalls auch der intramuskulären Koordination entscheidend ist. Beim Gewichtheben muss nach dem Muskelhypertrophietraining die Synchronisation verbessert werden, um die Maximalkraft zu entwickeln. Dazu sind sehr hohe Lasten notwendig, die nur eine geringe Wiederholungszahl (1–2x) bis zur Erschöpfung erlauben. Nachteil der Methode maximaler Krafteinsätze ist die hohe Verletzungsgefahr und infolge des hohen Motivationsniveaus kommt es leicht zum „Ausgebrannt sein" mit Angstgefühlen und Depressionen, Ermüdungsgefühl bereits am Morgen und hohem Ruheblutdruck.

Tabelle 6. Die Menge des abgebauten Muskelproteins in Abhängigkeit zur Widerstandsgröße

Methode	Widerstand als % des EWM	Protein- abbau	Wiederholungen= mech. Arbeit	Gesamtmenge des abgebauten Proteins
Maximal-KT	100%	Hoch	Gering	Gering
Wiederholung	50–100%	Mittel	Mittel	Groß
Dynamisches KT	über 25–50%	Gering	Groß	Gering

Zur Hypertrophieentwicklung kommt es, wenn die Gesamtmenge des abgebauten Proteins hoch ist. Für ein Muskelhypertrophietraining ist somit die „beste" Kombination aus Trainingsintensität und Trainingsumfang (Gesamtlast) entscheidend (siehe Tabelle 6).

Am Beginn jedes Trainings und insb. bei Patienten mit Muskelatrophie ist das Krafttraining auf Muskelhypertrophie ausgerichtet. Die Belastungsdauer wird nicht durch eine Steigerung der Wiederholungszahl pro Satz erhöht, sondern durch die Anfügung weiterer, gleichartiger Sätze nach dem Motto:

Nicht mehr Wiederholungen pro Satz, sondern mehr Sätze mit gleicher Wiederholungsanzahl.

Zwischen zwei Sätzen für dieselbe Muskelgruppe ist eine Pause von 2–5 Minuten zur Restitution der Kreatinphosphatspeicher zweckmäßig.

5.2.2.3 Die Häufigkeit

Das Minimum der Trainingshäufigkeit im Krafttraining ist ein richtiger Satz pro Muskelgruppe und pro Woche, 1 S/MG/W. Allerdings gilt dies für jede einzelne Muskelgruppe.

Das ist möglich, weil der Überkompensationszyklus für Muskelaufbautraining etwas länger ist als der für Ausdauertraining. (Die tatsächliche Länge hängt vom Ausmaß der Ermüdung und vom Trainingszustand ab.)

Jede Muskelgruppe kann meist mit mehreren verschiedenen Übungen trainiert werden (z.B. der M. pectoralis mit den Übungen Bankdrücken oder Butterfly). Es muss daher beachtet werden, dass ein Satz Bankdrücken und ein Satz Butterfly zwei Sätze pro Muskelgruppe bedeuten. Um systematisch die gesamte Skelettmuskulatur zu trainieren, sind ca. 8–10 verschiedene Übungen für die Muskelgruppen der großen Gelenke erforderlich. Deren Auswahl ist eine Frage der funktionellen Anatomie und der verfügbaren Geräte. Diese Übungen können in einer Trainingseinheit absolviert werden. Aber auch, wenn an drei Tagen je 3 Übungen absolviert werden, handelt es sich immer noch um 1 S/MG/W.

Die Steigerung des Trainingsumfanges im Krafttraining, das ist die Steigerung der WNTB, erfolgt durch die systematische Erhöhung der Sätze pro Muskelgruppe pro Woche. Im Kraftsport, vor allem im Bodybuilding, wird für das Muskelaufbautraining eine Vielzahl von „Krafttrainingsmethoden" genannt. Tatsächlich handelt es sich dabei aus leistungsphysiologischer Sicht keineswegs um eigenständige Methoden, sondern lediglich um Varianten der geschilderten Prinzipien des Krafttrainings. Beim Bodybuilding haben die Varianten vor allem den Zweck, eine besonders ausgeprägte Erschöpfung der belasteten Muskeln zu erreichen.

5.2.2.4 Die wöchentliche Netto-Trainingsbelastung

Die wöchentliche Netto-Trainingsbelastung (WNTB) ist die Summe der wirksamen Sätze pro Woche und pro Muskelgruppe. Die WNTB ist die Dosis, von der die Wirkung des Krafttrainings in berechenbarer Weise abhängt. Die Wirkung ist die Zunahme der Maximalkraft, die mit dem EWM überprüft wird.

Im Bereich des therapeutischen Krafttrainings kommt eine WNTB zwischen 4–6 Sätzen pro Muskelgruppe zur Anwendung. Mehr ist nur bei sportlichen Zielstellungen von Nutzen.

5.3 Regel Nr. 3: Angemessenheit des Trainings

Die WNTZ muss der aktuellen Regenerationsfähigkeit entsprechen, damit in der Erholungszeit bis zum nächsten Training alle Wachstumsprozesse ablaufen können, die den Trainingseffekt ausmachen. Die Regenerationsfähigkeit wiederum hängt von vielen Faktoren ab, wie Alter, Leistungsfähigkeit u.v.a.m.

> Je geringer die Leistungsfähigkeit ist, desto geringer ist auch die Erholungsfähigkeit und desto länger dauert die Ausbildung des Trainingseffektes.

Ist die Belastung (WNTZ) in Relation zur Leistungsfähigkeit zu groß, so ist der Trainingseffekt bis zur nächsten Trainingseinheit noch nicht ausgebildet und wird durch diese verhindert. Trotz des regelmäßigen Trainings bleibt eine Leistungssteigerung aus. Das wird auch als Überforderungssyndrom bezeichnet.

Daher reicht bei sehr leistungsschwachen Individuen (LF unter 75%) eine WNTZ von 30 min (2×15 min pro Woche), um eine Verbesserung zu erzielen, wohingegen bei überdurchschnittlich leistungsfähigen Individuen eine WNTZ von mehreren Stunden angemessen ist. Auch beim Krafttraining kann es zu einem Überforderungssyndrom kommen, wenn die WNTB größer als die Leistungsfähigkeit ist.

5.4 Regel Nr. 4: Systematische Steigerung der Belastung

Sinnvollerweise wird zuerst mittels Trainingsanamnese bzw. Trainingsaufzeichnungen die mittlere WNTZ der letzten 10 Wochen bestimmt und mittels Regressionsgleichung (siehe Tabelle 7) die zu erwartende LF%Ref ermittelt.

Anschließend zeigt die ergometrische Bestimmung der Leistungsfähigkeit den aktuellen IST-Wert. Nun wird der errechnete Erwartungswert aus Anamnese mit den ergometrischen Ergebnissen verglichen und die entsprechende Abweichung ermittelt: Ist der ergometrische IST-Wert kleiner als der Erwartungswert, dann handelt es sich entweder um Untertraining oder Übertraining. Gemeinsames Hauptsymptom ist, dass der Trainingswert schlechter ist, als auf Grund der WNTZ zu erwarten wäre. (Übertraining kann unabhängig vom Leistungsniveau auftreten.) Zusätzliche Untersuchungen (siehe Kapitel Übertraining) sollten eine Differenzierung ermöglichen.

Wenn der IST-Wert der ergometrischen Leistungserfassung größer ist als der Erwartungswert laut Trainingsangaben, dann kann es sein, dass Sportler oft zusätzlich „heimlich" trainieren. Ursache ist übermäßiger Ehrgeiz des Sportlers oder der Eltern (bei Kindern). Wenn sich keine Ursache eruieren lässt, dann könnte es sich um ein Sporttalent handeln. Denn talentierte Sportler erreichen mit gleicher WNTZ einen höheren Trainingszustand oder anders ausgedrückt: der gleiche Trainingszustand wird mit weniger WNTZ erreicht.

Tabelle 7. Zusammenhang zwischen WNTZ [Stunden] und Leistungsfähigkeit y [LF%Ref]

WNTZ	$y=110+12x-0{,}45x^2$ Männer LF%Ref	$y=110+17x-0{,}62x^2$ Frauen LF%Ref
1	122	126
2	132	142
3	142	155
4	151	168
5	159	180
6	166	190
7	172	199
8	177	206
9	182	213
10	185	218
11	188	222
12	189	225
13	190	226
14	190	226

Wird eine Steigerung des IST-Wertes angestrebt, dann zeigt der SOLL-IST-Vergleich die notwendige WNTZ. Die WNTZ soll aber nur um ca. 25–50% erhöht werden, um ein Übertraining zu vermeiden. Nach ca. 6 Wochen haben sich alle entsprechenden Trainingsanpassungen eingestellt. Wird diese WNTZ beibehalten, so wird die Leistungsfähigkeit nicht weiter erhöht, sondern erhalten. Ist eine weitere Steigerung erwünscht, dann muss die WNTZ wieder erhöht werden. Nach weiteren 6 Wochen ist ein neues Niveau der Leistungsfähigkeit erreicht, was eine weitere Steigerung erforderlich macht.

Diese systematische Steigerung der WNTZ und/oder WNTB soll so oft wiederholt werden, bis entweder:

– eine zufriedenstellende Leistungsfähigkeit erreicht worden ist, oder
– die verfügbare Zeit ausgeschöpft ist, oder
– die Trainierbarkeit an ihre organischen Grenzen stößt.

Im Bereich des Leistungssports geht die systematische Steigerung der WNTZ auch über die therapeutisch sinnvollen 3 Stunden und/oder WNTB von 4–6 S/MG/Wo hinaus.

Tabelle 8 realisiert ein Trainingskonzept für den Leistungssport, das sowohl die Angemessenheit als auch die systematische Steigerung bis zum Hochleistungssport beinhaltet.

Für den Bereich des therapeutischen Trainings sowie den Gesundheitssport sind die Grundsätze der Angemessenheit und systematischen Steigerung in Tabelle 9 wiedergegeben, wobei TE/W Trainingseinheit pro Woche bedeutet:

Tabelle 8. Generalplan zur Entwicklung der allgemein aeroben Ausdauer, Train. Kl.=Trainingsklasse, JNTZ=Jahres-Nettotrainingszeit in Stunden, WNTZ=Wöchentliche Nettotrainingszeit in Stunden, LF%Ref=Leistungsfähigkeit in % des Referenzwertes, m=männlich, w=weiblich

	Anfänger			Aufbau			Hochleistung		
Train. Kl.	1	2	3	4	5	6	7	8	9	10
JNTZ (Std)	75	150	250	350	450	550	650	750	850	950
WNTZ (Std)	1.5	3	5	7	9	11	13	15	17	19
LF%Ref m	127	142	159	172	182	188	190	190	190	190
LF%Ref w	134	155	180	199	213	222	226	226	226	226

Tabelle 9. Generalplan zur Ausdauerentwicklung TE/W=Trainingseinheiten pro Woche

Stufe	LF%Ref	WNTZ min	TE/W
1	unter 75	30	2–3
2	75–90	45	2–3
3	90–100	60	2–3
4	100–110	75	2–3
5	105–115	90	2–3
6	110–120	105	2–3
7	115–125	120	3–4
8	120–130	150	3–4
9	125–135	180	3–4

Die Stufe 9 entspricht umfangmäßig in etwa der 2. Trainingsklasse des mehrjährigen leistungssportlichen Planes (Tabelle 8). Die angemessene Zuordnung zu einer Trainingsstufe erfolgt durch die ergometrisch ermittelte Leistungsfähigkeit. Die Trainingsstufe aus der ermittelten LF%Ref ergibt die WNTZ mit der das Training begonnen wird.

Dieses Training bewirkt dann im Verlauf von etwa 6 Wochen eine LF%Ref entsprechend der nächst höheren Stufe. Dann muss auch die WNTZ der nächst höheren Stufe angewandt werden, falls die Leistungsfähigkeit noch weiter entwickelt werden soll. Ist man mit dem erreichten Trainingszustand zufrieden, wird diese Trainingsstufe für präventive, therapeutische oder andere Zwecke lebenslang beibehalten. Befindet man sich auf Stufe 2 oder 3, dauert es etwa 1,5–2 Jahre, bis Stufe 9 erreicht wird (z.B. als Vorbereitung eines Freizeitsportlers auf einen Marathon).

Beispiel: Wie lange muss als Vorbereitung auf eine mehrtägige Radtour (z.B. Passau – Wien) trainiert werden, wenn man sich in Stufe 4 befindet?

Eine optimale Vorbereitung auf größere sportliche Unternehmungen wäre eine Steigerung bis auf Stufe 8, das sind 120% LF%Ref.

Die Steigerung von Stufe 4 auf 8 sind 4 Stufen mit je 6 Wochen Training pro Stufen.

Ergebnis: Es muss insgesamt eine Trainingsdauer von 24 Wochen veranschlagt werden, um eine LF%Ref von 120% zu erreichen, damit man die geplante Radtour voraussichtlich ohne größere Problem absolvieren kann, wenn man nur über eine altersentsprechende 100% Leistungsfähigkeit verfügt.

Die konkreten Empfehlungen lauten:

- Trainieren Sie an 3 Tagen in der Woche mit je einem Tag Pause dazwischen.
- Beginnen Sie mit je 25 Minuten Nettotraining (mit dem empfohlenen Trainingspuls).
- Steigern Sie alle 6 Wochen die Trainingseinheit um je 5 Minuten, bis Sie 3×40 Minuten erreicht haben.

Für ein stationäres Rehabilitationstraining ist folgender Plan (Tabelle 10) auf 4 Wochen ausgelegt.

Tabelle 10. Stätionäres Rehabilitationstraining

Stufe	LF%Ref	WNTZ min	TE/W
1	unter 75	40	4
2	75–90	60	4
3	90–100	80	4
4	100–110	100	4

Wenn die LF%Ref bereits bei Trainingsbeginn über 75% ist, so kann schon mit der 2. Stufe begonnen werden. Die WNTZ der Stufe 4 sollte aber nicht überschritten, sondern länger beibehalten werden falls sie früher erreicht wird.

Mittwochs soll aus leistungsmedizinischen Gründen trainingsfrei gehalten werden, um der Gefahr einer Überforderung vorzubeugen. Samstag und Sonntag sind aus organisatorischen Gründen (Personal) frei, dienen aber ebenfalls funktionell der Regeneration. Das Training kann am Fahrradergometer oder Gehen am Laufband (z.B. mit 5 kmh und 5% Steigung), aber auch als Schwimmen oder als Terraintraining d.h. Gehen im Gelände, absolviert werden. Alle Belastungsformen im trainingswirksamen HF-Bereich müssen aber auf die WNTZ angerechnet werden.

Es ist nicht zulässig, zusätzlich zu einem angemessenen Ergometertraining noch z.B. Terrainkuren zu verordnen, nur weil das im Routinebetrieb so üblich ist. Wichtig ist die kontinuierliche Überwachung der individuellen Trainingsherzfrequenz durch den trainierenden Patienten selbst, nach entsprechender Instruktion, z.B. mit einer Pulsuhr, da nur so eine kontinuierliche und exakte Regelung des Tempos möglich ist. (Eine telemetrische Überwachung ist dafür weniger gut geeignet, da die Regelung des richtigen Tempos bei einer derartigen indirekten Rückkoppelung praktisch sehr schwer durchführbar ist.) Falls die Exkursion bei einer Terrainkur länger dauert als die vorgesehene Trainingszeit, so ist darauf zu achten, dass in der restlichen Zeit das Tempo entsprechend verringert wird und die Belastung deutlich unter der Minimalintensität bleibt. Es ist anzunehmen, dass in einer Gruppe bei Berücksichtigung der individuellen Besonderheiten nicht alle das gleiche Tempo einhalten können.

5.4.1 Systematisches Krafttraining

In der medizinischen Trainingstherapie ist das Krafttraining vorwiegend auf die Erzielung der Muskelhypertrophie ausgerichtet, weshalb anstatt Maximalkrafttraining besser der Ausdruck Muskelhypertrophietraining verwendet werden soll.

Für unterdurchschnittlich kräftige Personen beginnt das angemessene und systematisch gesteigerte Krafttraining mit 1 S/MG/W (s. Tabelle 11). Die Stufe 2 mit 2 S/MG/W stellt das Anfangsstadium für jeden „normalen" Anfänger dar. Mit höherer Belastung zu beginnen, führt wahrscheinlich zum Muskelkater, der insbesondere bei älteren und bewegungsungewohnten Personen ev. zur vorübergehenden schmerzbedingten Bewegungsbehinderung führen kann. Ein weiterer unerwünschter Effekt ist, dass die Lust auf weiteres Krafttraining vergeht.

Tabelle 11. Systematische Steigerung der wöchentlichen
Netto-Trainingsbelastung zur Entwicklung der Maximalkraft

Stufe	S/MG/W	TE/W
1	1	1–2
2	2	2
3	3	2
4	4	2
5	6	2–3
6	8	2–3
7	10	2–3

In einer 2–3 wöchigen Phase soll bei jedem Anfänger das Krafttraining damit beginnen, dass mit geringem Trainingsgewicht die Koordination, d.h. der richtige Bewegungsablauf bei jeder Übung erlernt wird. Erst anschließend findet das eigentliche Krafttraining in üblicher Weise als dynamische Kontraktionen statt, bei dem alle Muskelfasern bis zur Erschöpfung aktiviert werden. Die Erschöpfung führt dazu, dass eine weitere Wiederholung der Übung mit gleichem Trainingsgewicht nicht mehr möglich ist. Tritt keine Erschöpfung ein, war die Belastungsdauer zu kurz und der Satz im Hinblick auf die Kraftentwicklung durch Hypertrophie weitgehend wirkungslos!

Beim dynamischen Krafttraining muss die Intensität in jeder Phase des Bewegungsablaufes mindestens 40% des EWM betragen, um trainingswirksam zu sein. Ist die Intensität geringer, wird der Muskel während der Kontraktion durchblutet und die Übung bewirkt keine Kraftentwicklung (Hypertrophie), sondern eine Verbesserung der lokalen aeroben Ausdauer (Mitochondrienmasse und Kapillardichte).

Wenn in einer Kraftsportart Hochleistung angestrebt wird, dann wird der Umfang in einem 6–8 jährigen Aufbau bis auf 30 Sätze/Muskelgruppe/ Woche gesteigert. Auch im leistungssportlichen Krafttraining zeigt die Entwicklung der Jahres-Nettotrainingsbelastung, gezählt in Sätzen/Muskelgruppe/Jahr (S/MG/J), eine ähnliche Dynamik wie beim Ausdauertraining. Die erste Trainingsklasse enthält rund 150 S/MG/J. Dies muss im Laufe der Jahre bis auf etwa 1500 S/MG/J entwickelt werden.

> Auch für das Krafttraining gilt, dass die Entwicklung des Umfanges die wichtigste Voraussetzung für den Aufbau der Grundlagenkraft ist.

Ebenfalls von entscheidender Bedeutung ist die Dynamik der WNTB im Laufe eines Trainingsjahres zur Vorbereitung auf Wettkämpfe. Wird Kraft- und Ausdauertraining in einer Einheit kombiniert, so sollte zuerst Kraft und dann Ausdauer trainiert werden, weil optimales Krafttraining nur bei ausgeruhter Muskulatur möglich ist (ev. nach Ruhetag).

5.5 Regel Nr. 5: Zyklische Gestaltung

Die zyklische Gestaltung besagt, dass auf jede Trainingsbelastung eine Regenerationsphase von angemessener Dauer folgen muss, um eine Leistungsentwicklung zu ermöglichen! Daher ist zyklische Gestaltung bei 2 Trainingseinheiten pro Woche kein Thema. Das Problem der zu kurzen Regenerationsphase kann auftreten, wenn täglich trainiert wird, wie das im Leistungssport, aber auch bei ambitionierten Hobbysportlern und in Rehabilitationszentren vorkommen kann.

Die zyklische Gestaltung bedeutet das planmäßige Einschalten von Erholungstagen im Verlauf einer Woche (Mikrozyklus) und von Erholungswochen nach 4–6 Wochen Training (Mesozyklus). Das Hauptmerkmal einer Erholungswoche ist eine Reduktion des Trainingsumfangs um 30–50%, jedoch bei gleicher Trainingsintensität (oft sogar gering höherer) und gleicher Trainingsfrequenz, um den Leistungslevel zu halten (sog. Taper, aus dem Englischen). Dieses tapering führt sogar zu einer Leistungssteigerung von bis zu 5%. Im Leistungssport wird es üblicherweise 1–4 Wochen vor einem Wettkampf durchgeführt.

Das Hauptmerkmal von Erholungstagen ist kein Training. Das gilt selbstverständlich auch für Rehabilitationszentren, wo die Verfügbarkeit von therapeutischem Training nicht zur unangemessen Anwendung verleiten sollte.

Tabelle 12. Abschnitte einer Periodisierung

	Dauer	Beispiel
Mehrjahreszyklus	2–4 Jahre	von Olympiade zu Olympiade
Makrozyklus	1–12 Monate	Vorbereitungsphase
Mesozyklus	2–6 Wochen	Wettkampfvorbereitung mit wechselunder Belastung
Mikrozyklus	1 Woche	Grundlagenwoche mit wechselunder Belastung
Tageszyklus	1 Tag	1–3 Trainingseinheiten
Trainingseinheit	1–5 Stunden	3 Std. Grundlagentraining

Generelle Empfehlungen, auch für Hobbysportler:

- nicht jeden Tag gleich viel trainieren,
- nicht immer gleiche Trainingsintensität=„Trainingsmonotonie",
- kein tägliches Training, also nicht mehr als 5 Trainingstage pro Woche.

5.6 Regel Nr. 6: Ganzjährigkeit des Trainings

Jede Unterbrechung oder auch nur Verminderung der WNTZ bewirkt einen raschen Rückgang der Leistungsfähigkeit und auch der organischen Anpassungen. Der Rückgang geht leider ziemlich rasch: bereits 4–6 Wochen nach Beendigung einer 3 monatigen Trainingsperiode mit einem Leistungszuwachs von 15–20% ist dieser Trainingseffekt fast vollständig verschwunden!

Für die Erreichung und langfristige Sicherung des Trainingseffektes ist daher die Regelmäßigkeit des Trainings, Woche für Woche, Monat für Monat und Jahr für Jahr von ebensolcher Bedeutung wie die Beachtung einer Mindestbelastung.

Überprüfungsfragen

Ist jede Sportart ausdauertrainingswirksam?
Wieviel Muskelmasse muss bewegt werden, um trainingswirksam zu sein?
Welche 4 Maßzahlen quantifizieren ein Training?
Wie wird die trainingswirksame HF für das Ausdauertraining ermittelt?
Wie hoch ist die Mindesthäufigkeit und Mindestdauer pro Woche für ein Ausdauertraining?
Was ist die WNTZ und wie wird sie bestimmt?
Wie hoch muss die Mindestintensität beim Krafttraining sein, um trainingswirksam zu sein?
Wie wird ein FAKT durchgeführt?

---

6 Trainingsmethoden

6.1 Trainingsmethoden der Ausdauer

Lernziele

Extensiv-aerobe Ausdauer
Kontinuierliche Methode
Fahrtspiel
Intervalltraining
Lohnende Pause
DIRT
Überdistanztraining
Sprinttraining

Nachdem die verschieden Ausdauerformen nun physiologisch eindeutig definiert sind, gibt es eine klare Forderung an die Trainingsmethoden für die verschiedenen Ausdauerformen: Sie müssen so gestaltet sein, dass sie der physiologisch definierten Ausdauerform auch tatsächlich ansprechen. In Zweifelsfällen kann die exakte Entsprechung durch leistungsdiagnostische Trainingsüberprüfung kontrolliert werden.

6.1.1 Aerobe Ausdauer

Die Definition der aeroben Ausdauer ist die Energiebereitstellung durch Oxidation der Substrate (Fette und Kohlenhydrate).

6.1.1.1 Extensiv-aerobe Ausdauer

Das entscheidende Merkmal der Trainingsmethoden der extensiv-aeroben Ausdauer (EAA) ist die Beteiligung des Fettstoffwechsels an der Energiebereitstellung.

Die Intensität darf deshalb nicht zu hoch gewählt werden (Laktat unter 4 mmol/l), weil sonst die Fettsäuremobilisierung (Lipolyse) aus den Fettdepots blockiert wird. Die Intensitätskontrolle kann über die individuelle Trainingsherzfrequenz erfolgen.

> Die Intensität ist das alleinige Kriterium, das darüber bestimmt, ob der Fett- und/oder Kohlenhydratstoffwechsel beansprucht wird. Die Belastungsdauer spielt dabei keine Rolle!

Für die Auslösung von Trainingseffekten muss eine Mindestbelastungsdauer von 10 Minuten überschritten werden; nach oben ist die Belastungsdauer offen. So sind, um z.B. den Marathon in unter 3 Stunden absolvieren zu können, mind. 10 Stunden WNTZ notwendig. Die Wirkung des EAAT ist die Entwicklung der Grundlagenausdauer (=$\dot{V}O_2$max). Das gelingt primär durch Erhöhung der WNTZ.

Die Erhöhung der WNTZ kann durch intensives Ausdauertraining geringeren Umfangs keinesfalls ersetzt werden, auch wenn sich das alle Freizeit- und Hobbysportler wünschen würden. Das ist auch der Grund, warum z.B. Radrennfahrer jährlich 30.000 km im Sattel sitzen. Aber auch in allen anderen Sportarten wird enorm viel Zeit für die Entwicklung der Grundlagenausdauer aufgewendet (siehe Tabelle 8). Bei einer JNTZ von unter 300 Std/Jahr spricht man von Anfängern, während Hochleistungsathleten 1000 Std/Jahr trainieren müssen, um mit der Weltspitze mithalten zu können.

Die extensiv-aerobe Ausdauer kann mit mehreren Methoden entwickelt werden:

a) Kontinuierliche Methode

Bei der kontinuierlichen Trainingsmethode wird die Intensität über eine vorher festgelegte Trainingszeit konstant gehalten. Üblicherweise wird die Intensität über die individuelle Trainings-HF (HF$_{Tr}$) kontrolliert. Beim Training im hügeligen Gelände wird das Tempo so variiert, dass die Trainings-HF und somit die Intensität konstant gehalten werden; also langsamer, wenn es bergauf geht und schneller, wenn es eben wird. Das Tempo ist sekundär, entscheidend ist einzig und allein die Einhaltung der individuellen Belastungs-HF.

Bei Untrainierten und insbesondere bei älteren Personen wird häufig schon flottes Gehen ausreichen, um in den trainingswirksamen Intensitätsbereich zu kommen. Beim „Nordic Walking" oder „Nordic Running" werden Stöcke verwendet, wobei auch bei dieser Sportart immer eine HF-Kontrolle notwendig ist. Denn junge, leistungsstärkere Individuen erreichen beim Gehen in der Ebene nur mit Zusatzgewichten an den Armen oder einer Gewichtsweste bzw. im hügeligen Gelände den trainingswirksamen Bereich. Nur wenn beim Nordic Walking die Stöcke technisch richtig eingesetzt werden, steigt der Energieumsatz gegenüber dem normalen Gehen ohne Stöcke. Durch den kraftvollen Stockeinsatz wird die Schulter-Armmuskulatur merklich beansprucht und es steigt das Laktat, bei gleicher Gehgeschwindigkeit um ca. 0,5–1 mmol/l höher an, als beim Gehen ohne Stöcke. Ebenso steigt bei gleicher Gehgeschwindigkeit die HF um 5–10 Schläge/min mehr an.

Auf dem Laufband kann die Belastung durch genaue Regelung der Bandgeschwindigkeit und Steigung exakt eingestellt werden. Schwere Individuen, die nicht gerne laufen, können durch Gehen am Laufband unabhängig von Wetter, Tages- und Jahreszeit trainieren. Gleiches gilt bei Verwendung eines Zimmerfahrrads. Da sich ältere Menschen häufig überfordern, weil sie zu „ehrgeizig" trainieren, ist gerade bei ihnen eine HF-Kontrolle unbedingt notwendig!

b) Fahrtspiel

Dies ist eine Variante der kontinuierlichen Methode, die v.a. im Gelände angewandt wird. Steigungen werden dabei nicht durch Tempoverminderung ausgeglichen, sondern zur kurzfristigen Erhöhung der Intensität genutzt. Eine allfällige Laktatanhäufung wird während des nachfolgenden Bergab- oder Langsamlaufens wieder abgebaut.

c) Extensives (langsames) Intervalltraining (EIT)

Intervalltraining ist ein systematischer Wechsel von Belastung und Pause. Der Begriff Intervalltraining ist physiologisch durch die Anwendung der „lohnenden Pause" definiert. Die lohnende Pause bedeutet, dass die Pause bewusst so kurz gehalten wird, dass die Erholung unvollständig bleibt.

> **Extensives Intervalltraining ist gekennzeichnet durch hohen Umfang und relativ geringe Intensität mit kurzen Pausen.**

Das EIT wird im Leistungssport angewandt, nachdem mittels kontinuierlicher Methode die WNTZ auf den geplanten Umfang gesteigert worden ist. Auch in der Rehabilitation kann EIT kurzfristig eine Methode sein, wenn ein Patient zu schwach ist, um 10 Minuten kontinuierlich durchzuhalten. Dann wird z.B. 2x5 Minuten trainiert. Die Länge der dazwischen liegenden Pause beträgt oft weniger als 1 Minute. Optimalerweise wird die Pausenlänge an Hand der Pulserholung individualisiert, d.h. der Start erfolgt erst dann wieder, wenn der Erholungspuls auf 130/min abgefallen ist, jedoch nicht länger als 3 Minuten.

Grundsätzlich werden beim EIT die 4 Trainingsparameter folgenderweise variiert:

- Distanz=Teilstreckenlänge mit einer Belastungsdauer von 20 Sekunden bis 5 Minuten.
- Intervall=Pausenlänge zwischen den Teilstrecken, meistens unter einer Minute. Das wird optimalerweise an Hand der Pulserholung individualisiert, d.h. der Start zur nächsten Teilstrecke erfolgt, wenn der Erholungspuls auf 130/min abgefallen ist, jedoch nicht länger als 3 Minuten
- Repetitionen=Wiederholungen; bis 20 oder sogar mehr.

- Tempo=Bewegungstempo während der Belastung liegt in der Regel unter dem angestrebten Wettkampftempo.

Die Anfangsbuchstaben ergeben als Eselsbrücke das englische Wort D-I-R-T.

6.1.1.2 Intensiv-aerobe Ausdauer

Die Trainingsmethoden für die intensiv-aerobe Ausdauer (IAA) sind durch eine ausschließliche Nutzung von Glukose (aerobe Glykolyse) zur aeroben ATP-Resynthese gekennzeichnet. Dies findet erst bei einer Laktatkonzentration von über 4 mmol/l statt.

Das intensiv-aerobe Ausdauertraining (IAAT) dient nicht der Entwicklung der allgemeinen Ausdauer ($\dot{V}O_2$max), sondern baut auf der durch EAAT erworbenen Grundlage auf! Wie schon erwähnt, ist es daher nicht zielführend umfangreiches EAAT durch weniger umfangreiches IAAT zu ersetzen! Wenn kein Leistungssport betrieben wird, ist das IAAT überflüssig! Denn beim IAAT sind die Erholungszeiten deutlich verlängert. Daher besteht beim IAAT im Freizeitsport die Gefahr des Übertrainings.

Das IAAT dient somit in erster Linie der Wettkampfvorbereitung und sollte nur sportart- und wettkampfspezifisch sein und die Wettkampfdauer berücksichtigen.

Es ist daher nicht sinnvoll IAAT in einer anderen Sportart als der Wettkampfdisziplin durchzuführen, im Gegensatz zum EAAT, wo dies (z.B. im Nachwuchstraining in der Vorbereitungsperiode) durchaus zweckmäßig sein kann.

Die methodische Voraussetzung des IAAT ist eine ausreichend hohe Intensität von über 70% der $\dot{V}O_2$max, die in der Praxis durch ein entsprechend hohes Trainingstempo realisiert wird. Dabei wird jenes Tempo als Richtwert genommen, das für den Wettkampf angestrebt wird.

Daher wird das IAAT nicht durch eine bestimmte Trainings-HF und auch nicht durch irgendeine anaerobe Schwelle gesteuert, sondern durch das angestrebte Wettkampftempo!

Die IAA kann mit 2 Methoden entwickelt werden:

(1) Kontinuierliche Methode: Überdistanztraining

Dabei wird eine Streckenlänge vorgegeben, die 50–100% über der Wettkampfdistanz liegt und als Zeitversuch absolviert wird.

(2) Das intensive (schnelle) Intervalltraining, IIT

Das intensive Intervalltraining ist gekennzeichnet durch relativ geringen Umfang und hohe Intensität, als auch mit längeren Pausen.

Mittels Intervalltraining kann nicht nur das Tempo höher gehalten werden als bei der kontinuierlichen Methode, sondern auch die Entwicklung der $\dot{V}O_2$max geht insbesondere bei Untrainierten meist rascher. Das ist in der Rehabilitation von Bedeutung. Auch im Leistungssport wird das EIT zum raschen $\dot{V}O_2$max-Aufbau am Saisonbeginn genutzt, aber nicht dauernd: Nach einer Aufwärmphase (10–15 Minuten) werden meist 4–5 Minuten dauernde Belastungsintervalle mit ebenso langen Pausen abwechselnd meist 5mal pro Trainingseinheit absolviert. Die Intensität in der Belastungsphase liegt bei über 90% $\dot{V}O_2$max, die der Pausen bei ca. 60% $\dot{V}O_2$max Abschließend wird das Training durch ein „Cool-down" beendet (z.B. Ausfahren auf dem Fahrrad bei geringer Intensität). Bei diesem IIT steigt die $\dot{V}O_2$max, weil sich das Schlagvolumens des Herzens entwickelt.

Beim IIT werden die schon erwähnten 4 Kennzahlen (D-I-R-T) folgenderweise besetzt:

- Distanz: abhängig von der Wettkampfstrecke 10 Sekunden bis 5 Minuten.
- Intervall: meistens 1–3 Minuten bzw. wenn der Erholungspuls auf etwa 120–125/min abgefallen ist, aber Mindestpausenlänge 3fache Belastungsdauer.
- Repetitionen: unter 20 Wiederholungen, üblicherweise 5, maximal 10.
- Tempo: entspricht dem angestrebten Wettkampftempo.

Je intensiver die Belastungen sind, desto höher ist der ATP-Umsatz und desto mehr ADP entsteht. Die Folge ist, dass bei intensiven Belastungen die Glykolyse bereits nach 3 Sekunden hochgefahren wird und Laktat entsteht. Insbesondere beim IIT kommt es durch die Laktatakkumulation zur deutlichen Azidose.

Achtung: In der medizinischen Trainingstherapie ist das IAAT generell kontraindiziert, denn es bewirkt gegenüber dem EAAT keinerlei zusätzlichen therapeutisch wünschenswerten Effekt. Im Gegenteil, bei älteren Individuen (über 60 Jahre) und insbesondere bei Herz-Kreislaufpatienten erhöht IAAT das Herzinfarktrisiko durch die dabei auftretenden sehr hohen Laktat- und Katecholaminkonzentrationen.

6.1.2 Anaerobe Ausdauer

Die physiologische Definition ist die Energiebereitstellung durch anaerobe O_2-unabhängige biochemische Reaktionen.

6.1.2.1 Laktazid-anaerobe Ausdauer

Laktazid-anaerobe Ausdauer (LAA) bedeutet die Energiebereitstellung mittels Glykolyse. Diese tritt jedenfalls dann auf, wenn der gesamte Energieumsatz größer als die $\dot{V}O_2$max ist, bzw. größer als die aktuelle Sauerstoffaufnahme.

Das Merkmal der anaeroben glykolytischen Aktivität ist nicht ein hoher Laktatspiegel an sich, denn dieser tritt auch bei intensiv-aerobem Ausdauertraining auf.

> **Entscheidend ist ausschließlich die Geschwindigkeit des Laktatanstiegs.**

Je rascher der Laktatanstieg vor sich geht, desto höher ist auch die laktazid-anaerobe Leistung. Bei dieser Trainingsmethode muss die Belastungsintensität deutlich über der $\dot{V}O_2$max liegen, damit eine entsprechend hohe Aktivität der Glykolyse zu einer hohen Laktatanstiegsgeschwindigkeit führt (von mind. 15 mmol/l/min).

Die Trainingsmethode der laktazid-anaeroben Ausdauer ist das Wiederholungstraining, das ebenfalls auf einem Wechsel von Belastung und Pause basiert. Das Wiederholungstraining ist ausschließlich dem Leistungssport vorbehalten. Im Freizeitsport ist es abzulehnen und im therapeutischen Training sogar streng kontraindiziert (Herzinfarktgefahr durch hohe Laktat- und Katecholaminkonzentrationen).

Das Wiederholungstraining ist durch einen Wechsel von Belastung und Pause gekennzeichnet und kann daher durch die vier bekannten Kennziffern D-I-R-T beschrieben werden:

- Die Distanz richtet sich primär nach der Länge, die bei Höchstgeschwindigkeit in 1 bis maximal 2 Minuten zurückgelegt werden kann.
- Intervall: Die Pausenlänge muss einen weitgehenden Laktatabbau ermöglichen, da sonst ein wiederholter ausgiebiger Laktatanstieg nicht mehr möglich ist. Auf Grund der Abbaugeschwindigkeit des Laktats von etwa 2 Minuten pro mmol/l sind daher mindestens 20 Minuten Pause notwendig und aktiv zu gestalten. Wird die Pausenlänge nicht eingehalten, wird aus dem LAA-Training ein IAAT oder ein Azidosetoleranztraining und die erhoffte Wirkung auf die LAA bleibt aus.
- Repetitionen: je nach dem Niveau der allgemeinen Ausdauer (=Erholungsfähigkeit) sind nur 2–6 Wiederholungen möglich.
- Tempo: Für alle Wettkämpfe über längere Distanzen entspricht dies nicht dem Wettkampftempo, sondern ist schneller.

Wegen der hohen muskulären Beanspruchung kann die Erholung auch bei kohlenhydratreicher Ernährung bis zu 72 Stunden dauern. Aus diesem Grund können Leistungssportler diese Trainingsform nicht täglich anwenden.

6.1.2.2 Alaktazid-anaerobe Ausdauer

Alaktazid-anaerobe Ausdauer (AAA) bedeutet die Energiebereitstellung durch Kreatinphosphatspaltung. Diese Ausdauer wird durch Schnelligkeits- oder Sprinttraining trainiert:

- Distanz: entspricht einer Belastungsdauer von weniger als 10 Sekunden.
- Intervall: entsprechend der Geschwindigkeit der Restitution der Kreatinphosphatspeicher ist eine Pauselänge von mind. 2 Minuten erforderlich.
- Repetitionen: je nach Trainingszustand 1–6 Wiederholungen.
- Tempo: ist die größtmögliche Geschwindigkeit. (Für alle Distanzen außer dem 60-m-Lauf ist dies schneller als das Wettkampftempo.)

Wenn keine leistungssportlichen Ziele vorliegen, ist ein Schnelligkeitstraining nicht sinnvoll. Schnelligkeit ist eine eigene motorische Grundeigenschaft und muss, sofern sie eine Rolle spielt, ganzjährig trainiert werden. Die organischen Grundlagen der Schnelligkeit werden durch das Maximalkrafttraining entwickelt, deshalb ist Krafttraining ein integraler Bestandteil des Schnelligkeitstrainings.

Nochmals sei betont, dass Schnelligkeitstraining nur in Spezialsportarten sinnvoll ist und ebenso wie intensives aerobes Ausdauertraining und Wiederholungstraining im Präventiv- und Rehabilitationsbereich streng kontraindiziert ist!

> **Überprüfungsfragen**
>
> Welche Trainingsmethoden gibt es für die aerobe Ausdauer?
> Wie unterscheidet sich das Intervalltraining von Fahrtspiel?
> Wie unterscheiden sich Überdistanz- vom schnellen Intervalltraining?
> Wie ist D-I-R-T beim EIT belegt?
> Was ist das Trainingsziel beim laktazid-anaeroben Ausdauertraining?
> Welches Training ist in der Rehabilitation zweckmäßig und welches verboten?

6.2 Trainingsmethoden der Kraft

6.2.1 Maximalkraft

Lernziele

Hypertrophietraining
Synchronisationssteigerung
Wiederholungen pro Satz
Stations- und Zirkeltraining
Kraftausdauertraining

Für die Verbesserung der Maximalkraft gibt es prinzipiell 3 Möglichkeiten:

(1) Hyperplasie, d.h. Vergrößerung des Muskelquerschnitts durch Vermehrung der Muskelzellzahl. Dies ist zwar vereinzelt bei hochtrainierten Kraftsportlern beschrieben, dürfte aber im Normalfall keine Rolle spielen.

(2) Hypertrophie, dies bedeutet eine Vergrößerung des Muskelquerschnitts durch Zunahme der Myofibrillenzahl pro Zelle bei gleichbleibender Muskelzellzahl. Dies ist der normale Krafttrainingseffekt.

(3) Verbesserung der intramuskulären Synchronisation. Das bedeutet eine stärkere Ausnutzung des vorhandenen Muskelquerschnitts durch Erhöhung des Anteils gleichzeitig aktivierter motorischer Einheiten. Äußerlich ist keine Veränderung des Muskels festzustellen. Dieser Weg der Kraftverbesserung geht nicht über Wachstumseffekt, sondern über Lerneffekt und ist daher im physiologischen Sinn kein Training, sondern Üben.

6.2.1.1 Verbesserungen der intramuskulären Synchronisation und Koordination

Die Verbesserung der Maximalkraft erfolgt durch Lernprozesse, nicht durch Wachstum. Für die Verbesserung der intramuskulären Synchronisation soll die Trainingsintensität 95–100% des EWM sein. Die Wiederholungszahl pro Satz beträgt 1–2, die Dauer ist also zu kurz, um eine Überkompensation und Hypertrophie auszulösen.

Zur Verbesserung der intramuskulären Koordination und Synchronisation wird in der Regel die Wettkampfübung selbst (z.B. Kugelstoß, Speerwurf oder Sprung) mit nur 1 Wiederholung pro Satz angewandt. Dies soll nur in ausgeruhtem Zustand und mit hoher Konzentration durchgeführt werden.

Dieses Krafttraining ist nur im Leistungssport und nur für Sportarten erforderlich, in denen die Maximalkraft direkt für die Wettkampfleistung bestimmend ist, z.B. beim Gewichtheben und in allen Stoß-, Wurf- und Sprungdisziplinen. Es werden im Wesentlichen nur jene Muskelgruppen trainiert, die für die Wettkampfübung von Bedeutung sind. Maximalkrafttraining muss begleitend zum Hypertrophietraining auch in der Vorbereitungsperiode durchgeführt werden, schwerpunktmäßig aber auch in der Wettkampfperiode.

Im gesundheitsorientierten Sport bzw. in der Rehabilitation sind spezielle Übungen zur Verbesserung der intramuskulären Synchronisation daher überflüssig (weil kein Beitrag zur Verbesserung der organischen Grundlage der Muskelkraft) bzw. wegen der Verletzungsgefahr sogar kontraindiziert. Es gibt in der Rehabilitation kein therapeutisches Ziel, das die Verbesserung der intramuskulären Synchronisation erforderlich machen würde.

6.2.1.2 Kraftzuwachs durch Hypertrophie

Muskelaufbautraining ist ein Grundlagentraining. Daher sollten immer alle wichtigen Muskelgruppen trainiert werden. Die minimale Intensität im Krafttraining, die eine Hypertrophie auslöst, ist für Untrainierte 40% des EWM. Bei einer Intensität von weniger als 40% ist der Muskel während der Kontraktion wenigstens teilweise durchblutet, sodass es nicht zur Muskelerschöpfung kommt, die die Voraussetzung für eine Hypertrophieentwicklung ist. Die optimale, angemessene Intensität für das Muskelhypertrophietraining ist daher 50–80% des EWM und hängt im Einzelnen vom Trainingszustand und angestrebter Wiederholungszahl pro Satz ab.

Die beanspruchten Muskeln werden bei dieser Intensität während der Kontraktion nicht durchblutet. Als Folge kommt es zur „schlagartigen" Verkleinerung des funktionellen Blutgefäßquerschnitts mit plötzlichem Blutdruckanstieg. Ebenso wird durch Pressatmung der Blutrückstrom zum Herzen reduziert. Wenn größere Belastungen des Kreislaufs vermieden werden sollen, was bei älteren Personen oder bei Patienten mit vorgeschädigtem Kreislauf erforderlich ist, dürfen keine Übungen mit großen Muskelgruppen durchgeführt werden!

Werden allerdings mehrere Übungen für kleinere Muskelgruppen ausgewählt, kann diese unerwünschte Blutdruckreaktion vermieden werden und trotzdem insgesamt der gleiche Effekt wie bei Übungen für große Muskelgruppen erzielt werden. So kann die Kniebeuge auf Trainingsgeräten in je 2–3 Übungen für das linke und rechte Bein aufgelöst werden.

Jede einzelne Übung wird nach der FAKT-Methode und unter Beachtung des Prinzips der ermüdungsbedingt letzten Wiederholung durchgeführt (bis zur Erschöpfung). Die letzte Wiederholung ist erreicht, wenn eine weitere nicht mehr vollständig durchgeführt werden kann. Das Wiederholen bis zur Erschöpfung ist eine entscheidende Voraussetzung zum Muskelaufbau. Wird die Erschöpfung nicht erreicht, kommt es zu keiner Muskelhypertrophie.

Zur optimalen Wirkung auf die Hypertrophieentwicklung ist es erforderlich, dass die Erschöpfung nicht vor der 10. bzw. nicht nach der 15. Wiederholung eintritt.

> **Die Erhöhung des Umfangs im Krafttraining erfolgt durch Steigerung der Sätze mit gleicher Wiederholungsanzahl und nicht durch Zunahme der Wiederholungen pro Satz!**

Ist die Intensität zu hoch, sodass nur weniger als 6 Wiederholungen möglich sind, so wird wegen der zu kurzen Belastungsdauer keine Hypertrophie ausgelöst. Außerdem steigt bei derartig hohen Belastungen die Verletzungsgefahr!

Übrigens ist der Muskelkater nicht Folge der hohen Laktatkonzentration während des Krafttrainings, sondern Folge von Mikroeinrissen in den Muskelfasern. Mikrotraumen können aber nicht nur beim Krafttraining vorkommen, sondern auch bei exzentrischer Kontraktion z.B. beim Laufen oder Bergabgehen, wenn der gespannte Muskel gedehnt wird. Eine effektive Behandlung des Muskelkaters ist kaum möglich. So können Massagen die Muskelschädigungen noch verstärken, ebenso wie unbeirrtes Weitertrainieren oder dosiertes Dehnen.

6.2.1.3 Organisationsformen des Krafttrainings

Das Krafttraining kann im Wesentlichen auf zwei unterschiedliche Arten realisiert werden:

a) Zirkeltraining

Die verschiedenen Übungen werden so im Kreis (=Zirkel) aufgestellt, dass aufeinander folgend immer ganz verschiedene Muskelgruppen belastet werden. Eine bewusste Pause zwischen den einzelnen Übungen ist nicht erforderlich, da ein zweiter Satz für die gleiche Übung erst bei einem zweiten Durchgang erfolgt und bis dahin die notwendige Pause für diese Muskelgruppe gewährleistet ist.

Das Zirkeltraining bietet sich an, wenn in einer Trainingsgruppe mehrere Personen nach dem gleichen Programm trainieren und mehrere Geräte zur Verfügung stehen.

b) Stationstraining

Dabei werden alle Sätze einer Übung hintereinander und unter Einhaltung der erforderlichen Pausen absolviert. Dies ist besonders geeignet, wenn mehrere Personen an einem Gerät trainieren, da in der Pause von mehreren Minuten die anderen Personen ihren Satz absolvieren können.

Eine Variante ist das Pyramidentraining, das bei Anwendung mehrerer Sätze möglich wird. Es bedeutet, dass von Satz zu Satz die Intensität, also das Trainingsgewicht zunächst zu- und dann wieder abnimmt, während umgekehrt die Wiederholungszahl von Satz zu Satz zunächst ab- und dann wieder zunimmt.

6.2.2 Kraftausdauer

Kraftausdauer ist eine sehr spezielle motorische Eigenschaft und das Training sollte daher nur jene Muskelgruppen betreffen, die für die Sportart wesentlich sind. Spezielles Kraftausdauertraining ist nur für an Wettkämpfen teilnehmende Sportler von Bedeutung.

Je nach der Dauer des Wettkampfs bzw. der Gesamtzahl der Bewegungszyklen pro Wettkampf wird die Intensität zwischen 40–60% des EWM gewählt.

Für alle anderen und insbesondere in der Rehabilitation gilt, dass die Kraftausdauer durch ein individuell angemessenes Hypertrophietraining in ausreichendem Maße mittrainiert wird.

Die Intensität des speziellen Kraftausdauertrainings ist meist zu gering, um eine nennenswerte Hypertrophie zu erzielen. Dabei ist es auch eine Frage der Trainingsökonomie, ob für einen Kraftzuwachs 10 oder 100 Wiederholungen erforderlich sind. Für die Wiederholungszahl gilt auch hier das Prinzip der ermüdungsbedingten letzten Wiederholung.

Trainingsziel der Kraftausdauer ist in etwa die dem Wettkampf entsprechende Zahl der Bewegungszyklen.

Je nach Wettkampfdauer können das auch mehrere hundert sein und solange diese Wiederholungszahl nicht erreicht ist, wird auch die Intensität nicht erhöht. Das Trainingsgewicht wird erst erhöht, wenn die vorgegebene Wiederholungszahl durch das Training erreicht worden ist. Die mögliche Wiederholungszahl wird dadurch zunächst vermindert. Dann erst wird mit höherer Intensität die wettkampfspezifische Wiederholungszahl von neuem angestrebt. Als Trainingsform bietet sich das Stationstraining an.

Überprüfungsfragen

Wie hoch muss die Trainingsintensität zur Verbesserung der Synchronisation beim Krafttraining sein?
Wo hat das Synchronisationstraining eine Bedeutung?
Ist es beim Hypertrophietraining sinnvoll, die Wiederholungen über 15 zu steigern oder die Anzahl der Sätze?
Was ist die Ursache des Muskelkaters?

7 Frauen betreiben Sport

Lernziele

Unterschiede in der Leistungsfähigkeit zw. Mann u.Frau
Menstruationszyklus
Zyklusstörungen
Essstörungen
Sport in der Schwangerschaft

Heute ist allgemein akzeptiert, dass es keine Sportart gibt, die nicht von Frauen in gleicher Weise betrieben werden kann wie von Männern. Die Biologie unterscheidet nicht zwischen Mann und Frau, sie kennt nur eine Spezies Homo sapiens, die in den beiden Erscheinungsformen vorkommt. Ebenso gibt es keinen Unterschied in der Funktionsweise, der die Leistungsfähigkeit bestimmenden Organsysteme: Atmung, Kreislauf und Muskulatur. Das heißt, dass es keine für das männliche oder weibliche Geschlecht typischen morphologischen oder funktionellen Merkmale dieser Organe gibt. So ist z.B. die Muskelkraft, die bei elektrischer Stimulation pro cm^2 Muskelquerschnitt entwickelt werden kann, bei beiden Geschlechtern gleich. Auch der maximal mögliche Energieumsatz pro kg Muskelmasse bzw. pro ml Mitochondrienmasse ist gleich.

Wenn man aber Unterschiede zwischen Frauen und Männer herausarbeiten möchte, dann unterscheiden sich Frauen von Männern hinsichtlich anatomischer, physiologischer und psychologischer Kenngrößen, die sich auf die sportliche Leistungsfähigkeit auswirken. Aber die Meinung, dass Frauen für bestimmte Sportarten weniger gut geeignet sind, bezieht sich auf den Vergleich mit Männern, was aber nicht fair ist. Ebenso wenig fair ist es, kleine und große Männer in ihrer Leistungsfähigkeit zu vergleichen. Deshalb wurden Gewichtsklassen eingeführt.

7.1 Anatomische Unterschiede

Die körperliche Leistungsfähigkeit unterscheidet sich bis zum Einsetzen der Pubertät zwischen den Geschlechtern kaum. Erst mit dem Einsetzen der Pubertät differenzieren sich die Unterschiede wie geringere Körpergröße, breiteres und niedrigeres Becken, tieferer Körperschwerpunkt (Hochsprung, Weitsprung), ungünstigere Hebelverhältnisse, unterschiedliche Achsenstellung der Beine (X-Beinstellung), Knie- und Ellenbogengelenk in Valgusstellung. Auch die Körperzusammensetzung der Frauen ist different: Der Körperfettanteil beträgt bei schlanken Frauen 25% des Körpergewichts, bei schlanken

Männern 15%. Dafür beträgt der Muskelmasse 30–35%, bei Männern 40%. Deshalb ist die maximale Muskelkraft der Frauen um 20–35% geringer (bei gleichem KG).

7.2 Unterschiede in der Ausdauer

Bis zur Pubertät bestehen keine wesentlichen Unterschiede in der Leistungsfähigkeit zwischen den Geschlechtern. So beträgt die ergometrische Leistungsfähigkeit als Maß für die funktionelle Kapazität von Atmung, Kreislauf und Energiestoffwechsel von 10–12-jährigen Mädchen 3,2 W/kg und von gleichaltrigen Burschen 3,3 W/kg. Die Unterschiede beginnen erst mit der Pubertät unter dem Einfluss der unterschiedlichen Sexualhormone. Bei 15-jährigen Mädchen ist die Leistungsfähigkeit immer noch 3,2 W/kg, hingegen ist sie bei gleichaltrigen Burschen 4,0 W/kg. Also bei Mädchen um 20% niedriger.

Die absolute $\dot{V}O_2$max der Frau ist um 25 bis 30%, die relative $\dot{V}O_2$max um 10 bis 15% niedriger. Wird die $\dot{V}O_2$max nicht auf die gesamte sondern nur auf

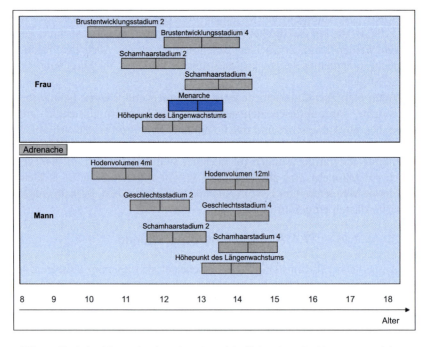

Abb. 29. Nach der Adrenarche, dem „Anspringen" der Nebennieren im Alter von 8–10 Jahren, kommt die Pubertät immer früher. Bei Mädchen im Mittel mit 13 Jahren, bei Jungen etwa 2 Jahre später.

die aktive Körpermasse (Muskelmasse) bezogen, verringert sich der Unterschied von 20% auf weniger als 5%. Die geringere Dimensionierung von Lungen und Herzmuskelmasse bei Frauen erklärt sich daraus, dass diese Organe zur Versorgung der aktiven Körpermasse (ohne Berücksichtigung des Fettanteiles) ausgelegt sind. Auch die gesamte Hämoglobinmenge ist geringer, d.h. Frauen haben eine geringere Sauerstofftransportfähigkeit. Der Unterschied wird unter Berücksichtigung des geringeren Körpergewichtes kleiner. Auf die fettfreie Körpermasse bezogen gibt es kaum noch Unterschiede. Die Ausdauerleistungsfähigkeit scheint durch den Menstruationszyklus nicht beeinflusst zu werden.

Bei beiden Geschlechtern kann die Ausdauerleistungsfähigkeit durch Training gegenüber untrainierten Personen prinzipiell um ca. 100% verbessert werden, allerdings nur durch vieljähriges Training. Dabei erscheinen Frauen etwas besser trainierbar: weibliche Muskeln enthalten durchschnittlich mehr rote Fasern. Eine Stunde Nettotrainingszeit bewirkt bei Frauen eine etwas stärkere Zunahme des Trainingszustandes (der LF%Ref) als bei Männern, bzw. die gleiche LF%Ref kann mit etwas weniger Training erreicht werden.

Im Laufe der Jahre ist es zu einer Annäherung der Spitzenleistungen beider Geschlechter gekommen, da die Unterschiede im Fettanteil an der Körpermasse eindeutig geringer geworden sind (Körperfettanteil von 5% bei Athleten und 10% bei Athletinnen – somit beträgt die Differenz nur noch 5%).

7.3 Kraftunterschiede

Bis zur Pubertät besteht kein wesentlicher Unterschied zwischen Knaben und Mädchen. Durch den Testosteronanstieg bei den Knaben in der Pubertät verbessert sich die Trainierbarkeit, d.h. dass der Kraftzuwachs bei gleichem Training bei Männern auch prozentuell größer ist. Aber durch konsequentes Krafttraining ist es Frauen durchaus möglich, untrainierte Männer in ihrem Kraftniveau zu übertreffen. Die Maximalkraftdifferenz zwischen Mann und Frau beträgt circa 30%. Dieser Unterschied ist am stärksten zwischen dem 20. und 50. Lebensjahr ausgeprägt. Dieses deutlich stärkere Ansprechen der Muskulatur auf Trainingsreize ist sicher einer der wesentlichen Gründe, dass die Muskelmasse bei Männern knapp 40% der Körpermasse beträgt und bei Frauen etwa 30%. Deshalb haben sich die Leistungen in Kraftsportarten nicht in gleicher Weise angenähert, da die Unterschiede in der Trainierbarkeit erhalten geblieben sind. Aber es ist falsch daraus abzuleiten, dass Frauen für Kraftsportarten weniger geeignet sind als Männer. Es sind jedoch Wettkämpfe in Kraftsportarten zwischen Frauen und Männer unfair.

Bei der Schnelligkeit ist die Frau dem Mann aufgrund kraftabhängiger Größen unterlegen, nicht aber in Bezug auf Reaktionszeit oder Bewegungsfrequenz (neuromuskuläres Zusammenspiel). Je länger die Sprintstrecken (z.B. 800 m), desto größer sind die Unterschiede (höherer Kraftausdaueranteil). Bei kürzeren Strecken verringern bessere Koordination und Flexibilität die Differenz. Die Flexibilität und feinmotorische Koordination ist bei Frauen besser ausgebildet, als bei Männern. Dadurch betragen die Unterschiede im Sprint oder Sprung nur 10 bis 15% (anstatt der zu erwartenden 30% in reinen Kraftsportarten). Die hohe Beweglichkeit bringt Vorteile beim Turnen und bei rhythmischer Sportgymnastik.

7.4 Der Menstruationszyklus

Im Hypothalamus werden die Steuerungshormone, das Gonadotropin-Releasinghormon (GnRH) und in der Hypophyse das Prolaktin (für das Brustwachstum und die Milchbildung), das luteinisierende Hormon (LH) und das follikelstimulierende Hormon (FSH) freigesetzt. FSH und LH gelangen über den Blutweg zu den Eierstöcken (Ovarien) und führen zur Synthese und Ausschüttung von Östrogen und Gestagen. Die Prolaktinproduktion in der Hypophyse wird durch Dopamin gehemmt und durch Serotonin stimuliert. Durch sportliche Aktivität kommt es zu einer gesteigerten Prolaktinsekretion (Stresshormon) und Hemmung des GnRH, was bei hohen körperlichen Belastungen über längere Zeit (Monate) zu Menstruationsstörungen führen kann.

Durch das FSH kommt es zur Östrogenbildung in den Ovarien. Der Eisprung wird durch einen Anstieg von LH ausgelöst. Dieser Teil des Zyklus, vom ersten Tag der Menstruation bis zum Eisprung wird als Follikelphase (Proliferationsphase) bezeichnet. Die Zeit zwischen Eisprung bis zur Menstruation wird Lutealphase (Sekretionsphase) genannt und dauert 14 Tage. LH führt zur Bildung von Progesteron, das eine zunehmende Feedbackwirkung auf das GnRH ausübt: weniger FSH und LH werden freigesetzt und es kommt zur Schleimhautabstoßung – erkennbar an der Regelblutung.

Die Leistungsfähigkeit ist vor Einsetzen der Monatsblutung am geringsten und bessert sich üblicherweise mit Einsetzen der Menstruation wieder, was jedoch durch Regelschmerzen überlagert sein kann. Diese zyklische Schwankung der Leistungsfähigkeit kann unterschiedlich stark ausgeprägt sein, aber in Einzelfällen die Größenordnung von 20% erreichen. Im Breitensport ist die Verminderung der Leistungsfähigkeit in der Lutealphase und der frühen Follikelphase (Menstruationsblutung) ohne Bedeutung, im Leistungssport hingegen durchaus relevant. Die Trainierbarkeit der Kraft scheint in der Follikelphase unter Einfluss der Östrogene (androgene Teilwirkung der Östrogene, antianabole Wirkung der Gestagene in der Lutealphase) besser zu sein. Es besteht kein medizinischer Grund, das Training wegen der Regel zu unterbrechen, außer die Sportlerin fühlt sich schlecht oder aus hygienischen Gründen z.B. bei Schwimmerinnen.

Wegen der zyklischen Leistungsschwankung sollte darauf geachtet werden, dass ein großer Wettkampf nicht unbedingt in die 4. Zykluswoche fällt.

Die Menstruation sollte rechtzeitig, d.h. mindestens 3 Monate vor dem groß-en Wettkampf, durch Einnahme von Kontrazeptiva so verschoben werden, dass der Wettkampf in die 2. Zykluswoche fällt. Die Regelblutung kann zwar auch kurzfristig bis nach einen Wettkampf hinausgezögert werden, das ist aber die schlechtere Lösung. In einem solchen „Notfall" kann im letzten Zy-klus, in dem der Wettkampf unmittelbar vor oder in die Menstruation fällt, durch längeres Einnehmen eines Kontrazeptivums die Regel um eine Woche hinausgeschoben werden. Regelverschiebungen sind in jedem Fall rechtzeitig vorauszuplanen!

Etwa 3% aller Frauen leiden unter einem sog. prämenstruellen Syndrom mit Symptomen wie Schweregefühl der Brust, Wassereinlagerung, emotionale Labilität, Kopfschmerzen und Müdigkeit, die durch den Hormonabfall in der Lutealphase hervorgerufen werden.

7.5 Kann Training den Menstruationszyklus beeinflussen?

Sport kann den Menstruationszyklus durchaus beeinflussen! So ist eine Olgiomenorrhoe definiert durch weniger als 8 Perioden pro Jahr oder Zyklen die länger als 35 Tage dauern; von einer Amenorrhoe spricht man, wenn die Menstruation für mehr als 3 Monate (ohne dass eine Schwangerschaft vor-liegt) ausbleibt. Mädchen, die bereits vor der 1. Monatsblutung (der Menar-che) viel Leistungssport betreiben, bekommen die Menstruation häufig später und haben in der Folge auch öfter einen unregelmäßigen Zyklus. Auch bei Frauen, die umfangreich Ausdauersport betreiben, können Zyklusunregelmä-ßigkeiten auftreten, die aber durchaus reversibel sind. Der Grund dafür ist letztlich nicht ganz geklärt. Bei umfangreich trainierenden Frauen kann es auch leichter zu einer Mangel- bzw. Fehlernährung kommen, was ebenfalls für die Zyklusstörungen mitverantwortlich sein kann, so z.B. bei Langstre-ckenläuferinnen oder bei Turnerinnen, da hier extrem kalorienreduzierte Nahrungsregime eingehalten werden. In Sportarten, in denen die Körper-masse die Leistungsfähigkeit nicht oder eher positiv beeinflusst, also z.B. beim Schwimmen oder Rudern, sind derartige Probleme seltener.

Zyklusstörungen betreffen ca. 6% aller Frauen. Die Ursache ist ein sog. Polyzyklisches Ovar Syndrom (PCS). Das PCS ist die häufigste endokrine Störung im reproduktivem Alter der Frauen mit erhöhten männlichen Sexual-hormonen (Hyperandrogenämie), chronischer Anovulation und polyzytischen Ovarien (mit dem Ultraschall diagnostizierbar). Die Hyperandrogenämie führt zu Akne, Hirsutismus und Haarverlust. Die Ursache des PCS ist unbekannt; auffällig ist jedoch, dass fast die Hälfte der Frauen mit PCS einen BMI von über 30 haben!

Abhängig von der Sportart können bis zu 50% der Leistungssportlerinnen von Zyklusstörungen betroffen sein. Im Ausdauersport findet sich eine direkte

Korrelation mit der Zahl der gelaufenen Kilometer pro Woche. Wenn Zyklusstörungen nicht durch Änderung der Trainings- und Ernährungsgewohnheiten oder Stressreduktion behoben werden können, ist eine gynäkologische Abklärung notwendig. Denn Störungen, wie Lutealinsuffizienz und anovulatorische Zyklen, sind nur unter Einsatz einer mehrmaligen hormonellen Diagnostik festzustellen.

Häufig sind Zyklusstörungen mit Essstörungen, Osteopenie bzw. Osteoporose kombiniert. Dies wird als weibliche Trias bezeichnet. Zyklusstörungen, egal welcher Ursache, behindern die Knochenbildung und verursachen langfristig eine Verminderung der Knochenmasse, die der Gesamtzahl der gestörten Zyklen in etwa entspricht. Die Peak bone mass, das ist die höchste Knochenmasse während des ganzen Lebens, die zwischen dem 25. und 30. Lebensjahr erreicht wird, ist dann bereits vermindert und es fehlt in der Menopause der „Polster" um eine Osteoporose zu verhindern. Zyklusstörungen aller Art, also auch die durch Training verursacht werden, sind daher ein echter Risikofaktor, nach der Menopause an Osteoporose zu leiden. Besonders gefährdet sind Ausdauerathletinnen, bei denen gezeigt werden konnte, dass jene mit hohen Trainingsumfängen (km/Woche) eine verminderte Knochendichte haben. (Als Osteoporoseprävention ist die tägliche Einnahme von 1g Calcium mit 800 IE Vit D zweckmäßig.)

7.6 Essstörungen

Bis zu 5% aller Frauen zwischen dem 15. und 30. Lebensjahr sind von Essstörungen betroffen, wobei Sportlerinnen ein wesentlich höheres Risiko aufweisen! Essstörungen stellen nicht nur bei Sportlerinnen ein schwerwiegendes, mitunter lebensbedrohliches, gesundheitliches Problem dar. Sie umfassen unregelmäßige und schlechte Essgewohnheiten bis hin zu streng kontrolliertem Essverhalten der Anorexia athletica, Anorexia nervosa und Bulimie, mit fließenden Übergängen. Essstörungen stehen in engem Zusammenhang mit Zyklusstörungen.

Die Folge sind schwere psychische, metabolische, endokrine, und ossäre Störungen. Bei Sportarten, bei denen ein niedriges Körpergewicht für eine Spitzenleistung entscheidend ist, steigt die Häufigkeit von Essstörungen auf bis 25%. Beispiele sind Klettern, Turnen, Ballett, rhythmische Sportgymnastik, Sportarten mit Gewichtsklassen (Judo, Rudern) und Langstreckenlauf. Die Behandlung ist langwierig und oft frustran und erfordert einen multidisziplinären Einsatz von Eltern, Trainern, Ernährungsberatern, Psychologen, ev. Psychiater.

7.7 Zu welchen Veränderungen kommt es in der Schwangerschaft?

Während der Schwangerschaft kommt es zu anatomischen und physiologischen Anpassungen in Ruhe und unter Belastung: Gewichtszunahme (mit verstärkter Gelenkbelastung), Hyperlordose, Verlagerung des Körperschwerpunktes, Lockerung des Bandapparates, Zunahme von Blutvolumen und der venösen Kapazität, Erhöhung des Sauerstoffbedarfes, Zunahme des Herzminutenvolumens durch Anstieg von Schlagvolumen um 10% im 1. Trimenon, gefolgt von der HF-Zunahme um 20% im 2. und 3. Trimenon, Steigerung des Atemminutenvolumens um 50%, Hyperventilation und somit Abnahme der Pufferbasenkonzentration im Blut. Die erschwerte Wärmeregulation kann zur Steigerung der Körperkerntemperatur führen.

7.7.1 Welche Vorteile hat Sport in der Schwangerschaft?

Sport in der Schwangerschaft hat für die werdende Mutter viele Vorteile:

- gesteigertes Wohlbefinden,
- bessere Körperbeherrschung,
- Erhalt bzw. Steigerung der Fitness,
- Reduktion der morgendlichen Übelkeit,
- Stärkung der Rückenmuskulatur,
- Vermeidung der Bildung von Thrombosen, Krampfadern und Hämorrhoiden,
- bessere Vorbereitung auf die Geburt,
- schnellere Erholung nach der Geburt,
- Vorbeugung eines schwangerschaftsbedingtem Diabetes mellitus.

7.7.2 Welche Sportarten sind in der Schwangerschaft empfehlenswert?

Ohne Einschränkungen erlaubt sind: Wandern, Walken, Joggen, Radfahren, Gymnastik, Tanzen und Schwimmen (Wassertemperatur nicht unter 20°C und nicht über 35°C). Die Intensität sollte nicht über 50–80% der $\dot{V}O_2$max liegen (lt. Richtlinien der amerikanischen Gesellschaft der Gynäkologen und Geburtshelfer). Als Trainingsumfang wird 30 Minuten pro Tag empfohlen. Für Frauen, die vor der Schwangerschaft keinen Sport betrieben haben, gelten die unteren Grenzwerte.

Wegen der Sturzgefahr sind Eislaufen, Inline-Skaten und Leichtathletik nur bis zur 16. SSW erlaubt. Neben regelmäßigen ärztlichen Kontrollen sind Gewichtskontrollen vor und nach dem Sport zur Vermeidung von Wasserverlusten und eine adäquate Nahrungsaufnahme notwendig.

Viele morphologische und physiologische Veränderungen durch die Schwangerschaft bestehen bis zu 6 Wochen nach der Geburt. Ein systematischer

Trainingsaufbau kann individuell ca. 4–6 Wochen nach einer komplikations-
losen Entbindung beginnen. Bei stillenden Frauen ist Sport direkt nach dem
Stillen zu bevorzugen.

7.7.3 Welche Sportarten sind während der Schwangerschaft zu meiden?

Zu meiden sind grundsätzlich:

- Verletzungsanfällige Sportarten,
- Hyperthermie, Hypoglykämie und Hypoxie,
- ruckartige Beschleunigungen und abruptes Abbremsen, wegen der Gefahr von Nabelschnurumschlingungen,
- Tauchsport, durch die hyperbaren Bedingungen und der Gefahr einer
  fetalen Lungenembolie.

Wegen der Verletzungsgefahr sind Mannschaft- und Kampfsportarten, aber
auch Wasserski, Surfen, Turnen (hohes Sturzrisiko), Fallschirmspringen, Fech-
ten u.a.. nicht empfehlenswert. Ebenso sollten extreme Belastungen wie Höhentraining über 2500 m, Marathon, Triathlon, Bodybuilding und Gewichtheben während der Schwangerschaft vermieden werden.

Ansonsten können bei einer normal verlaufenden Schwangerschaft bis 8
Wochen vor der Geburt Ausdauer und Kraft wie gewohnt trainiert werden.
Ebenso können Sportarten ausgeübt werden, bei denen kein besonderes Risiko einer Erschütterung oder eines Sturzes besteht. Das inkludiert auch Sportarten wie z.B. Schilauf für eine geübte Läuferin. Eine leistungssportliche Karri-
ere wird durch eine Schwangerschaft eher positiv beeinflusst. Es hat sich gezeigt,
dass Frauen nach einer Schwangerschaft oft bessere sportliche Leistungen erzielen als vorher.

7.8 Warum Sport im Klimakterium?

Training in diesem Lebensabschnitt hat folgende Zielstellungen:

- Verbesserung von vasomotorischen Symptomen (Hitzewallungen),
- positiver Einfluss des Sports auf Depressionen,
- Vermeidung von Osteoporose,
- Verlangsamung der Abnahme der maximalen Sauerstoffkapazität,
- Positive Beeinflussung der Blutlipide zum Schutz vor Herzinfarkt,
- Vorbeugung des Diabetes mellitus Typ 2,
- Bei Sport gibt es deutlich weniger Brust- und Eierstockkrebs.

Empfohlen wird 3 x 1 Stunde Ausdauertraining und 2 Krafttrainingseinheiten pro Woche. Bei bislang untrainierten Frauen sind ein Beginn mit geringem Umfang und ein systematischer Trainingsaufbau erforderlich.

7.9 Anderes Training bei Frauen?

Gelegentlich taucht die Frage auf, ob für Frauen grundsätzlich ein anderes Training angemessen ist als für Männer. Die Antwort ist ebenso grundsätzlich: nein. Für gleiche Ziele müssen Frauen ein qualitativ und quantitativ gleichartiges Training absolvieren. Unterschiede gibt es allerdings im pädagogischen und psychologischen Zugang.

7.10 Anämieentwicklung

Menstruierende Ausdauersportlerinnen haben ein hohes Risiko für die Entwicklung einer Anämie, insbesondere wenn sie sich vegetarisch ernähren. Ebenso sind jene Sportlerinnen gefährdet, die häufig „Gewichtmachen", wie Leichtgewichtruderinnen, Turnerinnen und Langstreckenläuferinnen. Dann muss das bei der Menstruation verloren gegangene Eisen als auch das zu wenig mit dieser Ernährungsweise zugeführte Vitamin B12 supplementiert werden, um der Entwicklung einer Anämie vorzubeugen. Denn die Hauptquelle von Eisen und Vit. B12 ist dunkles Fleisch. In diesem besteht eine gute Bioverfügbarkeit. Auch dunkelgrünes Gemüse enthält reichlich Eisen, ist aber wesentlich schlechter resorbierbar. Die Kombination von sauren Vitamin-C-haltigen Getränken (z.B. Orangensaft) fördert die Eisenaufnahme.

Um die Diagnose einer Anämie stellen zu können, sind Laboruntersuchungen, ein Blutbild und die Bestimmung des Ferritins notwendig. Durch ein erhöhtes Plasmavolumen kann eine sog. Verdünnungsanämie vorgetäuscht werden, die nicht behandlungsbedürftig ist. Nicht nur bei Schwangeren, sondern auch bei Ausdauerathletinnen kann es zu einer Verdünnungsanämie kommen. Dabei entsteht scheinbar ein Hämoglobinabfall, obwohl die Erythrozytenanzahl normal ist.

Bei Dauerläuferinnen kommt es zur sog. Läuferanämie, insb. bei umfangreich Trainierenden. Die Ursache ist die mechanische Schädigung der Erythrozyten in den Fußsohlen.

Überprüfungsfragen

Wie groß sind die Unterschiede in der Körperzusammensetzung zwischen Mann und Frau?
Bei welchen Sportarten besteht ein höheres Risiko für Essstörungen?
Welche Sportarten sollen in der Schwangerschaft nicht ausgeübt werden?
Was ist die Zielsetzung von Sport im Klimakterium?
Was versteht man unter Sportleranämie?

8 Ermüdung

Lernziele

Ermüdung – Erschöpfung
Wasserverlust
Hypovolämischer Kreislaufkollaps
Enzymhemmung
Zentrale Ermüdung
Melatonin
SAD

Ermüdung bedeutet verminderte Leistungsfähigkeit. Erschöpfung aufgehobene Leistungsfähigkeit. Ermüdung ist daher immer die Folge einer körperlichen Belastung, die in der nachfolgenden Erholung kompensiert wird.

Je geringer die Leistungsfähigkeit bzw. je intensiver und länger eine Belastung ist desto länger dauert die Erholung. Der Trainingseffekt wird durch die belastungsbedingte Ermüdung ausgelöst.

Der Trainingseffekt entwickelt sich immer in der Erholungsphase.

Die Leistungsfähigkeit kann funktionell auch als Widerstandsfähigkeit gegen Ermüdung bezeichnet werden (Ermüdungsresistenz). Dies ist ein Hauptgrund, warum leistungsschwachen Individuen die Verbesserung der Leistungsfähigkeit durch Training empfohlen wird. Denn bei höherer Leistungsfähigkeit verursachen Alltagsbelastungen weniger Müdigkeit, weil sie dann statt z.B. 50% $\dot{V}O_2$max nur noch 30% $\dot{V}O_2$max beanspruchen.

So ist eine Alltagsbelastung von z.B. 50 Watt bei einer max. Leistungsfähigkeit von 150 Watt weniger anstrengend, als bei einer Leistungsfähigkeit von nur 100 Watt, weil nur 30% und nicht 50% der max. Leistungsfähigkeit für deren Bewältigung aufgebracht werden müssen. Wird die Leistungsfähigkeit durch Training verbessert, dann „spürt man den Alltag kaum und es geht alles viel leichter", da zu dessen Bewältigung nur ein geringer Prozentsatz der Belastungsfähigkeit aufgewendet werden muss (siehe Abb. 30).

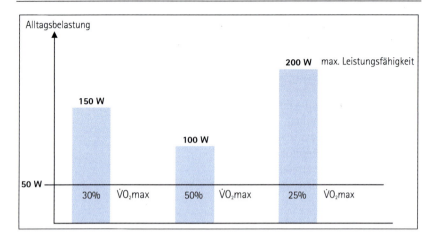

Abb. 30. Die Alltagsbelastungen werden umso belastender bzw. anstrengender empfunden, je geringer die Leistungsfähigkeit ist

8.1 Mögliche Ermüdungsursachen

8.1.1 Aufbrauchen von Energiereserven

- Verarmung der Energiereserven (z.B. Kreatinphosphat, Glykogen);
- Der Glykogenvorrat bei trainierten Normalpersonen reicht für max. 60–90 Minuten Ausdauerbelastung aus. Bei kürzeren Beanspruchungen ist eine Kohlenhydrataufnahme nicht unbedingt notwendig. Zur Schonung der Kohlenhydratdepots sollte aber die erste Hälfte des Trainings eher verhalten angegangen werden. Nur bei längeren Belastungen über 1 Stunde wird von Anfang an regelmäßig Kohlenhydrataufnahme empfohlen.
- Brennstoffmangel durch unzureichendes Frühstück ist häufige Ursache von Leistungsabbrüchen am Vormittag
- Je geringer die Leistungsfähigkeit, desto früher tritt die Ermüdung ein!
- Zu intensives Training führt zur Atrophie der Mitochondrien bzw. behindert die Entwicklung einer höheren Mitochondriendichte
- Ermüdung bei noch nicht abgeschlossener Regeneration, insbesondere nach intensiven Belastungen
- Da Insulin alleine die „Glukosepforten" der Zellen öffnet, führt Insulinresistenz und Diabetes mellitus zu einem Brennstoffmangel der Zellen mit chronischer Müdigkeit.
- Medizinisch relevante Ursachen der Müdigkeit müssen ausgeschlossen werden, wie: Anämie, Schilddrüsen- und Nebennierenstörungen als

auch Infektionen und Medikamente und bei Männern über 45 Jahre zu geringerer freier Testosteronspiegel.

8.1.2 Verlust von Wasser und Elektrolyten

Ausdauerbelastung führt zum Anstieg der Körperkerntemperatur, insbesondere bei intensiven und lang dauernden Belastungen (z.B. Marathon). Mit zunehmender Dehydrierung (Flüssigkeitsmangel) steigt die Körpertemperatur auf 40°C und darüber, besonders dann, wenn bei heißem, schwülem Wetter der Schweißverlust viel höher ist als die zugeführte Trinkmenge.

> Die steigende Körpertemperatur spielt die Hauptrolle, wie rasch sich eine Erschöpfung (Hitzeerschöpfung, siehe dort) entwickelt und nicht so sehr das Flüssigkeitsdefizit! Dieses beschleunigt vielmehr den Anstieg der Körperkerntemperatur.

Daher ist das frühzeitige Trinken so wichtig, denn leider kommt es erst häufig dann zum Durstgefühl, wenn mindestens 1% der Körperflüssigkeit verschwitzt wurde. Müdigkeit und Leistungsverlust treten erst ab 2–3% Wasserverlust des Körpergewichts auf. (Ab 5–6% besteht die Gefahr eines (hypovolämischen) Kreislaufskollapses.)

Je schweißtreibender die Belastung (Wettkampf), desto frühzeitiger die Flüssigkeitszufuhr. Üblicherweise reichen meist 0,5–0,7 Liter Wasser pro Stunde! Denn eine zu hohe Flüssigkeitszufuhr kann ebenso lebensbedrohliche Folgen haben wie zu wenig Füssigkeitsersatz! (Details siehe im Kapitel über Flüssigkeitsbilanz).

Wenn auch im Trainingsalltag und in unseren geografischen Breiten der Anstieg der Körperkerntemperatur meist die Ursache für Ermüdung sein dürfte, so kann umgekehrt das Absinken der Körperkerntemperatur (im Winter, am Berg, beim Schwimmen etc.) rasch zur Ermüdung führen. Einerseits wird hierdurch die Muskeldurchblutung verschlechtert, andererseits steigen die muskuläre Viskosität und damit die Arbeit, die für Bewegungen aufgebracht werden muss.

8.1.3 Belastungen über der anaeroben Schwelle mit fortschreitender Änderung des inneren Zellmilieus

Durch hohe Belastungen kommt es zur Anhäufung von Stoffwechselzwischen- und -endsubstanzen (z.B. Laktat, Harnstoff) mit intrazellulärem pH-Abfall und damit zur:

- Enzymhemmung durch Übersäuerung,
- Verminderung der Kontraktilität.

8.1.4 Zentrale Ermüdung

Eine im 24-Stunden-Rhythmus auftretende Ermüdung ist unabhängig von körperlicher Belastung. (Auch bettlägrige Menschen, die sich kaum bewegen, werden abends müde und schlafen in der Nacht.)

8.1.5 Modifizierende Faktoren

- Tageszeit und Jahreszeit: Die Abgabe des Hormons Melatonin (Schlafhormon) aus der Zirbeldrüse des ZNS erfolgt hauptsächlich während der Nacht und wird durch Tageslicht gehemmt. Dieser zirkadiane Ausschüttungsrhythmus durch die unterschiedliche Lichtmenge ist unsere „innere Uhr". Durch die geringere Tageslichtmenge im Herbst, Winter und z.T. auch noch im Frühling wird die Melatoninfreisetzung nur unzureichend gehemmt. Deshalb fühlt man sich zu diesen Jahreszeiten (in unseren Breiten) müder. In den lichtarmen Jahreszeiten kann man mittels spezieller (lichtstarker) Tageslichtlampen gegen eine sog. SAD (=saisonal abhängige Depression) vorbeugen.
- Menstruationszyklus mit Leistungstief vor der Menstruation und Leistungshoch beim Eisprung.
- Umgebungsbedingungen, denn in der Höhe und durch zusätzliche Beanspruchung des Kreislaufs für die Wärmeregulation kommt es frühzeitig zur Ermüdung. Besonders in feuchter Hitze steigt die Körperkerntemperatur besonders schnell auf 40°C und erzwingt einen Belastungsabbruch. Daher ist es nicht nur wichtig „einen kühlen Kopf zu bewahren", sondern durch ausreichende Flüssigkeitszufuhr das Schwitzen zu fördern, um den Wärmeabtransport zu unterstützen, damit man nicht überhitzt.
- Gewichtsabnahmen mit über 1 kg pro Woche erzeugen das Gefühl der „Energielosigkeit". Zusätzlich kommt es beim Abnehmen zur Reduktion der stimulierenden Schilddrüsenhormone.

8.1.6 Psychische Folgen der Ermüdung

Die Folgen der Ermüdung sind u.a.:

- fehlende Motivation, u.a. geht's mit Musik oder mit Trainingspartner leichter,
- Trainingsmonotonie, daher nicht immer das gleiche Trainingsprogramm,
- Hemmprozesse im ZNS wegen Monotonie (Überforderung durch Unterforderung).

Zusammenfassend: Je leistungsschwächer, desto müder (chron. Müdigkeitssyndrom = chron. Fatique Syndrom). Neben zentraler Ermüdung spielen der Anstieg der Körperkerntemperatur, meist verstärkt durch Flüssigkeitsmangel und Mangel an Energiereserven, als auch viele modifizierende Faktoren als Ermüdungsursache eine wichtige Rolle. Es ist aber von Fall zu Fall immer eine genaue Ursachenanalyse bzw. ein Ausschluss ev. vorliegender Erkrankungen notwendig, denn ohne genaue Diagnose kann es keine zielgerichtete Behandlung geben!

Überprüfungsfragen

Was unterscheidet Ermüdung von Erschöpfung?
Welche Ermüdungsursachen gibt es?
Warum werden Belastungen weniger anstrengend empfunden, je besser die Leistungsfähigkeit ist?
Warum kommt es bei Insulinresistenz und Diabetes mellitus zu Müdigkeit?
Warum kann es bei Hitze zu Erschöpfung kommen?
Warum ist man im Herbst und Winter müder?

9 Übertraining

Lernziele

Störung der Regeneration
Versagensängste
Leistungsabfall
Regenerationsphase

9.1 Definition

Übertraining ist eine Störung der organischen Anpassung und vegetativen Regulation, bedingt durch ein Missverhältniss der Summe aller Belastungen und der aktuellen Erholungsfähigkeit. (Diese Definition ist unabhängig vom Trainingszustand und gilt daher sowohl für Patienten in Rehabilitationszentren, als auch für Hobby- und Hochleistungssportler.)

Übertraining kann unabhängig vom Leistungsniveau auftreten.

9.2 Ursachen

Die Verletzung des Grundsatzes der Angemessenheit ist häufigste Ursache des Übertrainings. Auch beim Krafttraining kann es zur Überforderung kommen, wenn die wöchentliche Netto-Trainingsbelastung größer ist als die Kraftleistungsfähigkeit. Insbesondere bei Anfängern und bei Ehrgeizigen kommt Übertraining vor:

- schon am Trainingsanfang eine viel zu hohe WNTZ als der Leistungsfähigkeit entspricht,
- ein zu schneller WNTZ-Anstieg im Trainingsverlauf,
- unausgewogene Trainingsgestaltung mit zu hohem intensiven Trainingsanteil, d.h. zu häufige anaerober Belastungen,
- zu viele Wettkämpfe innerhalb kurzer Zeit, z.B. in einer Woche. Denn ein Rennen ist immer anstrengender, als das härteste Training!
- Verzicht auf zyklische Gestaltung ab einer WNTZ von 4 Stunden pro Woche, sowohl im Mikro- als auch im Mesozyklus,
- prinzipiell den gleichen Effekt hat eine Störung der Regeneration, z.B. bedingt durch Schlaflosigkeit oder nächtlichen Lärm,
- kurzfristige Herabsetzung der Leistungsfähigkeit auch durch „banale" Erkrankungen, wie Infekte,

- zu schnelle Wiederaufnahme des Trainings nach Infekten,
- ungenügende Regeneration insbesondere nach Trainingslagern mit hohen Belastungsumfängen,
- Ernährungsfehler,
- unzureichende Höhenadaptation.

9.3 Folgen

Es gibt zahlreiche Folgen eines Übertrainings:

Durch die Erschöpfung der Muskulatur kommt es zu Bänderverletzungen und in der weiteren Folge kann es dann leichter zu Knochenbrüchen kommen.

Durch die erzwungene, meist langfristige Pause sind die mühsam aufgebauten Trainingsadaptationen wieder weg. Das Leistungsniveau nimmt ab und oft fängt man wieder bei Null an. Als psychische Folge kommt es zu Versagensängsten mit raschem Aufgeben und zu depressiven Verstimmungen, weil statt einer Leistungsentwicklung ein Stopp mit einem Abbau realisiert wird.

9.4 Diagnostik

Erfahrene Trainer, aber auch sensible Menschen erkennen oft früher als die Betroffenen selbst, dass „was nicht stimmt", weil es beim Übertraining auch zu psychischen Veränderungen, wie Stimmungsschwankungen insb. Reizbarkeit, Frustration, Verlust an Selbstvertrauen, Unsicherheit, Selbstmitleid, Angst und Depressionen kommt.

Die Diagnostik des Übertrainings ergibt sich aus mehreren und regelmäßig durchgeführten Einzelbeobachtungen.

1. Vom Sportler selbst registrierbar:

- Leistungsabfall, verminderte Belastbarkeit und rasche Ermüdung.
- Die sportliche Leistung bleibt trotz fortgesetztem Training gleich oder geht zurück, bzw. ist geringer als dem Trainingsaufwand entspricht.
- Tägliche Messung des Ruhepulses. Ein Anstieg um 5 oder mehr Schläge pro Minute über einige Tage zeigen eine Störung an.
- Tägliche Registrierung von Schlafqualität und allgemeinem Befinden auf einer Skala von 1–10. Absenkung des Niveaus über einige Tage zeigt eine Störung.
- Verminderter Appetit
- Mehrmals pro Woche ein standardisiertes Testtraining, z.B. 2000 m Lauf mit immer gleicher HF (z.B. 140/min) und Messung der Laufzeit mittels Stoppuhr. Verschlechterungen der Laufzeit über mehr als 3 Läufe zeigen eine Störung an.

2. Labordiagnostik:

- Ergometrie:
  - Die ergometrische LF%Ref ist kleiner, als der Erwartungswert auf Grund der WNTZ. Dann handelt es sich entweder um Übertraining oder Untertraining (siehe Tabelle 7).
  - Die Herzfrequenz bei 1 Watt/kg Körpergewicht beträgt mehr als 115/min.
- Laboruntersuchungen:
  - Bei ausreichender Flüssigkeitsbilanz ist der BUN (Blood-Urea-Nitrogen=Harnstoff-Stickstoff) erhöht, bzw. im oberen Normalbereich, aber im Vergleich zu den Vorwerten angestiegen. Dies weist auf einen katabolen Eiweißstoffwechsel hin.
  - Ein Harnsäureanstieg weist auf eine noch nicht abgeschlossene Regeneration nach intensiven Belastungen hin, bei denen infolge der hohen energetischen Beanspruchung ATP bis auf die Stufe des Adenosin abgebaut worden ist.
  - Eine erhöhte CK (Creatin-Phospho-Kinase) deutet auf eine stärkere muskuläre Überbeanspruchung hin.
  - Abnahme des freien bioverfügbaren Testosterons, besonders bei umfangreich Ausdauertrainierenden Männern. Der Mangel des regenerationsfördernden Hormons Testosteron führt zur chronischen Müdigkeit mit Muskelschmerzen der belasteten Muskelgruppen. Die Ursache ist bis heute nicht ausreichend geklärt. Möglicherweise produziert die Hypophyse bei Übertraining (= Dauerstress) nicht mehr ausreichend gonadenstimulierende Hormone!?

9.5 Therapie

Eine spezifische Therapie des Übertrainings existiert nicht und die einzig wirksame Maßnahme ist die Ausschaltung der Ursachen. Trainingsintensität und -umfang müssen deutlich reduziert werden. Da insbesondere zu intensive Trainingsanteile und nicht so sehr die Trainingsumfänge und Trainingshäufigkeit als Ursache des Übertrainings angesehen werden, müssen diese durch leichtes Training ersetzt werden. Oft sind auch längere Trainingspausen notwendig, gefolgt von einem langwierigen Wiederaufbau. Zusätzlich hat sich kohlenhydratreiche Ernährung bewährt.

> Die Regenerationsphase enthält extensives Ausdauertraining mit niedriger Intensität (unter 60% der $\dot{V}O_2$max) und einen Umfang von weniger als der Hälfte des bisherigen Trainings.

Um eine bisher vorhandene Trainingsmonotonie zu durchbrechen, empfiehlt sich ein zwischenzeitlicher Wechsel zu anderen (konditionell nicht belastenden) Sportarten ohne Leistungsziele.

Erst nach Wiederherstellung einer stabilen Belastbarkeit ist ein intensiveres Training möglich. Im Einzelfall kann die Phase bis zur völligen Wiederherstellung mehrere Monate dauern. Eine allgemein verbindliche Dauer kann nicht vorausgesagt werden.

Überprüfungsfragen

Wie kann man Übertraining feststellen?
Was sind die Hauptursachen für Übertraining?
Wie kann man ein Übertraining behandeln?

10 Regeneration

Die Regeneration nach Belastung ist ein komplexer Vorgang und es laufen viele Vorgänge parallel ab:

- Auffüllung des Füssigkeitsdefizites,
- Wiederauffüllung der Muskelglykogenspeicher,
- Reparatur geschädigten Muskelgewebes
- Initiierung von Trainingsadaptationen,
- u.v.a.

Der Körper muss von dem überwiegend abbauenden (katabolen) in den aufbauenden (anabolen) Status umschalten. Vermutlich durch die hormonelle Situation regenerieren junge Individuen (u.a. viel freies bioverfügbares Testosteron, das anabol wirkt) schneller als ältere. Um diese Umschaltung effizient und effektiv zu gestalten, bedarf es nicht nur des Ausgleichs von entstandenen Flüssigkeitsdefiziten, sondern auch richtig zusammengesetzter Ernährung zum richtigen Zeitpunkt (timing).

Die Regenerationsvorgänge der einzelnen Systeme des Körpers nach Belastung dauern unterschiedlich lange und hängen u.a. von Trainingsumfang und Intensität ab. Ebenso verlängern Infekte und Krankheiten die Regenerationszeit. Auch Stress und andere psychische Faktoren verändern die Regenerationsfähigkeit. Darüber hinaus ist die Regenerationsdauer auch noch individuell sehr unterschiedlich. Daher lässt sich die Zeit der Erholung nicht eindeutig bemessen und es lassen sich nur wenig allgemein gültige Grundsätze sagen:

> Je schwerer und erschöpfender das Training oder der Wettkampf waren, desto länger dauert die Regeneration. Je geringer die Leistungsfähigkeit, desto schlechter ist die Regenerationsfähigkeit. Mit zunehmendem Alter verlängert sich ebenso die Regenerationszeit.

So können die während des Trainings bzw. Wettkampfes entstandenen, oft sehr hohen Füssigkeitsdefizite nicht immer über Nacht ausgeglichen werden. Trainierte können ein Füssigkeitsdefizit von bis zu 4 Liter über Nacht wieder ausgleichen. Bei höheren Verlusten benötigen aber auch sie längere Regenerationszeiten (über 2–4 Tage). Entscheidend ist die Geschwindigkeit des Flüssigkeitsverlustes. So wird langsamer Wasserverlust meist besser kompensiert als schneller.

Der Kreislauf regeneriert sich aber dennoch rasch, zwischen einem und mehreren Tagen, was durch die Ruhepulsfrequenz im gewohnten Bereich angezeigt wird.

Eine nicht abgeschlossene Muskelregeneration ist nicht immer leicht erkennbar; oft liegen Koordinationsstörungen (Stolpern) vor. So kann die Regeneration z.B. nach einem Triathlon einige Wochen dauern.

10.1 Welche Faktoren begünstigen die Regeneration?

Regenerationsfördernde Maßnahmen sind unmittelbar nach dem Training oder Wettkampf am wirkungsvollsten. Mit zunehmendem Abstand zur Belastung wird auch die regenerationsfördernde Wirkung geringer.

- Ruhe (Entlastung),
- Rascher Ersatz verbrauchter Ressourcen (durch Trinken und Essen – besonders Kohlenhydrate nach Ausdauer- und Proteine nach Krafttraining),
- Massage,
- Warmes Vollbad von etwa 15 Minuten Dauer senkt den Muskeltonus, entspannt und beruhigt,
- Milde Saunagänge,
- Ausreichend Schlaf (mindestens 8 Stunden),
- Regeneratives Training, d.h. mit geringer Belastungsintensität und geringem Umfang.

Testosteron hat neben vielen anderen Effekten regenerationsfördernde Wirkungen. (Vielleicht auch einer der Gründe, warum bei Männeren mit steigendem Alter die Regeneration deutlich länger dauert, da die Testosteronproduktion abnimmt).

Bei normaler Mischkost kann die Wiederauffüllung der Muskelglykogenspeicher bis zu 48 Stunden dauern; mit kohlenhydratreicher Kost (60% der Tageskalorien, das sind bis zu 10 g Kohlenhydrate pro kg Körpergewicht) kann die Resynthese auf 24 Stunden verkürzt werden!

Die Glykogenresynthese läuft unmittelbar nach Belastungsende schneller, wenn Kohlenhydrate mit hohem glykämischen Index (Traubenzucker oder Produkte aus Weißmehl) zugeführt werden. Innerhalb der ersten 6 Stunden nach Belastung ist der Glukosetransport in die Muskelzelle maximal stimuliert und unabhängig vom Insulin. Deshalb ist eine KH-Zufuhr in dieser frühen, schnellen Phase der Glykogenresynthese besonders effektiv!

Wenn auch in der 2. Phase (6–72 Std.) der Muskelglykogenresynthese noch ausreichend Glukose vorhanden ist, kann innerhalb von 24 Stunden eine Glykogenkonzentration in der Höhe des Ausgangswertes erreicht werden. Diese zweite Phase der Muskelglykogenresynthese ist insulinabhängig. Die Insulin-wirkung am Muskel (zur Zuckeraufnahme) wird durch Aminosäuren (z.B. aus Fleisch) gestört. Das hat zur Folge, dass die Muskelglykogensynthese um 2/3 geringer ist. Wenn eine KH-reiche Kost konsumiert wird, kann das Muskelgly-kogen die normale Konzentration innerhalb von 72 Std. übersteigen (siehe Kohlenhydratladen).

Deshalb sollten am Beginn der Regeneration nur Kohlenhydrate zuge-führt werden!

11 Training nach Verkühlung bzw. Verletzung

Grundsätzlich soll man nicht trainieren, wenn man sich krank fühlt, bzw. wenn das Training Schmerzen verursacht! Denn die Fortführung des normalen Trainings bei Infekten bzw. Schmerzen kann den Aufbau nachhaltig stören. So ist es ohne weiteres möglich, dass ein Weitertrainieren einen insgesamt größeren Trainingsverlust verursacht, als eine angemessene Trainingsunterbrechung mit Ausheilung.

11.1 Training nach grippalem Infekt

Grippale Infekte äußern sich durch übliche Symptome inklusive einer Ruhepulserhöhung um ca. 5–10 Herzschläge/min. Zu beachten ist, dass ehrgeizige Sportler dazu neigen, diese Symptome zu verniedlichen oder zu verschweigen, um nicht von einem umsichtigen und verantwortungsbewussten Trainer eine kurzfristige Trainingspause verordnet zu bekommen.

Die Gefahr des „übertauchten" banalen Infekts besteht im harmloseren Fall in der Auslösung eines Überforderungssyndroms, im schlimmsten Fall aber in der Auslösung einer Herzmuskelentzündung mit schwerwiegenden Komplikationen. Abgesehen von diesen Gefahren für den Erkrankten muss auch die Ansteckungsgefahr für den Rest der Trainingsgruppe bedacht werden. Da bei Fieber die Körpertemperatur erhöht ist, kommt es durch Bewegung (besonders in heißer Umgebung) sehr schnell zur „Überhitzung" mit der Gefahr eines Hitzeschlags. Auch schwere Erkältungen ohne Fieber sollten in gleicher Weise behandelt werden.

Bei vielen Menschen kommt es nach Infekten zu überreaktiver Bronchialschleimhaut. Dabei bestehen bis zu 12 Wochen nach Therapie des Infektes immer wieder Hustenreiz und der Eindruck, als wäre der Infekt nicht ausgeheilt. Ein lungenfachärztliches Konsilium ist unbedingt anzuraten.

Die Wiederaufnahme des Trainings kann nach einem fieberfreien Tag (ohne fiebersenkende Medikamente) erfolgen. Mit der Dauer des krankheitsbedingten Ausfalls nimmt die Leistungsfähigkeit ab. Nach mehrwöchigem Ausfall empfiehlt sich ein stufenförmiger Aufbau über 3 Wochen bis zum Anschluss an das normale Training.

- 1. Woche nur 1/3 des normalen Trainings
- 2. Woche 2/3 des normalen Trainings
- 3. Woche normales Training.

Nach langem Trainingsausfall sollte der aktuelle Leistungszustand mittels Leistungsdiagnostik ermittelt und das Training entsprechend adaptiert werden.

11.2 Training bei und nach Verletzung

Grundsätzlich sollte Training keine Schmerzen verursachen! Verursacht ein Bewegungsablauf Schmerzen, dann wird dieser Bewegungsablauf unwillkürlich so verändert, dass er weniger oder keine Schmerzen verursacht. Dies bedeutet meistens eine grobe Störung der optimalen sportlichen Technik.

Leider werden derartige schmerzbedingte Ausweichbewegungen rasch fixiert, sodass diese auch nach Ausheilung der Verletzung fortbestehen. Erfahrungsgemäß ist es sehr schwierig, eine derartig fixierte Störung, z.B. ein Hinken beim Laufen, wieder zu beseitigen.

Daher ist ein Grundprinzip vor dem Wiedereinstieg ins spezielle Training:

Erst den Schmerz beseitigen, dann ein spezielles Training.

In der Zeit der Ruhigstellung, z.B. eines Unterschenkels, kann ein Training durchgeführt werden, das die allgemeinen konditionellen Grundlagen erhält. Dennoch kommt es durch die Ruhigstellung zur Muskelatrophie in der betroffenen Extremität. So kommt es bereits nach 5 Tagen Immobilisierung des Kniegelenkes zur sichtbaren Atrophie des M. vastus medials. Der vor der Verletzung erlernte optimale Bewegungsablauf beruht auf zwei gleichstarken Extremitäten. Wird nun das spezielle Training bei noch bestehender Muskelatrophie aufgenommen, so kann der bisher praktizierte Bewegungsablauf mangels entsprechender Voraussetzungen nicht mehr aufrechterhalten werden und es wird ein neuer Bewegungsablauf eingelernt, der die posttraumatische Schwäche berücksichtigt.

Auch auf dieser Basis entstandene und fixierte Bewegungsabläufe sind sehr schwer zu korrigieren. Das oben genannte Grundprinzip kann daher wie folgt ergänzt werden:

Erst die Schmerzen beseitigen, dann die Muskelkraft wiederherstellen und erst dann spezielles Training wieder aufnehmen.

Bei schweren Verletzungen kann die Wiederherstellung bis zur Wiederaufnahme des speziellen Trainings durchaus ein Jahr oder länger in Anspruch nehmen. Auch die Gelenksstabilität wird zum großen Teil durch die Muskelkraft gewährleistet. Verminderte Muskelkraft nach Verletzungen bedeutet daher nicht nur ein erhöhtes Verletzungsrisiko, sondern auch eine dauernd höhere Beanspruchung der Bänder, womit künftige Schmerzprobleme vorprogrammiert sind.

12 Muskelkrämpfe

Muskelkrämpfe können während der Belastung, aber auch nachts im Schlaf auftreten.

12.1 Ursachen

Neben vielfältigen pathologischen Ursachen sind im Zusammenhang mit Training folgende von Bedeutung:

- zu hohe Belastungsintensität,
- starke Ermüdung,
- Glykogenverarmung,
- Elektrolytverluste (NaCl, Mg, K) besonders bei starker Schweißproduktion (nicht nur bei hohen Außentemperaturen, sondern schon bei 20°C und gleichzeitig hoher Luftfeuchtigkeit möglich),
- Flüssigkeitsverlust mit über 4% Flüssigkeitsdefizit des Körpergewichts kann zu Krämpfen der belasteten Muskeln führen.
- Hitzekrämpfe

Gefördert wird das Auftreten von Krämpfen neben hohen Außentemperaturen auch durch ungewohnte Bewegungen und Haltungen (andere Sportart, neues Sportgerät).

12.2 Vorbeugende Maßnahmen

- Angemessene Belastungsintensität,
- guter Trainingszustand,
- ausreichender und rechtzeitiger Ersatz von Flüssigkeit, Kohlenhydraten und Elektrolyten,
- regenerationsfördernde Maßnahmen nach dem Training, wie Massage, Sauna, heiße Bäder etc.

12.3 Therapie

- Dehnen des betroffenen Muskels bis zur Lösung des Krampfes (Dehnen bedeutet Verlängerung der Distanz des Muskels zwischen Ursprung und Ansatz und ist je nach Muskelgruppe unterschiedlich zu realisieren).
- Danach nur noch Belastungen mit geringer Intensität, das ist auch ein Teil der Behandlung der Krampffolgen (so genannter „Ast" im betroffenen Muskel).
- Zusätzlich Wasser, Elektrolyte und Kohlenhydrate ersetzen (Essen und Trinken).

13 Dehnen

13.1 Die Bedeutung des Dehnungsreflexes

Der wirksame Reiz ist die Dehnung des Muskels. Das beteiligte Sinnesorgan ist die Muskelspindel, die im Muskel eingebettet ist. Bei Dehnung des Muskels entstehen Impulse, die über sensible Nervenfasern ins Rückenmark geleitet werden. Dort wird der Impuls direkt auf Nervenzellen übertragen, die den Muskel, aus dem die Impulse gekommen sind, zur Muskelkontraktion anregen (so genannter Dehnungsreflex oder Muskeleigenreflex). Ein typisches Beispiel ist der Patellarsehnenreflex.

Der Sinn dieser Reflexe ist es, überschießende Bewegungen (z.B. beim Speerwerfer ein Nach-vorne-Kippen) zu verhindern, flüssige Bewegungen zu fördern und die aufrechte Köperhaltung zu ermöglichen. Ähnliche Spindeln mit ähnlicher Funktion gibt es auch in den Sehnen. Beide, Muskel- und Sehnenspindeln, verhindern starke muskuläre Überdehnung und vermeiden so die Gefahr eines Muskel- bzw. Sehnenrisses.

13.2 Sinn und Unsinn des Dehnens im Sport

Das im Sport viel geübte Dehnen hat mit den Dehnungsreflexen nicht viel zu tun. Es bezweckt eine Verlängerung des gedehnten Muskels zur Vergrößerung des Bewegungsspielraumes eines Gelenkes. Das bezieht sich vor allem auf bestimmte sportliche Techniken wie z.B. Hürdenlauf oder Kunstturnen. Wo derartige Ansprüche nicht gestellt werden, ist Dehnen meist überflüssig, da es die körperliche Leistungsfähigkeit selbst nicht beeinflusst.

> Eine nennenswerte Wirkung des Dehnens ist allerdings nur bei annähernd täglicher und richtiger Anwendung zu erwarten.

Eine Bedeutung hat der Dehnungszustand auch bei Sportarten, wo der Bewegungsspielraum häufig und unkontrolliert ausgereizt wird, z.B. Ausfallschritt beim Tennis oder Fußball. Ein größerer Bewegungsspielraum kann die Häufigkeit von Zerrungen vermindern. Ein Muskelkater wird durch das Dehnen nicht vermindert, sondern nur durch einen guten Trainingszustand und durch ordentliches Aufwärmen.

Eine große Bedeutung hat Dehnen in der Rehabilitation nach Verletzungen, wenn es in Folge von längerer Ruhigstellung zu Kontrakturen von Muskeln und Sehnen dieses Gelenkes gekommen ist. Hier ist Dehnen die adäquate Methode zur Wiederherstellung der Beweglichkeit. Dehnen der ischiocruralen Muskulatur (hintere Oberschenkelmuskulatur) beim Laufen bzw. Radfahren ist auch sinnvoll, um der Entstehung von Beschwerden im Lendenwirbelsäulenbereich bzw. Knie vorzubeugen.

13.3 Ausführung des Dehnens

Richtiges Dehnen bezweckt langfristig die Verlängerung des Muskels durch Vergrößerung der Anzahl der Sarkomere. Grundsätzlich ist Dehnen nur sinnvoll, wenn es täglich und langfristig durchgeführt wird. Dehnen 2x pro Woche z.B. nach dem Joggen ist wirkungslos und daher überflüssig.

Richtiges Dehnen muss in entspannter Körperhaltung erfolgen. Dehnungsübungen der Beine im Stehen sind daher nicht zielführend, weil die Entspannung eines Beines bei gespanntem zweitem Bein kaum möglich ist. Daher sollte ein Dehnen der Beine nur in sitzender oder liegender Position erfolgen. Bei richtigem Dehnen werden Ursprung und Ansatz des Muskels unter sanftem Zug und „totaler" Entspannung bis kurz vor die Schmerzgrenze voneinander entfernt. Diese Haltung wird 30–50 Sekunden eingehalten. Der Schmerz als Warnsymptom ist unbedingt zu respektieren!

> **Dehnen in Form von kurzem Wippen ist für die Verbesserung des Dehnungszustandes wirkungslos.**

Durch zu intensives Wippen oder Dehnen kann es zu kleinsten Einrissen in den Z-Scheiben der Myofibrillen oder im umgebenden Bindegewebe kommen, was den Muskelkater verursacht.

Die gute Beweglichkeit der Gelenke darf aber nicht auf Kosten einer mangelnden Gelenksstabilität erreicht werden. Ein überdehnter instabiler Kapsel-Band-Apparat bzw. eine zu schwache Muskelmanschette provozieren infolge der Gelenksinstabilität asymmetrische Kraftspitzen auf den Gelenksflächen und können somit Knorpelschäden und andere degenerative Gelenksveränderungen verursachen.

Letztlich ist die Einheit von Gelenksmobilität und Gelenksstabilität die Voraussetzung für eine schädigungsfreie Gelenksbeweglichkeit! Allerdings gilt insbesondere im höheren Lebensalter der Grundsatz:

„Stabilität geht vor Mobilität"

So sollte beispielsweise als wirksame Maßnahme gegen Rückenschmerzen prophylaktisch und therapeutisch auf ein stabilisierendes Muskelkorsett durch ein Krafttraining der Rücken-, Bauch- und Gesäßmuskulatur geachtet werden.

14 Thermoregulation

Jede körperliche Aktivität ist mit der Bildung von Wärme verbunden, deren Menge von der Größe des Energieumsatzes abhängt. Die Wärme muss über die Haut und die Schleimhäute der Atemwege an die Umgebung abgeführt werden. Lufttemperatur, Windgeschwindigkeit, relative Luftfeuchtigkeit und die Temperatur der Haut bestimmen das Ausmaß des Wärmeabstroms, das aber durch Bekleidung erheblich modifizierbar ist. Wird die Wärmeabfuhr behindert, resultiert eine Überhitzung (Hyperthermie), die ab einer zentralen Körpertemperatur über 39°C mit mentaler und physischer Leistungsminderung einhergeht und ab 40°C die Gefahr eines Hitzeschadens beinhaltet.

Im Sport werden vor allem die Umfeldbedingungen Hitze und hohe Luftfeuchtigkeit als ursächliche Faktoren einer Hitzeerschöpfung gefürchtet. In der Berufswelt stellt ein durch Schutzkleidung behinderter Wärmeabstrom mit der Folge einer Hyperthermie ein Problem dar. Insbesondere betrifft dies Feuerwehrleute, die intensive Körperarbeit unter spezieller, bis zu 30 kg schwerer Schutzausrüstung in u. U. extremer Hitze zu verrichten haben.

Das Funktionieren aller menschlichen Lebensvorgänge ist auf die Aufrechterhaltung einer Körperkerntemperatur auf 37°C angewiesen. (Die Muskeltemperatur beträgt 33–35°C). Schon geringe Abweichungen von +/– 4° bedeuten Lebensgefahr. Eine Erhöhung über diesen Bereich kann zu Hitzeschlag und unbehandelt zum Tod führen. Andererseits kann das Absinken der Körpertemperatur zum Tod durch Erfrieren führen (siehe Abb. 31). Die Thermoregulation ist daher einer der fundamentalen lebenserhaltenden Vorgänge. Sie ist in der Lage, Unterschiede in der Umgebungstemperatur von mehreren Dutzend °C und Unterschiede in der körpereigenen Wärmeproduktion (in Ruhe und unter Belastung) auszugleichen. In Ruhe werden ca. 60% der Wärme durch Strahlung abgegeben, 15% durch Konvektion (Luftbewegung), 25% durch Verdunstung und fast gar nichts durch Wärmeleitung (siehe Abb. 32).

Erst über bzw. unter der thermoneutralen Zone steigt bzw. fällt die Körperkerntemperatur. Die thermoneutrale Zone hängt aber von der Wärmeproduktion ab. So kommt es bei Außentemperatur zwischen 0–20°C bei gleichzeitiger intensiver Belastungen zu keinem Abfall der Körperkerntemperatur, da ausreichend Wärme produziert wird. Bei wenig Bewegung kommt es bereits unter 15°C Außentemperatur zum Abfall der Körperkerntemperatur bzw. erst über 30°C Außentemperatur zum Anstieg.

> Daher sollen bei hohen Außentemperaturen nur geringe Belastungsintensitäten gewählt werden. Umgekehrt besteht bei leistungsschwächeren Individuen mit nur geringer wärmeisolierender Kleidung die Gefahr der Unterkühlung (Hypothermie).

Bei Außentemperaturen unter 0°C kann eine negative Wärmebilanz auch bei intensiven Belastungen nur mittels gut isolierender Kleidung verhindert werden.

Die Aufgabe der Thermoregulation ist es, eine ausgeglichene Wärmebilanz, also ein Gleichgewicht zwischen Wärmeproduktion und Wärmeabgabe, zu halten. Dazu stehen die folgenden Möglichkeiten zur Verfügung.

14.1 Thermoregulation bei Wärme

Die Hauttemperatur hängt primär von der Umgebungstemperatur ab, während die Körperkerntemperatur primär von der Belastungsintensität beeinflusst wird. Die Wärmeproduktion wird durch Muskeltätigkeit gesteigert, sodass die Körperkerntemperatur bei intensiven Belastungen auf 39–40°C ansteigt.

> Für die Thermoregulation ist der Temperaturgradient zwischen Haut und Körperinnerem entscheidend.

Bei Kälte beträgt die Temperaturdifferenz zwischen Haut und Körperkern häufig 20°, was zur Unterkühlung führen kann. Umgekehrt gibt es bei hoher Umgebungstemperatur von 35–40°C kaum noch eine Temperaturdifferenz zwischen Haut und Körperkern, weshalb keine Wärmeabgabe mehr möglich ist und daher die Gefahr der Überhitzung besteht. Geht man davon aus, dass die Körperkerntemperatur ab 41°C lebensgefährlich wird, darf die Hauttemperatur höchstens auf 34°C ansteigen, um eine ausgeglichene Wärmebilanz zu garantieren.

Je nach der Intensität der Belastung kann der Anstieg der metabolischen Wärmeproduktion über das 10fache ansteigen. Daher entstehen Hitzeschäden nicht nur bei langdauernden Belastungen in hoher Umgebungstemperatur, sondern (sogar häufiger) bei kurz dauernden Belastungen (innerhalb der ersten

Stunde), weil nur diese mit höherer Intensität möglich sind und zu höherer metabolischer Wärmeproduktion führen.

Große muskuläre Personen haben ein höheres Risiko eines Hitzeschlages (in heißer Umgebung und bei hoher Luftfeuchtigkeit; oder mit isolierender Kleidung wie Uniform, Helm, etc.), weil das Verhältnis Körperoberfläche zu Körpergewicht „ungünstiger" ist (geringere relative Körperoberfläche). Adipöse Menschen können besonders leicht „überhitzen", weil einerseits Fett gut isoliert und andererseits mehr Energie zum Bewegen der größeren Körpermasse notwendig ist und somit auch mehr metabolische Wärme produziert wird.

Abb. 31. Normbereich und Grenzbereich der Körperkerntemperatur

14.1.1 Drosselung der Wärmeproduktion

Die Wärmeproduktion wird durch Vermeidung von Muskeltätigkeit gedrosselt. Daher tritt bei hoher Außentemperatur Müdigkeit auf.

14.1.2 Steigerung der Wärmeabgabe

Die Wärmeabgabe kann beeinträchtigt werden durch:

- hohe Temperatur (über 33°C) behindert die Wärmeabstrahlung
- Sonnenbestrahlung auf die unbedeckte, nackte Haut erhöht die Hauttemperatur. Dadurch bricht der für den Wärmetransport so wichtige Temperaturgradient zwischen Köperinneren und Haut zusammen und es kann keine Wärme mehr von innen nach außen abgeleitet werden.
- oder/und hohe Luftfeuchtigkeit, d.h. Behinderung der Verdunstung,
- isolierende Kleidung.
- geringe Luftbewegung (z.B. Laufen in einer größeren Gruppe).

Das alles für sich oder meist in Kombination erhöht erheblich die Gefahr des Hitzschlages, insbesondere bei körperlicher Belastung! So wird bei hoher Luftfeuchtigkeit von über 80% die Verdunstung erschwert und der abtropfende Schweiß kann nicht mehr kühlen.

Nimmt der Temperaturgradient zwischen Haut und Körperkern aufgrund einer hohen Außentemperatur ab, muss die Wärme durch eine hohe Hautdurchblutung abgeführt werden (durch Strahlung und hauptsächlich durch

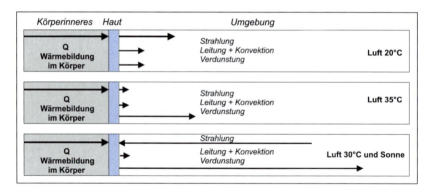

Abb. 32. Wärmestrom des Körpers unter verschiedenen Bedingungen: Die Wärme wird im Inneren des Körpers gebildet und nach außen über die Haut abgegeben. Bei einer Umgebungstemperatur von 20°C sind Leitung (Konduktion), Konvektion und Verdunstung in gleichem Maß beteiligt. Die Strahlung nimmt einen größeren Umfang ein. Bei einer Lufttemperatur von 35°C tritt die Verdunstung in den Vordergrund. Kommt zu einer Lufttemperatur von 30°C die Sonnenstrahlung hinzu, kann der Körper über Strahlung in der Bilanz kaum noch Wärme abgeben. Den größten Teil der Wärmeabgabe übernimmt dann die Verdunstung (Schweiß)

Verdunstung – Schwitzen). Das geht zu Lasten der Durchblutung vor allem der Muskulatur, aber besonders des Darmes und der Nieren.

Bei trockener Umgebungsluft kann Schweiß leichter verdunsten und die Körperoberfläche kühlen, weil die Verdunstungsenergie von 1 kcal pro 1,7 ml Schweiß dem Körper entzogen wird. Das sind fast 600 kcal pro Liter Schweiß! Daher sollte feuchte, schweißnasse Kleidung – so lange man sich bewegt – nicht durch trockene ersetzt werden. Denn die Verdunstungswärme wird viel effizienter über feuchte und nicht über trockene, gut isolierende Kleidung dem Körper entzogen.

Bei Belastung steigt die Körperkerntemperatur und damit die Gefahr eines Hitzeschlages, weil die metabolische Wärmeentwicklung bei intensiven Belastungen um das mehr als 10fache ansteigt. So sollten lebensrettende Fahrradhelme reichlich Luftschlitze haben, damit sie auch an heißen Sommertagen getragen werden und nicht zur Überhitzung führen.

Kinder haben zwar die gleiche Schweißdrüsenanzahl wie Erwachsene, aber die Zahl aktiver Schweißdrüsen ist reduziert und damit auch die Schweißrate. Deshalb haben Kinder eine verminderte Wärmeabgabefähigkeit und somit eine geringere Hitzetoleranz.

Tabelle 13 zeigt ab welchen Feuchttemperaturen sich Hitzeschäden entwickeln können bzw. bei welchen Umgebungsbedingungen man aus gesundheitlichen Gründen lieber auf ein Training verzichten sollte.

Tabelle 13. Hitzestress-Index zur Ermittlung von gefährlichen und ungefährlichen Bedingungen

Luftfeuchtigkeit (%)	Lufttemperatur (°C)										
	21	24	27	29	32	35	38	41	43	46	49
0	18	21	23	26	28	31	33	35	37	9	42
10	18	21	24	27	29	32	35	38	41	44	47
20	19	22	25	28	31	34	37	41	44	49	54
30	19	23	26	29	32	36	40	45	51	57	64
40	20	23	26	30	34	38	62	51	58	66	
50	21	24	27	31	36	42	49	57	66		
60	21	24	28	32	38	46	56	65			
70	21	25	29	34	41	51	62				
80	22	26	30	36	45	58					
90	22	26	31	39	50						
100	22	27	33	42							
Hitzestress Index	**Auswirkungen**										
32–41	Hitzekrämpfe, besonders in den belasteten Muskelpartien										
41–54	Hitzekrämpfe und Hitzeerschöpfung										
55+	Hitzeschlag										

Hitzeschäden sind bei Wettbewerben, die mehrere Stunden dauern, eher selten. Die Ursache liegt u.a. in der geringeren Belastungsintensität, also des langsameren Tempos bei längeren Distanzen. Laufanfänger sind wesentlich anfälliger für Hitzeschäden. Sie warten unbewusst auf das Auftreten von Warnsymptomen bei zu hoher körperlicher Belastung, die ihnen sagen sollen, wann sie ihr Tempo verlangsamen oder abbrechen sollen. Wenn wie häufig solche subjektiven Symptome ausbleiben, kann es zu Hitzeschäden kommen.

Bei Außentemperaturen über 25°C immer auf die Kühlung des Kopfes achten! Denn obwohl die Fläche des Kopfes nur 9% der gesamten Körperoberfläche ausmacht, wird über 1/3 der Wärme wegen der hohen Kopfdurchblutung über den Kopf abgegeben.

Bei der Entstehung von Hitzeschäden gibt es starke individuelle Unterschiede. So gibt es Menschen, die Wärme ausgesprochen schlecht vertragen, ohne dass im Einzelfall der Grund dafür bekannt ist. Trainierte und Hitzeadaptierte vertragen Hitze meist besser.

Bei zunehmender Belastung und besonders in heißer Umgebung kommt es physiologisch zur Verminderung des Herzschlagvolumens und zur HF-Zunahme. Patienten mit Herzschwäche (Herzinsuffizienz) haben eine verminderte Pumpleistung des Herzens (HMV), deshalb kann es bei entsprechendem Bedarf nicht steigern. Daher leiden diese Patienten leichter unter Atemnot und es besteht eine verringerte Hitzetoleranz mit erhöhter Hitzeschlaggefahr. Beim Tropenurlaub besteht die hitzebedingte Kreislaufbelastung 24-Stunden lang und schon viele Herzinsuffiziente (überwiegend Ältere) haben eine „Überwinterung" in tropischer Wärme mit einer kardialen Dekompensation (= Herzversagen) bezahlt. Diese Probleme werden durch zusätzlichen Flüssigkeitsverlust (Dehydratation) mit Salz- und Elektrolytverlust verstärkt.

14.2 Hitzeschäden

14.2.1 Sonnenstich

Der Sonnenstich ist eine Reizung der Hirnhäute und tritt durch starke direkte Sonnenbestrahlung des Kopfes auf. Die durch die Haut gehenden Infrarotstrahlen führen zu einer Reizung des Gehirns und der Hirnhäute. Bevorzugt tritt ein Sonnenstich auf, wenn der Kopf-Nacken-Bereich ungeschützt der Sonnenbestrahlung (Radrennfahrer und Mountainbiker durch vorgebeugte Haltung) meist länger als 60 Minuten ausgesetzt war.

Dies äußert sich durch Kopfschmerzen, Übelkeit, Erbrechen, Schwindel, Ohrensausen, Unruhe, Bewusstseinsstörungen (von Benommenheit und Desorientiertheit bis hin zur Bewusstlosigkeit) sowie durch zerebrale Symptome wie Nackenschmerz, Genickstarre und Krämpfe.

Besonders gefährdet sind glatzköpfige und hellblonde Menschen; ganz besonders empfindlich sind Säuglinge!

Personen, die eine Gehirnerschütterung erlitten haben, können bis zu einem Jahr nach der Verletzung wesentlich schneller einen Sonnenstich bekommen. Die Haut des Kopfbereiches ist rot, im Stammbereich durchwegs kühl, die Temperatur im Normbereich bis leicht erhöht bei geringfügig erhöhtem Blutdruck. Die Betroffenen sollten aus der Sonne genommen und mit erhöhtem Kopf gelagert werden. Sehr hilfreich ist eine lokale Abkühlung von Nacken und Stirn ev. mit Eisbeutel.

14.2.2 Sonnenbrand

Die UV-Strahlung der Sonne kann auf der Haut Verbrennungen sämtlicher Schweregrade verursachen. Die Gefahr besteht besonders im Hochsommer bzw. ganzjährig in den Tropen und wird durch Reflexion des Sonnenlichts an Wasser aber auch an Schnee und in Höhen über 1300 m verstärkt. Bei kühlem Wetter und kühlendem Wind wird diese Wirkung des UV-Anteils des Sonnenlichts häufig unterschätzt. Als Prophylaxe dienen Vermeidung der direkten Sonneneinstrahlung (Kleidung inklusive Hut) und Sonnenschutzmittel an den lichtexponierten Stellen – Lippen- und Ohrenschutz nicht vergessen.

Je öfter ein Sonnenbrand, desto höher das Hautkrebsrisiko!

14.2.3 Exkurs: Erste-Hilfe-Maßnahmen bei Verbrennungen

Grundsätzlich entstehen Verbrennungen durch lokale Hitzeeinwirkung, wobei diese im Sport meist durch UV-Strahlung (Sonne) oder durch Reibung (z.B. bei Sturz auf Kunstrasen) entstehen. Das Ausmaß der Schädigung hängt von der Dauer der Hitzeeinwirkung, Temperatur und dem Ort der Einwirkung ab. Die so genannte „Neunerregel" dient zur Abschätzung der betroffenen Körperoberfläche. Je 9% der Körperoberfläche sind:

- Kopf, obere Hälfte des Oberkörpers vorne, obere Hälfte des Oberkörpers hinten (=Brustkorb vorne, hinten)
- untere Hälfte des Unterkörpers vorne, untere Hälfte des Unterkörpers hinten
- rechter Arm, linker Arm
- Vorderseite der Beine, Hinterseite der Beine.

Man unterscheidet 4 verschiedene Schweregrade, die für die Erstversorgung und Prognose entscheidend sind:

14.2.3.1 Verbrennung 1. Grades

Klassisches Beispiel ist der leichte Sonnenbrand mit Rötung. Meist heilt dieser ohne besondere Therapie innerhalb weniger Tage unter leichter Schuppenbildung und ohne Narben ab.

14.2.3.2 Verbrennung 2. Grades

Es kommt zur Schwellung und Blasenbildung mit starken Schmerzen. Üblicherweise heilen Blasen ohne Narben ab. Bei Eröffnung der Blasen kann es zur Infektion mit Narbenbildung kommen.

Erste-Hilfe-Maßnahme: Das Gebiet der Blasen großflächig steril abdecken. Brandblasen nicht selbst eröffnen! Bei Kindern besteht Lebensgefahr, sobald mehr als 10% der Hautoberfläche mindestens zweitgradig geschädigt sind. Beim Erwachsenen wird ab 20% eine sofortige Krankenhausbehandlung notwendig.

14.2.3.3 Verbrennung 3. Grades

ist das Ergebnis stärkerer Hitzeeinwirkungen (z.B. Verbrühen etc.). Daher ist die wichtigste Erste-Hilfe-Maßnahme das sofortige und ausreichende Kühlen der betroffenen Körperstellen unter fließendem Wasser, bis der Schmerz nachlässt, jedoch mindestens 15 Minuten lang, um die Tiefenwirkung der Hitze zu vermindern. Anschließend steriles Abdecken und schnellstmögliche ärztliche Versorgung.

Es zeigt sich lederartige grauweiße oder schwarzrote Verfärbung (Nekrosen), diese gehen mit einer Schorfbildung einher. Da auch die Nerven zerstört sind, kommt es zu keiner Schmerz- und Druckempfindlichkeit. Die Haut heilt nur mit Narbenbildung und bleibenden Durchblutungsstörungen ab.

14.2.3.4 Verbrennung 4. Grades

Es zeigt sich Verkohlung des Gewebes bis in tiefere Gewebsschichten hinein. Nach den Rettungsmaßnahmen sterile großflächige Abdeckung und Nottransport in ein Verbrennungszentrum.

14.2.4 Hitzeerschöpfung

Bei der Hitzeerschöpfung handelt es sich um einen lebensgefährlichen Zustand, mit Kreislaufzentralisation, Schwäche und Muskelkrämpfen (=Hitzekrämpfen), vor allem in den belasteten Muskelpartien.

Zu einer Hitzeerschöpfung kommt es durch den Elektrolyt- und Flüssigkeitsverlust beim Schwitzen, was bei hohen Außentemperaturen insbesondere in Schwüle beschleunigt wird.

Denn dann nimmt die Temperaturdifferenz zwischen Körperkern- und Hauttemperatur ab (nur noch 2–3°). In weiterer Folge erhöht sich die Hautdurchblutung, von basal weniger als 1 Liter pro Minute auf 2–4 L/min! Das ist fast ¼ des HMV. Diese hohe Hautdurchblutung verursacht eine enorme Kreislaufbelastung und führt gleichzeitig zur Abnahme des HMV, weil das Schlagvolumen abnimmt (bei gleichzeitiger HF-Zunahme). Durch die hohe Schweißrate, kommt wegen des damit verbundenen Flüssigkeitsverlustes, zur Verschärfung der HMV-Abnahme. Das kann zum Kreislaufzusammenbruch führen, da Blutdruck und die ZNS-Durchblutung nicht mehr aufrechterhalten werden können!

Ziel muss es daher sein, die Hauttemperatur nicht zu hoch werden zu lassen. Tipps: Die Kleidung sollte so weiß als möglich sein, um die Absorption der Sonnenstrahlung so gering als möglich zu halten. Wenn möglich nicht in der prallen Mittagssonne und nie mit nacktem Oberkörper trainieren! Ebenso schattige Strecken auswählen. Sonnencremen nur an jenen Hautstellen verwenden, die der Sonne ausgesetzt sind (inkl. Nacken), denn sie verkleben die Poren und vermindern den thermoregulatorischen Effekt des Schweißes, weil dieser dann zu rasch den Körper abläuft. Wenn möglich Kühlung der Haut mit Wassersprays oder Schwamm etc., denn dann bleibt der für den Wärmetransport so wichtige Temperaturgradient zwischen Körperinneren und Haut erhalten, damit die Wärme von innen nach außen abgeleitet werden kann. Das Auspressen eines wassergetränkten Schwammes zur Kühlung des Kopfes hat sich bewährt, weil die Gehirntemperatur rascher ansteigt und auch höher ist als die Körperkerntemperatur. Ebenso ist die ZNS-Durchblutungsgeschwindigkeit bei langer Belastung mit Hyperthermie und Erschöpfung deutlich reduziert.

Beispiel: Ein 60 kg schwerer Läufer will den Marathon unter 2:30 laufen. Die Grundvoraussetzung dafür ist eine Leistungsfähigkeit von über 5 Watt/kg KG. Wie hoch ist die Hautdurchblutung beim Rennen, wenn die Hauttemperatur auf 36°C und die Körperkerntemperatur auf 38°C ansteigt?

Ergebnis: Da die mechanische Leistung (in den Beinen) bestenfalls nur 22% der gesamten metabolische Leistung ist (= mechanischer Wirkungsgrad), muss die restliche Energie als Wärme abgegeben werden. $60 \times 5 = 300$ Watt dividiert durch 0,22 = 1350 Watt.

Der metabolische Energieumsatz ist 1350 Watt, davon müssen 80% als Wärme abgeführt werden, das sind 1080 Watt. 50%, also 540 Watt, können über den Schweiß als Verdunstungskälte abgeführt werden, das entspricht einer Schweißrate von ca. 1 Liter/Stunde. Die restlichen 540 Watt müssen über die Haut abgestrahlt und abgeleitet werden. Die dafür notwendig Hautdurchblutung errechnet sich:

$$Q = 1 / C \times kcal / min / (Temp\ innen - Temp\ Haut)$$

Watt werden in kcal/min umgerechnet: Watt / 4,2 × 60 / 1000

540 / 4,2 × 60 / 1000 = 7,7 kcal / min

Jetzt kann man in die Formel zur Berechnung der Hautdurchblutung einsetzen, denn die Konstante C = 0,87 kcal / °C / l und gibt die spezifische Wärme des Blutes an:

Q = 1 / 0,87 × 7,7 / (38 - 36) = 4,4 Liter Hautdurchblutung

Verfügt unser Läufer über ein max. HMV von 25 l/min, dann werden fast 1/5 der gesamten Herzleistung nur für die Hautdurchblutung aufgewendet, um nicht zu überhitzen! (Die Hautdurchblutung kann bis auf max. 8 l/min ansteigen).

Wird der Marathon bei 15°C ausgetragen, dann steigt die Hauttemperatur bestenfalls auf 28°C. Auch wenn die Körperkerntemperatur auf 40°C ansteigt, wird wegen des hohen Temperaturgradienten nur 0,75 Liter Blut für die Hautdurchblutung aufgewendet. Somit steht fast das gesamte Blut für die Nährstoffzufuhr der Beinmuskeln zur Verfügung. Rekordzeiten sind nur unter diesen Wetterbedingungen möglich. Auf der anderen Seite unterkühlen leistungsschwache Läufer bei den kühlen Temperaturen, weil sie nach dem Halbmarathon oft nicht mehr laufen können, sondern nur noch gehen. Dann reicht die metabolische Wärmeproduktion nicht mehr aus um die Körperkerntemperatur zu halten. Wenn die Temperatur beim Start bereits 25°C ist, dann gibt es wegen Hitzeerschöpfung und Kreislaufkollaps eine hohe Ausfallsrate. Ebenso nimmt die Kollapsrate nach 3,5 Stunden zu, weil sich viele Läufer für andere Marathons qualifizieren wollen.

14.2.4.1 Leichte Hitzeerschöpfung

Tritt auf bei 1,5–2 Liter Schweißverlust (=2–3% des Köpergewichts) mit Anstieg der Körperkerntemperatur auf 39–40°C und starker Schweißbildung, starkem Durstgefühl, Müdigkeit, Leistungsminderung.

14.2.4.2 Schwere Hitzeerschöpfung

Bei 2–4 Liter Schweißverlust (=ca. 5% des Köpergewichts) kommt es zusätzlich zur stärksten Schweißbildung, zum erschöpfungsbedingten, erzwungenen Belastungsabbruch und zum Auftreten neurologischer Symptome, wie Kopfschmerz, Erregung, Unruhe und auch Kreislaufkollaps.

Der Kreislaufkollaps während oder nach dem Rennen ist meist eine Kombination von hoher Hauttemperatur und Flüssigkeitsverlust (Dehydratation).

14.2.4.3 Schwerste Hitzeerschöpfung

Nach Schweißverlusten von über 4 l kommt es zum Versagen der Wärmeabgabe. Deshalb kommt es zum Zusammenbruch, mit trockener Haut und Anstieg der Körperkerntemperatur über 41°C, Desorientierung, Apathie und Übergang in den Hitzeschlag. Lebensgefahr besteht bei einem Flüssigkeitsverlust ab 10% des Köpergewichts.

14.2.4.4 Vorbeugende Maßnahmen bei Hitzeerschöpfung

Maßnahmen zur Vermeidung von Hitzeerschöpfung und Hitzeschlag:

- Ermittlung des Hitzestress-Index und Beurteilung, ob bei Belastungen gesundheitsschädliche Folgen drohen und daher abgebrochen werden sollte (siehe Tabelle 13, S. 195).
- Bei Belastungen ausreichende Flüssigkeitszufuhr zur Unterstützung des Schwitzens, jedoch nicht mehr als 1 Liter pro Stunde, sonst Gefahr der Überwässerung.
- Insbesondere auf die Kühlung des Kopfes achten: kurze Haare, kein Bart, Fahrradhelme mit breiten Luftschlitzen, Wasser über den Kopf (nasser Schwamm) etc. Kinder überhitzen besonders schnell!
- Wichtig ist der Wechsel in kühle, schattige Umgebung und Kühlung mit Wassersprays bei gleichzeitigen schnellen Luftbewegungen.
- Der Flüssigkeitsverlust sollte bei umfangreicher sportlicher Betätigung mit der Waage kontrolliert werden, um eine ausgeglichene Flüssigkeitsbilanz zu erreichen und nicht zu überwässern.

14.2.5 Hitzeschlag (Hyperthermie)

Der Hitzeschlag ist die schwerste Form der Hitzeschäden und entsteht beim Versagen der Wärmeregulation. Er kann sich aus einer nicht behandelten Hitzeerschöpfung entwickeln und nicht selten ist dieser Zustand mit einem Blutzuckerabfall verbunden!

Beim Hitzeschlag kommt es zu ZNS-Funktionsstörungen mit bizarren Verhaltensauffälligkeiten und dann zu Gangstörungen bis Kollaps, gefolgt von Delirum und Koma.

Die Körperkerntemperatur beim Hitzeschlag liegt über 40°C. Zum Unterschied zur Hitzeerschöpfung ist die Haut trocken und gerötet („knallrot") durch Versagen der Schweißproduktion. Der Hitzeschlag bei körperlicher Belastung tritt häufig in warmer und feuchter (schwüler) Umgebung auf, weil durch die hohe Luftfeuchtigkeit der Schweiß nicht verdunsten kann (siehe Tabelle 13 über Hitzestress-Index).

Zwei Drittel aller Todesfälle nach Hitzeschlag ereignen sich bereits bei 26°C mit hoher Luftfeuchtigkeit!

Der Hitzeschlag kann über Erhöhung der Körperkerntemperatur und durch Dehydratation und Elektrolytverschiebungen schließlich zu einem Versagen mehrerer Organe führen (Volumenmangelschock).

14.2.5.1 Erste-Hilfe-Maßnahme beim Hitzeschlag

Die Person rasch in kühlere Umgebung bringen, entkleiden und den Körper mit kaltem Wasser abkühlen und so schnell wie möglich in ein Krankenhaus bringen. Jede Verzögerung erhöht die Gefahr eines fatalen Ausgangs! Daher spricht man auch von „golden hour", weil Abkühlung und Rettungsmaßnahmen innerhalb einer Stunde das Überleben deutlich verbessern. Der Oberkörper sollte wegen eines möglichen Hirnödems hoch gelagert werden.

14.3 Hitzeakklimatisierung

Bei längerem Aufenthalt in einem Klima mit erhöhter Außentemperatur kommt es zu einer Anpassung, die nach ca. 7–14 Tagen mit täglich mindestens 4 Stunden Aufenthalt abgeschlossen ist. Die Anpassung besteht im Wesentlichen aus der früheren und stärkeren Schweißbildung. Der Salzgehalt des Schweißes nimmt ab, wodurch der Körper vor zu hohem Kochsalzverlust geschützt wird. Die Adaptation ermöglicht die volle Leistungsfähigkeit auch unter diesen klimatischen Bedingungen. Nach Ende der Hitzeexposition bilden sich die Anpassungen innerhalb eines Monats wieder zurück.

14.3.1 Exkurs: Schneeblindheit

Die Schneeblindheit ist eine Schädigung der Bindehaut und im schlimmsten Fall der Netzhaut durch die UV-Strahlung des Sonnenlichts und dessen Verstärkung durch die Reflexion an Schnee, Eis oder Wasser. Schneeblindheit kann selbst an nebeligen oder wolkigen Tagen auftreten und nicht nur im Winter, sondern auch im Sommer am See oder Meer (durch die zusätzliche Reflexion an den Oberflächen).

Als erstes Anzeichen der UV-Verblitzung kann man die Unterschiede im Bodenniveau nicht mehr wahrnehmen (ev. mit fatalen Folgen am Berg –

Absturzgefahr) und später folgt Augenbrennen. Dabei kommt es zur Binde-
hautrötung und Fremdkörpergefühl, Sehstörungen des Farb- und Schwarz-
Weiß-Sehens bis zu vorübergehender Blindheit. Kopfschmerzen etc. können
sofort oder nach Stunden auftreten. Später schmerzen die Augen selbst bei
schwachem Licht. Die Schneeblindheit kann zu bleibenden Schäden wie Lin-
sentrübungen führen.

Vorbeugen ist besser als heilen. Deshalb sollte zur Prophylaxe immer eine
UV-dichte Sonnenbrille (mit 90% Absorption) mit seitlicher Schutzabde-
ckung getragen werden. (Häufig vergessen Eltern auf das Tragen von Son-
nenbrillen ihrer Kinder zu achten, z.B. während des Skiurlaubs oder im
Schwimmbad).

Falls aber Heilung erforderlich ist, ist völlige Dunkelheit die beste Medizin.

14.4 Thermoregulation bei Kälte

Ein wichtiger Aspekt in der Betrachtung des Wärmetransports liegt im Wär-
megradienten zwischen der Haut und der direkt darüber liegenden Luftschicht:
Im Ruhezustand bildet sich um den Körper eine dünne Schicht erwärmten
Mediums (Luft oder Wasser), die isolierend wirkt. Wird diese Isolierschicht dau-
ernd entfernt (Wind, Wasserströmung bzw. Eigenbewegung), dann wird die
Wärmeabgabe beschleunigt.

Daher ist die effektive Hauttemperatur bei Wind deutlich niedriger als die
tatsächliche Umgebungstemperatur. So ist es bei Wind viel kälter (z.B. beim
Skifahren) und die Gefahr von Unterkühlung und lokalen Erfrierungen
nimmt zu. Deshalb sollte man nicht nur die Umgebungstemperatur beachten,
sondern ebenso die vorliegende Windgeschwindigkeit.

Da die Strahlung von der Größe der Fläche und von der Temperaturdifferenz
zwischen strahlendem Körper und Umgebung abhängt, verliert man in kalter
Umgebung vor allem durch Strahlung viel Wärme. Bei körperlicher Ruhe erfolgt
etwa 50% der Wärmeabgabe mittels Strahlung. (Umgekehrt kommt es bei Sonnenstrahlung durch die körperwärts gerichtete Strahlung zur Erwärmung.)

> Da man sich an Kälte kaum adaptieren kann, ist Planung und Ausrüs-
> tung gegen Kälte überlebenswichtig!

Denn der Körper hat nur eine Möglichkeit, dem Absinken der Körperkerntemperatur entgegen zu wirken: durch Wärmebildung, die aber Grenzen hat.

14.4.1 Steigerung der Wärmeproduktion

Der Körper reagiert bei Abnahme der Körperkerntemperatur mit einer Kon-
striktion (Zusammenziehen) der Hautgefäße, um den Wärmeverlust zu mini-
mieren. Bei maximaler Vasokonstriktion kann die Körperkerntemperatur jedoch

nur durch Wärmeproduktion – Steigerung des Muskeltonus und Zittern – aufrechterhalten werden.

Durch aktive Muskeltätigkeit wird der Energieumsatz auf das bis zu 12-Fache des Grundumsatzes erhöht und damit proportional die Wärmeproduktion. Die Wärmeproduktion macht 60–65% des gesamten Energieumsatzes aus. Bei Erschöpfung fällt diese Wärmequelle aus, weshalb es bei Kälte rasch zu einer thermisch lebensbedrohlichen Unterkühlung (Hypothermie) kommen kann.

Die Steigerung des Muskeltonus erfolgt ohne äußerlich sichtbare Bewegung. Dabei erhöht sich der Spannungszustand der Muskulatur, und es wird vermehrt Wärme gebildet. Wenn die Umgebungstemperatur weiter absinkt, verstärkt sich der Muskeltonus, und es kommt zu rhythmischen Bewegungen der Muskulatur; das Kältezittern setzt ein. Das Muskelzittern kann die grundumsatzbedingte Energieproduktion und damit die Wärmeproduktion im Körper um das 5fache steigern.

Während des Kältezitterns steigen die Sauerstoffaufnahme und die damit einhergehende Wärmebildung. Durch das Kältezittern sind zudem die willentlich ausgeführten Bewegungen (Willkürmotorik) beeinträchtigt bzw. unmöglich.

14.4.2 Verminderung der Wärmeabgabe

14.4.2.1 „Kauerposition", Gänsehaut und Hautdurchblutung

- Die Körperhaltung in „Kauerposition" verringert die abstrahlende Körperoberfläche.
- Durch die entstehende Gänsehaut bildet sich eine isolierende Luftschicht direkt über der Haut.
- Durch Vasokonstriktion, d.h. Zusammenziehen der Blutgefäße, wird die Hautdurchblutung reduziert, um bei Kälte die Wärmeabgabe zu drosseln. Bei Verletzungen der Wirbelsäule funktioniert diese durch das vegetative Nervensystem (Sympathikus) vermittelte Vasokonstriktion nicht mehr. Deshalb kommt es bei Stürzen auf den Rücken mit rückenmarksnahen Verletzungen besonders schnell zu Unterkühlungen. Die Hypothermie entwickelt sich besonders rasch, je tiefer die Außentemperatur ist (z.B. beim Skifahren).

14.4.2.2 Kleidung

Die Wärmeabgabe wird durch die Wärmedämmung der Bekleidung gedrosselt (Zwiebelschalenprinzip). Die Winterbekleidung richtet sich nicht nur nach der Isoliereigenschaft (welche nicht am Preis erkennbar ist), sondern nach deren Bedarf. So ist Kleidung, die z.B. für Biathlon, wo viel Wärme und damit auch viel Schweiß produziert wird und nach außen geleitet werden soll, nicht geeignet für weniger intensive Skitouren.

Der unterschiedliche Isolierbedarf bei Ruhe und bei unterschiedlich anstrengenden Aktivitäten macht die Kälte so unberechenbar und deshalb so gefährlich.

Daher kann es schon bei Ermüdung oder bei Unfällen rasch zu einer Unterkühlung und Erfrierung kommen. Somit ist ausreichende Reservekleidung u.U. überlebenswichtig, um auf geänderte Bedingungen (im Schatten oder nach Sonnenuntergang) rasch auf den unterschiedlichen Isolierbedarf reagieren zu können, damit Unterkühlung und Erfrierungen verhindert werden.

Unmittelbar vor Trainingsbeginn ist es zweckmäßig, die Kleidung auf jenes Minimum zu reduzieren, bei dem man gerade nicht friert. Wenn eine hohe Schweißproduktion erwartet werden kann, kann diese nur durch nicht zu dicke, atmungsaktive Kleidungsschichten leicht transportiert werden.

Die Isolierfähigkeit der Kleidung geht durch Nässe verloren, sodass es bei Kälte und Wind rasch zu einer thermoregulatorisch lebensbedrohlichen Situation kommen kann. Regennasse (Schuhe und Handschuhe, Kondenswasser im Schlafsack, Spritzwasser von nasser Straße beim Radfahren etc.) oder schweißdurchtränkte Kleidung leitet Körperwärme rasch ab. Dadurch wird der Wärmeverlust deutlich verstärkt und Unterkühlung des gesamten Körpers kann rasch die Folge sein. Zum Schutz vor Wärmeverlust sollte in Pausen die feuchte Kleidung durch mitgeführte, trockene Kleidung rasch gewechselt werden!

Eine Kopfbedeckung (Wollhaube) reduziert den Wärmeverlust beträchtlich, weil wegen der starken Kopfdurchblutung 1/3 des Wärmeverlustes über den Kopf erfolgt (obwohl dieser nur 9% der gesamten Körperoberfläche ausmacht).

14.5 Unterkühlung, Hypothermie

Als allgemeine Unterkühlung wird das Absinken der Körperkerntemperatur unter 35°C definiert. Sie entsteht bei negativer Wärmebilanz, wenn der Wärmeverlust größer als die Wärmeproduktion ist.

Gefährdete Sportler sind: Schwimmer, weil Wasser eine 25x bessere Wärmeleitfähigkeit als Luft hat. Jogger, Radfahrer ohne entsprechende Kleidung gegen Kälte, Nässe und Wind, aber auch Skifahrer, Wanderer, Kletterer (durch das sich rasch ändernde Wetter in den Bergen) bzw. beim Einbrechen ins Eis.

Zur Unterkühlung kann es auch nach Unfällen oder bei Erschöpfung kommen.

Vor allem Menschen mit geringem Leistungsniveau sind gefährdet, weil sie eine entsprechend hohe Leistung über längere Zeit für eine ausreichend hohe metabolische Wärmeproduktion nicht aufrechterhalten können.

Wenn die Isolierwirkung der Kleidung nicht ausreicht, um eine ausgeglichene Wärmebilanz zu halten, insbesondere wenn diese durchnässt ist, kann es sehr rasch (innerhalb von 15 Minuten) zur Unterkühlung mit Bewusstseinsverlust kommen.

Radfahrer benutzen wegen des Windchill-Effekts beim Bergabfahren und insbesondere in kühlerer Herbstzeit sog. Windbreaker. Das sind dicht gewebte, wenig Luft durchlässige Kleidungsstücke, um den Wärmeverlust der dem Wind zugewandten Körperteile zu vermindern. Wenn es aber sehr kalt ist, reicht auch bei mittlerer Belastungsintensität die metabolische Wärmeproduktion nicht aus, um ein Absinken der Körperkerntemperatur zu verhindern und es droht Unterkühlung des gesamten Körpers.

14.5.1 Schweregrade der Unterkühlung

Grundsätzlich unterscheidet man leichte von mittelschwerer und von schwerer Unterkühlung. Bei der leichten Hypothermie (die Körperkerntemperatur sinkt auf 35 bis 32°C) tritt neben dem Kältegefühl ein generelles Muskelzittern auf. Bei der mittelschweren sinkt die Körperkerntemperatur auf bis 28°C und das Muskelzittern hört wieder auf. Es kommt zur Bewusstseinstrübung mit Desorientierung und Schläfrigkeit bis Koma. Bei einer schweren Unterkühlung (unter 28°C) können Herzrhythmusstörungen auftreten und zu Kreislaufversagen führen (siehe Abb. 33).

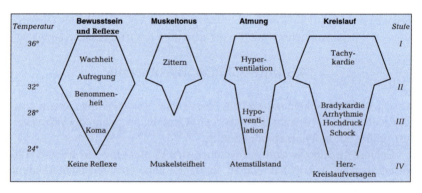

Abb. 33. Symptome und Schweregrade der Unterkühlung

Kinder kühlen besonders rasch aus, da sie in Relation zum Körpergewicht eine größere relative Körperoberfläche und meist ein geringes Unterhautfettgewebe haben (siehe Tabelle 14).

Auch beim Schwimmen kommt es zu einer Art Chill-Effekt, weil die hautnahe erwärmte Wasserschicht sofort weggespült und durch eine frische, kalte ersetzt wird. Damit kommt es zum beschleunigten Wärmeverlust, weil die

Tabelle 14. Kinder haben pro kg KG eine wesentlich größere relative
Körperoberfläche als Erwachsene

	KG (kg)	Größe (cm)	KO (cm²)	KO/KG
Erwachsener	85	183	210	2,5
Kind	25	100	79	3,2

Wassertemperatur üblicherweise geringer als die Körpertemperatur ist. Schon bei Wassertemperaturen unter 32°C können schlanke Menschen ihre Wärmebilanz und damit ihre Körpertemperatur nicht lange aufrechterhalten. Bei Wassertemperaturen von 12 bis 15°C fällt die Körperkerntemperatur innerhalb von 15 Minuten um 4°, auch bei Schwimmbewegungen (gerade erst dadurch wird die Wärmeabgabe noch beschleunigt, weil Schwimmbewegungen zu verstärkter Durchblutung der Extremitäten führen).

Die Ignoranz dieser physiologischen Gegebenheiten und Selbstüberschätzung bzw. Verwechslung mit unrealistischen TV-Idolen hat schon vielen Seedurchschwimmern das Leben gekostet. Deshalb ist es sinnvoll, immer ufernah zu schwimmen bzw. zu rudern, weil sich zu lange Schwimmstrecken nur einmal „nicht mehr ausgehen" – nämlich das letzte Mal.

Bei Bootskenterungen sollte die Bekleidung nie ausgezogen werden und der Gekenterte sollte sich so wenig wie möglich bewegen! (Im hüfthohen Neusiedlersee mit schlammigem Grund haben schon viele ihr Leben verloren, weil sie nach einer Bootskenterung ans nahe Ufer waten wollten). Das gekenterte Boot oder andere schwimmende Gegenstände, an denen man sich festhalten kann, sollten nicht losgelassen werden, um an Land zu schwimmen, weil dabei der Tod durch Unterkühlung droht. Besser ist es zu versuchen, mit diesen Gegenständen das Ufer zu erreichen, um sich daran festhalten zu können.

14.6 Lokale Erfrierungen

Bereits bei nasskaltem Wetter über 0°C (zwischen 1 bis 10°C) kann es bei langer Einwirkungsdauer (über 12 Stunden) zur Schädigung der Blutgefäße und Nerven, besonders in den Beinen, kommen (z.B. bei tagelangen Bergwanderungen), ohne dass es zur Erfrierung kommt.

Erfrierungen sind lokalisierte Kälteschäden als direkte Folgen einer mehr oder minder lang dauernden Exposition eines Körperteils bei einer Temperatur unter 0°C, wobei Wind und Feuchtigkeit die Kältewirkung um vieles verstärken. Menschliches Gewebe friert bei minus 2°C und erste Veränderungen im Blutplasma treten bereits bei plus 10°C auf. Daher müssen schon bei Außentemperaturen unter +10°C besonders die Akren (Hände, Zehen, Ohren etc.) durch isolierende Kleidung geschützt werden.

Denn die Akren haben eine große relative Oberfläche (d.h. Körperoberfläche dividiert ihr durch ihr Gewicht). Deshalb geht an diesen Stellen leicht
Wärme verloren. (Auch schlanke Individuen haben im Vergleich zu schwereren
eine höhere relative Körperoberfläche, weshalb sie u.a. leichter frieren). Daher
kann es an diesen Stellen frühzeitig zu Erfrierungen kommen, besonders bei
zusätzlichem Wind (Windchill-Effekt).

Tabelle 15. Abhängigkeit der hautwirksamen Temperatur von Umgebungstemperatur
und Windstärke

Umgebungs-temperatur °C	Hauttemperatur (°C) bei Windstärke		
	18 km/h	36 km/h	54 km/h
0	−8	−15	−18
−10	−21	−30	−34
−20	−34	−44	−49
−30	−46	−59	−65
Gefahr von Erfrierungen an exponierten Hautstellen bei unter −25°C			

Auch bei Erfrierungen werden oberflächliche von tiefen, zur Amputation der
betroffenen Gliedmaße führenden Erfrierungen, unterschieden. Grundsätzlich
gilt: je tiefer die Außentemperatur, desto früher können sog. Frostbisse und
Frostbeulen entstehen (meist treten Frostbisse nach 1–3 Stunden Expositi-
onsdauer auf). Bedingt sind sie durch Zelluntergang, da das Zellwasser nicht
abgedeckter Hautzellen gefriert. Da die Erfrierungsinzidenz mit abnehmender
Außentemperatur steigt, werden Sportwettbewerbe (z.B. Skilanglauf) üblicherweise unter −18°C nicht mehr ausgetragen.

Frostbisse und Frostbeulen entwickeln sich bei strengem Frost und
insbesondere bei schlechter Durchblutung, wie im Alter, aber auch an
Druckstellen, z.B. schlecht sitzende Schuhe und bei Flüssigkeitsmangel.
Besonders beim Bergsteigen über 5000m kommt es zu Frostbissen (meist
Beine betroffen).

Zusätzlich kommt es bei Kälte leichter zu einer Dehydrierung, da kalte
Luft trockener ist. Insbesondere bei Belastung geht auch viel Flüssigkeit durch
die vermehrte Atmung über die Atemwege verloren. Man kann die Körperoberfläche gegen Kälte isolieren, aber der Respirationstrakt ist üblicherweise
ungeschützt der kalten und trockenen Luft ausgesetzt. Das Atmen eiskalter
Luft führt zu Hustenreiz, das Kälteasthma begünstigt (z.B. bei Skilanglauf).
Das Tragen von Masken bzw. Schals „reduziert" den Wärmeverlust, der durch
das Ausatmen körperwarmer Luft entsteht.

14.6.1 Behandlung von Unterkühlung und Erfrierungen

Symptome beginnen bei einer Körperkerntemperatur von 32°C; bei unter 28°C kommt es zum Kammerflimmern und Atemstillstand. Weil bei einer derartig tiefen Körperkerntemperatur das Gehirn gegenüber Sauerstoffmangel eine erheblich höhere Toleranz hat als bei 37°C, sind Wiederbelebungsversuche auch nach längerer Zeit – Stunden – noch erfolgsversprechend, auch wenn die Faustregel grundsätzlich stimmt: „Der Mensch kann 3 Wochen ohne Essen überleben, 3 Tage ohne zu trinken, aber nur 3 Minuten ohne zu atmen".

Nach der Bergung des Verunglückten muss dieser primär mit warmen und beschichteten Decken (Aludecke) vor weiterem Wärmeverlust geschützt werden und darf daher zu Wiederbelebungszwecken nicht entkleidet werden.

Achtung: Verunglückte nicht zur Bewegung motivieren, damit nicht das kalte Blut aus den Extremitäten bei Bewegung zu einem weiteren Abfall der Körperkerntemperatur führt und damit zum plötzlichen Herztod durch Kammerflimmern. Ein rascher Transport (Helikopter) des Unterkühlten ins Krankenhaus für eine kontrollierte Wiedererwärmung von „Innen" ist notwendig,

Auch lokale Erfrierungen wie Frostbeulen – die oberflächlich oder tief bis in die Muskulatur reichen können – dürfen nicht durch Reiben mit Schnee oder Alkohol und unkontrolliertes Erwärmen am wärmenden Feuer etc., aufgetaut, sondern müssen ärztlich behandelt werden. Ein Auftauen während des Transports muss verhindert werden, wenn ein neuerliches Erfrieren nicht sicher verhindert werden kann! (Daher ist ein Abstieg mit Frostbeulen auf eine Höhe, von wo aus ein sicherer Abtransport möglich ist, zweckmäßiger). Auch das Aufstechen von Blasen ist wegen der Infektionsgefahr zu unterlassen.

> ### Überprüfungsfragen
>
> Wie schafft es der Körper, eine ausgeglichene Wärmebilanz zu halten?
> Warum haben gerade ältere Patienten eine „schlechte" Wärmeregulation?
> Welche Beschwerden lassen an einen Sonnenstich denken?
> Wie äußert sich eine Hitzeerschöpfung und wie kommt es dazu?
> Wie äußert sich Schneeblindheit und wie kann man vorbeugen?
> Beispiele wie es beim Sport zu einer Unterkühlung und Erfrierungen kommen kann?
> Wie kann man bei Unterkühlung und Erfrierungen helfen kann, und was sollte man unbedingt vermeiden?

15 Höhenexposition

Lernziele

Höhenbedingte Sauerstoffabnahme
Hyperventilation
Leistung in Höhen
Höhenakklimatsation
Höhenkrankheit
Lungen- und Hirnödem

Mehr als 10 Millionen Urlauber pro Jahr verbringen allein in Österreich ihren Urlaub in den Alpen, entweder wandernd oder auf den Skiern. In den gesamten Alpen (inkl. Schweiz und Frankreich) sind es jährlich sogar fast 50 Mio. Und weltweit gibt es jährlich etwa 100 Mio Bergtouristen. Neben diesen temporären „Bergfreunden" leben weltweit fast 150 Millionen Menschen dauernd über 2500 m.

Man unterscheidet grundsätzlich vier Höhenregionen:

- Mittlere Höhe (1500–2500 m), bei der eine Sofortanpassung meist ausreicht.
- Große Höhe (2500–3500 m), bei der eine Akklimatisation notwendig ist. Denn bei raschem Aufstieg tritt oft Höhenkrankheit auf.
- Sehr große Höhe (3500–5500 m), die Sauerstoffsättigung im Blut sinkt unter 90% und es kommt insbesondere bei körperlicher Belastung zu ausgeprägter Hypoxämie, d.h. mangelndem Sauerstoffgehalt im Blut, mit all seinen lebensgefährlichen Folgen.
- Extreme Höhe über 5500 m, ab der keine vollständige Akklimatisation mehr möglich ist. Es kommt zur fortschreitenden Verschlechterung und ein dauerhaftes Überleben ist unmöglich.

Die Alpen werden nach den Wuchsformen der Pfanzen in 3 Zonen unterteilt: Hügelland bis 1500 m, Alpin 1500–2500 m und 2500–3500 m als hochalpine Region.

Der Luftdruck beträgt auf Meeresniveau 1 Atmosphäre (=760 mm Hg= 1 bar=101,3 kPa) und sinkt mit zunehmender Höhe. Da Luft komprimierbar ist, nimmt der Barometerdruck bei steigender Höhe nicht ganz linear ab. Mit steigender Höhe sinkt auch der Sauerstoffpartialdruck (pO_2) parallel zur Verringerung des Gesamtbarometerdrucks um fast 10% je 1000 Höhenmeter.

Die Gaszusammensetzung der Außenluft bleibt aber in allen Höhen der Troposphäre praktisch identisch. Deshalb beträgt der Sauerstoffanteil der Außenluft unabhängig von der Höhe immer ca. 21%. Aber wenn auf Mee-

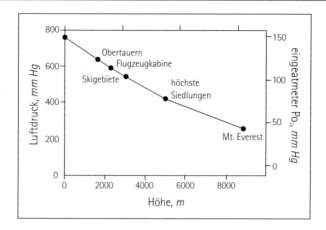

Abb. 34. Grafische Darstellung des abnehmenden Sauerstoffdrucks mit zunehmender Höhe

reshöhe ein Sauerstoffdruck von 160 mmHg zur Verfügung steht (760× 21/100=160), so ist der Sauerstoffdruck in 3000 m Höhe um fast 1/3 weniger (525×21/100=110 mmHg). Dieser geringere Sauerstoffdruck kann bei Menschen mit KHK einen Herzinfarkt auslösen!

Schon in einer mittleren Höhe von z.B. 2000 m fällt der Druck von 760 mm Hg im Vergleich zum Flachland auf unter 600 mm Hg. Damit sinkt auch der Sauerstoffpartialdruck im Blut um ca. 35 mm Hg. Somit wird den Körperzellen weniger Sauerstoff angeboten (siehe Tabelle 16).

Tabelle 16. Änderung von Luftdruck und Sauerstoffpartialdruck in Abhängigkeit von der Höhe

Höhe (m)	Luftdruck (mm Hg)	pO_2 (mm Hg)
0	760	159
1000	674	141
2000	596	125
3000	526	110
4000	462	97
9000	231	48

Üblicherweise wird die Verminderung des Sauerstoffangebots durch ein höheres Atemminutenvolumen und HF-Zunahme (Tachykardie mit HMV-Anstieg) ausgeglichen. Da kalte Luft trockener ist als warme, kommt es besonders unter Belastung zur Reizung der Atemwege und zu einem erhöhten Flüssigkeitsverlust über diese. Denn gleichzeitig mit zunehmender Höhe sinkt die Lufttemperatur. Pro 1000 m Höhenunterschied ist mit einer Verminderung der Lufttemperatur von fast 7°C zu rechnen (siehe Tabelle 17).

Tabelle 17. Änderung der Außentemperatur in Abhängigkeit von der Höhe

Höhe (m)	Temperatur (°C)
0	15,0
1000	8,5
2000	2,0
3000	−4,5
4000	−11,0
9000	−43,4

Neben der Gefahr der Unterkühlung durch die Kälte in großen Höhen (siehe 14.5 Hypothermie) kommt es an sonnenreichen Tagen durch die intensive Sonneneinstrahlung mit direkter UV-Einstrahlung leicht zu Sonnenbrand (siehe 14.2 Hitzeschäden). Die UV-Einstrahlung wirkt sich unter anderem aktivierend auf das sympathische Nervensystem aus. Im Schatten der Berge wird es rasch bitterkalt und ganz besonders nach Sonnenuntergang. Dann drohen Unterkühlung und Erfrierungen (siehe Kap. 14.6: Lokale Erfrierungen).

15.1 Folgen der Höhenexposition

15.1.1 Hyperventilation mit Auswirkungen auf den Säure-Basen-Haushalt

Die Mehratmung (Hyperventilation, HVR) ist der wichtigste und am schnellsten einsetzende Anpassungsmechanismus bei Sauerstoffmangel. Als Folge einer Hyperventilation kommt es zu einer respiratorischen Alkalose. Die respiratorische Alkalose ist gekennzeichnet durch einen erhöhten pH-Wert im Blut und vermindertem arteriellen Kohlendioxidpartialdruck (pCO_2 normal 40 mmHg), bei vorerst unveränderter Bikarbonatkonzentration.

Bereits in den ersten Tagen versucht der Körper, die respiratorische Alkalose auszugleichen. In mittleren Höhen gelingt dies durch eine vermehrte renale Bikarbonatausscheidung über den Harn. Nach wenigen Tagen hat sich der pH-Wert wieder normalisiert. In großen und extremen Höhen ist eine vollständige Kompensation der respiratorischen Alkalose über die Nieren nicht mehr möglich und der Blut-pH steigt auf lebensbedrohliche Werte an.

Am Mount Everest auf 8848m ist der Sauerstoffdruck nur noch 1/3 im Vergleich zum Meeresspiegel. Deshalb ist der Sauerstoffdruck in den Lungenalveolen nur mehr 35 statt 100 mmHg. Dieser geringe Sauerstoffdruck reicht gerade zum Überleben. Daher muss die Ventilation um das 5-Fache gesteigert werden! Durch die Hyperventilation sinkt der pCO_2 auf 8 mmHg, also 1/5, und der Blut-pH steigt auf über 7,7. Unvorstellbar, dass es Menschen gibt, die sich bei diesem extrem geringen Sauerstoffdruck auch noch bewegen können – wenn auch nur sehr langsam und mit aller größter Anstrengung!

15.1.2 Auswirkungen auf das Blut

Siehe Kap. 2.7: „Blut ist ein besonderer Saft".

15.1.3 Auswirkungen der Höhenexposition auf die Leistungsfähigkeit

Die Leistungsfähigkeit, gemessen als maximale Sauerstoffaufnahme, nimmt bereits ab 1500–2000 m Seehöhe kontinuierlich ab (siehe Abb. 35). Der Leistungsverlust beträgt pro 100 Höhenmeter, HM, ca. 1% der $\dot{V}O_2$max; d.h. in 3000 m Höhe ist die $\dot{V}O_2$max um ca. 15% geringer. In 5000 m, wo noch menschliche Siedlungen bestehen, gibt es nur noch den halben Sauerstoffdruck wie auf Meereshöhe.

Der Sauerstoffmangel führt primär zu 3 Auswirkungen:

(1) reduzierte Leistungsfähigkeit,
(2) herabgesetzte mentale Performance (red. Konzentrations-, Entscheidungs-, Orientierungsfähigkeit und auch Sehstörungen bes. bei Dunkelheit. Die Sehprobleme sind durch Netzhautblutungen bedingt und kommen meist erst über 5000 m vor),
(3) gestörter, nicht erholsamer Schlaf (häufiges Erwachen, Alpträume). Durch den Schlafmangel ist man am nächsten Tag beim weiteren Aufstieg, „todmüde" und neigt bereits bei kleinen Pausen zum Einschlafen in unsicheren Höhen, mit lebensgefährlichen Konsequenzen.

15.2 Anpassungen an die Höhe

Die Anpassungen an den Höhenaufenthalt erfolgen in 2 Phasen. Zunächst kommt es zur Adaptation, die etwa 3–7 Tage in Anspruch nimmt. Diese geht bei weiterem Höhenaufenthalt in das Stadium der Akklimatisation über.

15.2.1 Adaptationsphase

Die Adaptationsphase wird vor allem durch den verminderten Sauerstoffpartialdruck ausgelöst, welcher zur sympathoadrenergen Stimulation führt. (Diese kann für KHK-Patienten lebensgefährlich werden.) Subjektive Merkmale dieser Phase sind daher Tachykardie, Euphorie, ev. Schlaflosigkeit und verminderte Leistungsfähigkeit, die niedriger ist, als auf Grund der Höhe zu erwarten wäre.

Die wichtigste Komponente der Adaptation ist die Zunahme der Ventilation (Hyperventilation). Schon ab 1500 m kommt es zur Zunahme der Atemfrequenz und des Atemzugvolumens.

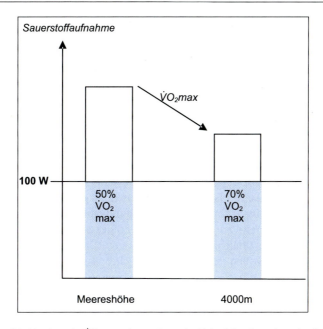

Abb. 35. Die Abnahme der $\dot{V}O_2$max mit zunehmender Höhe führt dazu, dass eine Belastung immer anstrengender empfunden wird, weil ein höherer Anteil der $\dot{V}O_2$max beansprucht wird

In dieser Phase sollten größere Anstrengungen vermieden werden. Wegen der Euphorie werden Belastungen häufig unterschätzt, was zu Übertraining und zu potentiell gefährlichen Erschöpfungszuständen führen kann. Diese Symptome sind bereits ab 2000 m zu erwarten, werden aber mit zunehmender Höhe stärker. Sie sind weder durch hohen Trainingszustand noch durch frühere Höhenaufenthalte beeinflussbar (das gilt auch für regelmäßige Höhenaufenthalte) und setzen sofort nach Höhenankunft ein (z.B. nach Seilbahnankunft, Flugzeug).

15.2.2 Höhenakklimatisation

Höhenakklimatisation bedeutet, dass bei anhaltendem Höhenaufenthalt die oben erwähnten Symptome verschwinden. Jetzt steht die in der Ebene erworbene Leistungsfähigkeit abzüglich der Höhenminderung zur Verfügung. Es ist jedoch eine falsche Vorstellung zu glauben, dass durch Akklimatisation der Körper auf Meereshöhe zurückgesetzt wird und damit der Sauerstoffmangel in Höhenlagen nicht mehr auftritt. Die Bedeutung der Akklimatisation kann man daran erkennen, dass in den Anden und im Himalaja menschliche Siedlungen in Höhen von bis zu 5400 m bestehen. Die Bewohner dieser Dörfer haben fast doppelt so viele Erythrozyten wie Flachländler und sind trotz des niederen alveolaren Sauerstoffdrucks leistungsfähig!

Ebenso ist es Bergsteigern nur nach Höhenakklimatisation, durch mehrwöchigen langsamen Aufstieg, möglich, dass sie 8000er ohne zusätzlichen Sauerstoff besteigen können. Würde man den Sauerstoffmangel dieser Höhe in einer Unterdruckkammer simulieren, käme es innerhalb von 15 Minuten zur Bewusstlosigkeit!

Eine vollständige Akklimatisation ist aber nur bis zu einer Höhe von 5300 m möglich. Aus diesem Grund liegen die höchsten Basislager bei max. 5300m und ab dieser Höhe gilt der Spruch: „Schnelligkeit ist Sicherheit". Denn in diesen Höhen ist jeder Gipfelgang ein Risiko und man sollte nach dem Gipfelsieg möglichst rasch wieder bis zur letzten Schlafhöhe absteigen. (Das muss bereits beim Aufbruch zum Gipfelgang einkalkuliert werden. Wenn die Steigleistung bereits zur Halbzeit auf weniger als 100 Höhenmeter pro Stunde abfällt, muss umkehrt werden!)

Achtung: Der Abstieg ist immer gefährlicher als der Aufstieg, weil man müde ist und so an Trittsicherheit einbüßt und außerdem belastet das Bergabgehen exzentrisch.

Akute Höhenkrankheiten treten durch ungenügende Höhenakklimatisation auf, v.a. dann, wenn eine Höhe von 3000–4000 m schnell erreicht wird (z.B. die Hauptstadt von Bolivien, La Paz, per Flugzeug). Ab 2500–3000 m sollte nicht mehr als 500 Höhenmeter pro Tag aufgestiegen werden. Der Merkspruch „Klettere hoch – schlafe tief" gilt als Prävention aller Höhenerkrankungen. Außerdem sollte alle 1000 Höhenmeter ein Ruhetag zur Verbesserung der Akklimatisation eingelegt werden. Ab einer Höhe von 7500m beginnt die sog. „Todeszone", weil man nur noch 36–48 Stunden überleben kann.

15.3 Lebensgefahren am Berg

Jährliche Bergtragödien zu allen Jahreszeiten in der Alpenrepublik Österreich mit über 200 Toten pro Jahr sind durch die Unterschätzung der vielfältigen Gefahren bedingt. Die jährliche Todesrate in den Bergen Österreichs beträgt beim Skifahren 1 pro 100.000; beim Langlaufen 2/100.000; Bergwandern 4/100.000 und Klettern (inkl. Eisklettern) etwa 6/100.000.

Fast 75% sind traumatische Todesursachen durch Stürze gegen Hindernisse (Bäume, Felsen etc.) und Lawinen. Die restlichen Todesursachen sind durch Gefäßverschlüsse der Herzkranz- und/oder der Gehirngefäße bedingt. Denn 2/3 aller Bergtouristen sind über 40 Jahre und fast 20% über 60 Jahre alt. Bis zu 2/3 der über 60jährigen haben krankhafte Veränderungen der Herzkranzgefäße! Meist sind es aber mehrere Ursachen, wie Alter, vorgeschädigte Blutgefäße (KHK, Diabetiker), Sauerstoffmangel, Thrombosen (Flüssigkeitsmangel) oder kälteinduzierte Gefäßkrämpfe, die zu Herzinfarkt oder Schlaganfall führen. (100x gefährdeter sind jene mit KHK oder einem nicht eingestellten Bluthochdruck und insb. wenn schon ein Herzinfarkt überlebt wurde). Auch junge Menschen sind davor nicht absolut gefeit, wenn auch viel seltener und meist erst über 5000 m.

> Gerade in der Höhe wird die Schwelle zum Scheitern rasch erreicht bzw. überschritten.

Viele Todesfälle sind bedingt durch Desorientierung und Fehleinschätzungen infolge der höhenbedingten Hypoxie. So beträgt die Sterblichkeit von Trekkern in Nepal etwa 15 auf 100.000 Personen, wobei 25% dieser Todesfälle auf Höhenkrankheit zurückzuführen sind.

Die „vier Hypo's" sind meist in Kombination die Ursache von Bergtragödien:

(1) Hypothermie. Unterkühlung am Berg tritt auch bei bester Bekleidung fast immer auf. Vor allem wegen des Windes, der ein Wärmeräuber ist. Außerdem ändert sich das Wetter in den Bergen rasch, weil sich durch die Konvektion fast täglich Quellbewölkung und dadurch häufig Niederschlag bildet (insbesondere bei sehr hohen Bergen).

(2) Hypoxie. Schon bei 3000m gibt es um 1/3 weniger Sauerstoff als auf Meereshöhe. Ab 5300m kommt es zur unaufhaltsamen Verschlechterung, weil es keine vollständige Akklimatisation mehr gibt. Bereits bei körperlicher Ruhe findet sich eine deutliche Hypoxämie.

(3) Hypohydratation (Flüssigkeitsmangel). Über die Lunge geht mit der Atmung, insb. durch die Hyperventilation der kalten (=trockenen) Luft, vermehrt Wasser verloren.

(4) Hypoglykämie (Blutzuckerabfall) bei lang andauernder Belastung.

15.3.1 Höhenkrankheit, Lungenödem, Hirnödem

Beschwerden können schon ab 2000m Höhe innerhalb von 3–36 Stunden auftreten. Das Risiko steigt aber mit:

- zunehmender Höhe (Lungen- und Hirnödem selten unter 3000m),
- Zunahme der Aufstiegsgeschwindigkeit.

Daher hat sich eine Faustregel bewährt: über 3000 m nur noch max. 300–500m Höhenanstieg pro Tag und alle 2–3 Tage ein Ruhetag. Ohne weiteren Höhenanstieg verschwinden die Symptome innerhalb von 2–3 Tagen. Wenn die Symptome nicht über Nacht verschwinden, muss mindestens 1000m abgestiegen werden.

Man unterscheidet:

- Die akute Höhen- oder Bergkrankheit (AMS=acute mountain sickness) mit *Kopfschmerzen* (pulsierend-pochend), nachts stärker, ebenso beim vornüber Beugen, Übelkeit, Schwindel, Schlafstörungen, Appetitlosigkeit, Ödemen,
- vom deutlich schwerwiegenderen lebensbedrohlichen Lungenödem (HAPE=high altitude pulmonary edema) mit anfänglich trockenem *Husten*, später Atemnot (auch in Ruhe) und ev. blutig schaumigem Auswurf und
- dem höheninduzierten ev. tödlichen Hirnödem (HACE=high altitude cerebral edema) als die schwerwiegendste Höhenkrankheit mit starken Kopfschmerzen, *Erbrechen*, Gangunsicherheit bis hin zur Unfähigkeit zu gehen, Unruhe, Verwirrtheit und Halluzinationen.

Der typische AMS-Patient hat Kopfschmerzen, isst nicht mehr und kann nicht schlafen. Die wichtigste Ursache der Höhenkrankheit ist der Sauerstoffmangel. Daher kann bei der AMS auf einer Schutzhütte mit symptomatischer Behandlung abgewartet werden. Anders beim lebensgefährlichen Lungenödem, das sich oft durch einen lästigen trockenen Husten ankündigt und bald in einen feuchten blasigen Husten wandelt. Beim HAPE muss rasch, so lange man noch kann, um mindestens 1000 HM abgestiegen werden! Falsche Diagnose und Unterlassen des Abstiegs führen oft zum Tod des Betroffenen. Die körperliche Belastung auch beim Abstieg sollte auf ein Minimum reduziert werden und möglichst aufrecht oder in sitzender Haltung erfolgen. Sauerstoffzufuhr bewirkt oft eine rasche Besserung. Dennoch muss nach Diagnosestellung bei jedem HAPE-Patienten der Abstieg so rasch als möglich eingeleitet werden und mit Begleitung erfolgen! Die Behandlung in einer hyperbaren Kammer kann die Symptomatik abschwächen. Wer schon einmal an HAPE erkrankt war, muss bei seinem nächsten Aufstieg in große Höhen sehr vorsichtig sein und auf das Auftreten von Symptomen achten.

Menschen mit HACE sind verwirrt, desorientiert, zeigen irrationales Verhalten, sind ungewöhnlich still oder laut, unbeholfen mit Händen, unsicher auf den Beinen und beginnen zu halluzinieren. Schließlich werden sie lethargisch und schläfrig, bevor sie ins Koma gleiten. Zwischen dem Auftreten der ersten Symptome und dem Eintritt des Komas liegen u.U. nur 12 Stunden! Die Ataxie, das ist die Gangunsicherheit und Störung der Bewegungskoordination ist eines der ersten Zeichen für ein beginnendes Hirnödem. Der Betroffene sollte Cortison und Sauerstoff so lange bekommen, bis der Abtransport organisiert ist, wenn er mit Begleitung in tiefere Regionen nicht mehr absteigen kann, andernfalls endet es wahrscheinlich tödlich.

Das Hirnödem folgt meist der AMS und tritt bei bis zu 1% der über 5000 m Aufsteigenden auf.

Die beste prophylaktische Maßnahme ist eine ausreichende Akklimatisation, damit sich der Organismus auf die Höhe und den damit verbundenen Sauerstoffmangel einstellen kann.

Zusammenfassend: Immer mehr Menschen reisen heute in Höhenregionen und ins Hochgebirge, weil durch die Erschließung solche Orte schnell und einfach zu erreichen sind, und zwar von Erfahrenen wie Unerfahrenen, von körperlich Fitten wie Untrainierten. Trotz der großen Zunahme an Wissen über die Höhenkrankheit steigen noch immer viele Menschen zu schnell auf, nehmen erste Symptome der Höhenkrankheit nicht ernst und zögern den Abstieg hinaus. Bis heute gibt es keinen zufriedenstellenden Test, anhand dessen sich vorhersagen ließe, wer an Höhenkrankheit erkranken wird und wer nicht und bei wem sich ein lebensbedrohliches Hirnödem und/oder Lungenöden entwickeln wird.

Überprüfungsfragen

Wie ändert sich der Sauerstoffpartialdruck mit zunehmender Höhe?
Wie ändert sich die Außentemperatur mit zunehmender Höhe?
Welche Reaktionen folgen einer Höhenexposition?
Wie ändert sich die Leistungsfähigkeit bei Höhenexposition?
Bis zu welcher Höhe kann man sich akklimatisieren?

16 Ernährung

16.1 Die 5 Ernährungsbilanzen

Lernziele
Ernährungsbilanzen
Grundumsatz
Leistungsumsatz
Trainingsumsatz
PAL
Thermogenese
Adipositas, Abnehmstrategie
Berechnung des KH-, EW- umd Fettbedarfs
Sportgetränke
Elektrolyte
Kohlenhydratladen

Eine individuell angepasste Ernährung bedeutet, dass auf die besonderen Bedürfnisse eines bestimmten Menschen eingegangen wird. Diese Bedürfnisse können stark variieren. Neben der Erhaltung eines Normalzustandes kann z.B. der Wunsch nach Gewichtsreduktion oder nach Gewichtszunahme (nach Krankheit) bestehen. Im Bereich des Sports kann das Bedürfnis das erfolgreiche Absolvieren eines Marathonlaufes oder ein forcierter Muskelaufbau (beim Gewichtheben) sein.

Eine angemessene Ernährung für eines dieser Ziele bedarf einer genauen Analyse der aufgenommenen Nahrungsmittel und einer entsprechenden fachlichen Ernährungsberatung. Die Beurteilung einer individuellen Ernährung geschieht am besten durch die Beurteilung von 5 Ernährungsbilanzen. Eine Veränderung der Ernährung erfolgt über gezielte Beeinflussung dieser Bilanzen.

16.1.1 Was ist eine Ernährungsbilanz?

Eine Bilanz ist die arithmetische Differenz zwischen der Aufnahme (positive Seite der Bilanz) und der Abgabe, Ausscheidung oder Verbrauch (negative Seite der Bilanz). Die Negativeseite wird auch Umsatz genannt. Grundsätzlich sind 3 Bilanzqualitäten möglich:

- Der physiologische Normalzustand ist die ausgeglichene Bilanz, bei der sich Zufuhr und Umsatz die Waage halten.
- Bei einer positiven Bilanz überwiegt die Zufuhr; dieser Zustand ist mit einer Zunahme verbunden.

- Bei einer negativen Bilanz überwiegt der Verbrauch. Dieser Zustand ist mit einer Abnahme verbunden.

Alle drei Bilanzqualitäten können bei hohem als auch bei niedrigem Umsatz vorkommen.

Beispiele: Eine positive Energiebilanz bei hohem Verbrauch (Umsatz) bei umfangreichem Training. Eine negative Energiebilanz bei geringem Verbrauch bei bettlägrigen Kranken mit Appetitmangel.

Im Sport gibt es 5 relevante Bilanzen:

(1) Energiebilanz
(2) Nährstoffbilanz
(3) Flüssigkeitsbilanz
(4) Elektrolytbilanz
(5) Bilanz der Vitamine und Spurenelemente.

16.1.2 Energiebilanz

Beim Energieumsatz können drei Anteile unterschieden werden:

(1) Grundumsatz (GU),
(2) Leistungsumsatz (LU),
(3) Trainingsumsatz (TRU).

Alle drei zusammen ergeben den Tagesumsatz.

$$TU = GU + LU + TRU$$

16.1.2.1 Grundumsatz

Der Grundumsatz (GU) ist die Energiemenge, die zur Erhaltung des Lebens (für Herztätigkeit, Aufrechterhaltung der Körpertemperatur etc.) und für die Integrität der Körperstrukturen (Zellmembranen, Myofibrillen) erforderlich ist.

Der GU macht bei überwiegend sitzendem Lebens- und Arbeitsstil oft mehr als 3/4 des Tagesumsatzes aus!

Der Grundumsatz ist abhängig von:

- Körperoberfläche
Die Körperoberfläche spielt für die Wärmeabgabe (Wärmeabstrahlung) eine große Rolle.

- Körpermasse
Für den Grundumsatz am stärksten ausschlaggebend ist aber die aktive Körpermasse und nicht das Körperfett. Bei Übergewicht ist daher der Energiebedarf nicht erhöht, denn das Depotfett braucht im Gegensatz zur

Muskulatur kaum Sauerstoff. Deshalb soll zur Grundumsatzberechnung das Normalgewicht und nicht das aktuelle Körpergewicht verwendet werden. Der Grundumsatz bei schlanken Männern beträgt annähernd 1 kcal pro kg Körpergewicht und pro Stunde.

Die Formel von Mifflin ermöglicht eine genauere Berechnung des Grundumsatzes:

$$GU = 10 \times KG + 6{,}25 \times KL - 5 \times A + 166 \times Sex - 161$$

KG in kg, Körperlänge KL in cm, A=Alter in Jahre, Sex=Geschlecht; bei Männer 1, bei Frauen 0

Beispiel: Wie hoch ist der GU eines 70 kg (Soll-Körpergewicht) schweren, 170 cm großen, 35-jährigen Mannes?

Nach der Schätzformel von 1 kcal/kg KG Std: $70 \times 24 = 1680$ kcal pro Tag
Mit der Mifflin-Formel $GU = 10 \times 70 + 6{,}25 \times 170 - 5 \times 35 + 166 \times 1 - 161 = 1592$ kcal pro Tag

Die Mifflin-Formel ist komplexer und benötigt einen Taschenrechner zum Unterschied zur Schätzformel, die man auch leicht im Kopf bedienen kann.
   Die Energiezufuhr der 100 kcal pro Tag nach der Schätzformel hätte eine Gewichtszunahme von etwa 5 kg pro Jahr zur Folge!

– Geschlecht
   So ist bei normalgewichtigen Frauen der Anteil des Körperfetts um ca. 10% höher als bei Männern. Dies ist u.a. hormonell bedingt, weil das höhere Testosteron bei Männern das Muskelwachstum stimuliert. Da aber Fett keinen Sauerstoff verbraucht, ist der Grundumsatz bei Frauen um ca. 10% niedriger als bei Männern.
   Testosteron spielt eine wichtige Rolle für das Verhältnis, metabolisch aktive (Muskulatur) zu inaktiver Masse (Fett). Beeindruckend ist das auf Bildern von Eunuchen zu sehen, die keine männlichen Sexualhormone mehr haben, weil sie kastriert wurden. Aber auch mit zunehmendem Alter steigt der Körperfettanteil und der GU nimmt ab dem 30 Lj um 3% pro Dekade zu.

Beispiel: Wie hoch ist der GU einer 70 kg schweren, 170 cm großen, 35-jährigen Frau?

Nach der Formel $GU = 10 \times 70 + 6{,}25 \times 170 - 5 \times 35 + 166 \times 0 - 161 = 1426$ kcal pro Tag
Mit der Schätzformel von 0,9 kcal/kg KG Std: $70 \times 24 \times 0{,}9 = 1512$ kcal pro Tag

– Alter
   Von Geburt bis zum 30. Lebensjahr nimmt der GU pro m^2 um ca. 1/3 ab, also durchschnittlich 10% pro Dekade. Ursache ist das Wachstum,

was zu einer Abnahme des Verhältnisses Körperoberfläche zu Körpermasse führt, mit der Folge einer Verringerung der Wärmeabstrahlung. Ab dem 30. Lebensjahr beträgt der Rückgang des Grundumsatzes etwa 3% pro Dekade, bedingt durch die mit dem zunehmenden Alter abnehmende Muskelmasse.

Beim Mann nimmt das freie bioverfügbare Testosteron und damit die fettfreie Masse mit zunehmendem Alter ab. Durch den Hypogonadismus (verminderte hormonelle Hodenfunktion) ab dem 50. Lebensjahr entsteht das sog. PADAM (Partielles Androgen Defizienz des alternden Mannes). Auch bei gleich bleibender körperlicher Aktivität nimmt die Muskelmasse ab und es ändert sich die Körperzusammensetzung: es entwickelt sich eine sog. sarkopenische Adipositas, auch wenn das Körpergewicht konstant bleiben sollte. Körperliche Inaktivität beschleunigt die Entwicklung einer sarkopenischen Adipositas, unabhängig vom Alter und Geschlecht.

– Ernährungszustand
Übergewichtige haben einen um bis zu 15% niedrigeren Grundumsatz als normalgewichtige Personen. Dies ist auf die isolierende Wirkung des Fetts zurückzuführen.

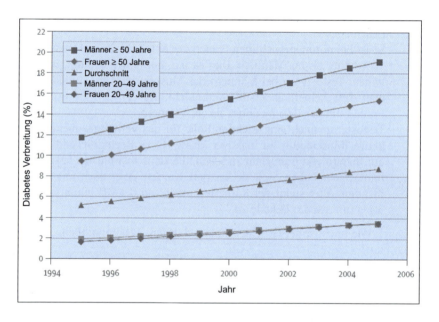

Abb. 36. Jedes Jahr gibt es um 6% mehr Diabetiker! Anders ausgedrückt: In den letzten 10 Jahren hat sich die Anzahl der Diabetiker verdoppelt, insbesonders in der Altersgruppe über 50.

– **Wärmeproduktion=Thermogenese**
Genetisch bedingt kann die im Stoffwechsel erzeugte Thermogenese ohne Muskeltätigkeit um bis zu 10% um einen Mittelwert schwanken, mit entsprechenden Änderungen des Grundumsatzes. Wenn zwei vergleichbare Menschen den gleichen Beruf haben und gleich viel essen, einer aber eine um 10% stärkere Wärmeproduktion hat, bleibt dieser gertenschlank, während der andere langsam und langfristig zunimmt. Nikotin erhöht die Thermogenese, deshalb nehmen ehemalige Raucher leicht zu.

16.1.2.2 Leistungsumsatz

Der Leistungsumsatz (LU) ist der Mehrbedarf an Energie für die beruflichen und sonstigen Tätigkeiten des Alltages. Der LU kann als Vielfaches des GU in MET angegeben werden. Auf diese Weise kann man den Schweregrad beruflicher Tätigkeit auch bei verschieden großen Individuen vergleichen. Leichte körperliche Tätigkeit entspricht in etwa der Schreibtischtätigkeit. Gegenüber dem GU wird der Energieumsatz dabei um ca. 30–50% erhöht, d.h. der LU wäre dann max. $1,5\times GU=1,5$ METs. (In der EU gibt es fast nur noch leichte Arbeit, jedoch essen die meisten mehr als die umgesetzte Energie und werden somit „langsam aber sicher" dicker.)

Beispiel: Der Tagesumsatz (in 24 Stunden) eines 70 kg schweren Mannes mit 8stündigem Arbeitstag mit einem Beruf leichter körperlicher Arbeit ist in Tabelle 18 dargestellt.

Tabelle 18. TU eines 70 kg schweren Mannes, 8-Stunden-Arbeitstag, mit leichter körperlicher Arbeit

Tätigkeit	Energiebedarf	kcal/Std	Dauer [Std]	Umsatz
Schlafen	1 MET	70	8	560
Beruf	1,5 MET	$70\times1,5=105$	8	840
Freizeit	1,5 MET	$70\times1,5=105$	8	840
Gesamt			24	2240

Der Tagesumsatz beträgt somit max. 2240 kcal. (Bei Frauen ist er um mind. 10% weniger, bei 70 kg Körpergewicht also bestenfalls: $2240\times0,9=2016$ kcal).
Der LU bei mittelschwerer körperlicher Tätigkeit (z.B. Gehen, Anstreichen) erhöht sich bis zum dreifachen GU $LU=3\times GU=3$ METs.

Beispiel: Der Tagesumsatz für den 70 kg schweren Mann mit 8-Stunden Arbeitstag bei einem Beruf mit mittlerer körperlicher Arbeit ist aus Tabelle 19 ersichtlich.

Tabelle 19. TU eines 70 kg schweren Mannes, 8-Stunden-Arbeitstag, mit mittelschwerer körperlicher Arbeit

Tätigkeit	Energiebedarf	kcal/Std	Dauer [Std]	Umsatz
Schlafen	1 MET	70	8	560
Beruf	3 MET	70×3=210	8	1680
Freizeit	1,5 MET	70×1,5=105	8	840
Gesamt			24	3080

Der Tagesumsatz beträgt max. 3080 kcal. (Bei Frauen um mind. 10% weniger, bei 70 kg Körpergewicht also bestenfalls: 3080×0,9=2772 kcal).

Eine einfache Methode zur Kontrolle der Energiebilanz ist die regelmäßige Benutzung der Körperwaage. Voraussetzung ist die Einhaltung einfacher Standardbedingungen: immer morgens, vor dem Frühstück, nach dem Toilettengang und nackt. Längerfristige Veränderungen repräsentieren in der Regel die Energiebilanz. Kurzfristige Änderungen (innerhalb eines Tages) eher die Flüssigkeitsbilanz.

16.1.2.3 Trainingsumsatz

Wenn der Trainingsumsatz (TRU) individuell bestimmt werden soll, ist die Kenntnis der individuellen $\dot{V}O_2$max Voraussetzung. Da aber immer nur ein bestimmter Prozentsatz der $\dot{V}O_2$max genutzt wird, ist die zweite wichtige Kenngröße die Trainingsintensität als Prozent der $\dot{V}O_2$max.

Werden verschiedene Trainingsformen mit unterschiedlicher Intensität anwendet, dann muss eine mittlere Intensität über die gesamte Trainingszeit errechnet werden (gewogenes arithmetisches Mittel). Jede Intensität wird mit der dazugehörigen Trainingszeit multipliziert, bevor die einzelnen Intensitäten addiert und dann durch die gesamte Trainingszeit dividiert werden.

Der mittlere Trainingsumsatz in kcal pro Tag wird nach folgender Formel berechnet:

$$TRU=\dot{V}O_2max\times Im\times 5\times 60\times WTZ/7$$

$\dot{V}O_2$max=geschätzte oder bestimmte maximale Sauerstoffaufnahme in [Liter/min]
Im=mittlere Trainingsintensität z.B. 60%=0,6
5=Umrechnung der Sauerstoffaufnahme in [kcal], da 1 Liter Sauerstoff 5 kcal entspricht
60=die Umrechnung des Kalorienbedarfs von Minuten auf Stunden
WTZ=die gesamte Trainingszeit pro Woche inklusive der nicht trainingswirksamen Zeit
7=Wochentage zur Umrechnung auf den täglichen Trainingsumsatz

Für allgemeine Angaben kann für eine Schätzung des TRU pro Stunde Ausdauertraining eine mittlere Intensität von 60% angenommen werden und für Krafttraining 35%.

Beispiel: Wie hoch ist der Trainingsumsatz eines 70 kg schweren Joggers mit leichter beruflicher Tätigkeit, der pro Woche 3 Stunden läuft (WTZ=3 Std, Im=60%, $\dot{V}O_2$max=3 l/min)?

Ergebnis: TRU=3×0,6×5×60×3/7=230 kcal/Tag

Man kann den TRU auch errechnen, wenn man die Intensität in MET kennt. So hat ein Krafttraining etwa 4–5 METs. Bei einer 70 kg schweren Person, die ein Krafttraining über 1 Stunde pro Woche durchführt, werden daher 70× 1×4=280 kcal umgesetzt.

16.1.2.4 Der gesamte Tagesumsatz

Der gesamte Tagesumsatz (TU) kann nun aus den einzelnen Teilberechnungen addiert werden. Als Basis dient der entsprechende Umsatz für leichte Tätigkeit (oder mittlere Tätigkeit, falls dies zutrifft). Davon muss für jede Stunde der wöchentlichen Trainingszeit der GU abgezogen werden, um nicht doppelt verrechnet zu werden, da dieser im Trainingsumsatz bereits enthalten ist. Sodann wird nach der oben angegebenen Formel, basierend auf dem Ergebnis der Ergometrie, der mittlere tägliche Trainingsumsatz berechnet. Dies sollte bei einer individuellen Beratung stets der Fall sein.

Beispiel: Wie hoch ist der Tagesumsatz unseres 70 kg schweren Joggers?

3 Stunden Ausdauertraining pro Woche verursachen einen mittleren Mehrbedarf von 347 kcal pro Tag (s.o.). Der mittlere Tagesumsatz errechnet sich dann folgendermaßen:

Ergebnis: TU=2240−70×3/7+230=2440 kcal/Tag

Beispiel: Wie hoch ist der Tagesumsatz einer 70 kg schweren Frau mit leichter beruflicher Tätigkeit, die 3×1 Stunde Krafttraining pro Woche betreibt? Die mittlere Intensität beim Krafttraining beträgt ca. 35%; sie hat eine $\dot{V}O_2$max von 2 l/min. Das Krafttraining beeinflusst die $\dot{V}O_2$max jedoch nicht wesentlich (wöchentliche Netto-Trainingszeit ist dabei 0), wenn nicht zusätzlich ein Ausdauertraining betrieben wird.

TRU=2×0,35×5×60×3/7=90 kcal/Tag.

Der tägliche Mehrbedarf durch 3 harte Krafttrainingseinheiten pro Woche beträgt also nur bescheidene 90 kcal. Der mittlere Tagesumsatz errechnet sich daher wie folgt:

Ergebnis: TU=2016−70×3/7+90=2076 kcal/Tag.

Wie man aus diesen Rechenbeispielen ersehen kann, ist der Beitrag des freizeitsportlichen Trainings zur Gewichtsreduktion daher relativ gering.

> Ohne Kontrolle der Nahrungszufuhr ist daher eine angestrebte Gewichtsabnahme nicht möglich!

Die WHO empfiehlt die Angabe des TU als Vielfaches des GU's in 24 Std. Dies wird als PAL (physical activity level) bezeichnet.

Beispiel: Wie hoch ist der PAL unser 70 kg schweren Frau, die Krafttraining betreibt und einen GU hat von:

$GU = 10 \times KG + 6,25 \times KL - 5 \times A + 166 \times Sex - 161 = 1426$ kcal/Tag

Der TU war 2076 kcal/Tag

PAL=TU/GU in 24 Std
PAL=2076/1426=1,46

Ergebnis: Diese Frau ist trotz Krafttraining bestenfalls nur moderat aktiv (s. u.).
Wie kann man Aktivität und Inaktivität definieren?

– mittelmäßig aktiv entspricht einem PAL zwischen 1,45–1,6.
– unter 1,45 ist charakteristisch für überwiegend sitzenden Lebensstil.
– ein PAL von über 1,6 bedeutet sehr aktiv.

Beispiel: Wieviel Energie muss unsere 70 kg schwere Frau durch Aktivität insgesamt umsetzen, wenn sie das PAL von 1,7 erreichen möchte? Die Thermogenese aus der Ernährung beträgt üblicherweise 5 bis maximal 10%.

PAL=TU/GU in 24 Std
PAL=(AEE+10% Thermogenese aus der Ernährung+GU)/GU
AEE=Aktivitätsumsatz=active energy expenditure
PAL=1,1×(AAE/GU+1)
AEE=(0,9×PAL–1)×GU

Ergebnis: Der Aktivitätsumsatz AEE=(0,9×1,7–1)×1426=758 kcal pro Tag

Da TU=PAL×GU ist, wäre der TU somit 1,7×1426=2425 kcal pro Tag

Oder anders ausgedrückt: Durch Aktivität werden 758 kcal pro Tag, das sind 31% des TU umgesetzt. Somit wird nur jede 3. Kalorie durch Bewegung umgesetzt!
Zum Unterschied würde sie bei ausschließlich sitzendem Lebensstil (PAL=1,4) nur 15%, also nur jede 7. kcal durch Bewegung umsetzen, also fast nichts, und 85% des Tagesenergieumsatzes wären durch den GU bedingt.

> Bei „durchschnittlich" aktivem Leben mit PAL von 1,6 werden ca. 1/3 des TU für Bewegung bzw. 2/3 für den GU verwendet.

Neandertaler hatten und in der Natur frei lebende Säugetiere haben eine PAL von über 3. Das bedeutet, dass doppelt soviel Energie mit Bewegung umgesetzt wird, als für den GU notwendig ist (AEE/GU=2). Solche extrem hohen Werte erreichen nur sehr umfangreich trainierende Skilangläufer, Radfahrer. Bei so hohem TU kann es kein Übergewicht geben, weil derart große Nahrungsmittelmengen nur schwer verzehrbar sind. Umgekehrt kann man sagen, dass bei extremer Bewegungsarmut (z.B. krankheitsbedingter Immobilität etc.) nur der GU die bestimmende Größe des TU ist. Dieser liegt aber in Größenordnungen, dass man „kaum so wenig essen kann, um nicht zuzunehmen".

16.1.2.5 Ursachen der Gewichtszunahme

a) Historische Ursachen, Definition und Ausmaß der Adipositas

Einen aktuellen Überblick bietet der über 300 Seiten umfassende „Adipositasbericht 2006", den man unter www.welldone.at/upload/3028_AMZ_Adipositas.pdf downloaden kann.

Seit über 50 Jahren ist bekannt, dass eine Gewichtszunahme durch eine langfristig positive Energiebilanz entsteht. Ursache ist eine zu hohe Energiezufuhr oder ein zu niedriger Energieverbrauch oder meist beides. In den meisten Industrieländern hat sich die Prävalenz der Adipositas seit den 80er-Jahren mindestens verdreifacht und die gefährlichste Folgekrankheit, Diabetes mellitus, hat sich in den letzten 10 Jahren nahezu verdoppelt (siehe Abb. 36).

Die Entwicklung der Adipositas ist multifaktoriell. Unter anderem haben sich im Laufe der Zeit die Ernährungsgewohnheiten deutlich verändert. Noch nie in der Geschichte der Menschheit war die Verfügbarkeit von Nahrungsmitteln für den überwiegenden Teil der Bevölkerung so groß. Die Folge ist eine enorme Konsumzunahme! So verzehren die Österreicher pro Person im Monat 5 kg Schweinefleisch und nur 500 g Fisch. Weiters ist der Fettanteil in der Nahrung in den letzten 100 Jahren von 17% auf über 40% angestiegen. Wenn früher zum Durstlöschen einfach nur Wasser getrunken wurde, werden heute zuckerhaltige Getränke (Softdrinks mit hohem glykämischen Index) konsumiert, die eine hohe Insulinantwort produzieren. Allein zum Durstlöschen führen viele Übergewichtige nicht selten über die Hälfte der Tageskalorien mittels Getränken zu!

In unserer Wohlstandsgesellschaft steht Essen in fast unbegrenzter Menge zur Verfügung und wird intensiv beworben, nicht nur im TV. In den Supermärkten kann man von „kilometerlangen" Regalen immer ähnlichere Produkte auswählen und an fast jeder Straßenecke „lauert" ein Restaurant oder Fastfoodlokal, häufig mit Öffnungszeiten „rund um die Uhr". Meist wird nicht nur gegessen, was am Teller ist, falls ein solcher überhaupt verwendet wird, sondern solange, bis nichts mehr da ist. Zudem haben viele Menschen

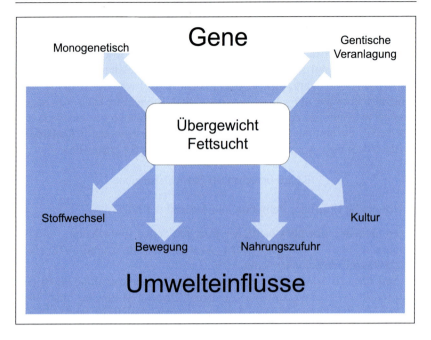

Abb. 37. Ursachen der Adipositas.
Beachte: Die genetische Ausstattung des Menschen hat sich in den letzten 50 Jahren sicherlich
nicht geändert, sehr wohl aber hat die Fettsucht massiv zugenommen

heute keine festen Essenszeiten mehr. Das verführt zum häufigen Essen (Snacking). Snacks sind energiedichte Convenience-Produkte, die schlecht sättigen und eine Kontrolle der Nahrungsaufnahme verhindern (siehe Abb. 37).

Nicht nur, dass Essen überall und jederzeit beworben wird, hat sich auch der mittlere Energieumsatz in den letzten 25 Jahren um gut 500 kcal pro Tag reduziert. Der Anteil der Schwerarbeit (Arbeitsenergieumsatz bei Männern (PAL>2) und bei Frauen (PAL>1,8)) ist zugunsten eines sitzenden Arbeits- und Lebensstils großteils abgelöst worden (siehe Abb. 40). Ebenso hat sich auch das Freizeitverhalten dramatisch verändert! Viele Menschen absolvieren nicht einmal mehr jenes Mindestmaß an Bewegung, um ihr Körpergewicht konstant zu halten.

Übergewichtige und Adipöse überschätzen die körperliche Aktivität und unterschätzen die tatsächlich zugeführte Energie!

Es wird also immer weniger Zeit „in Bewegung" verbracht und immer mehr Zeit sitzend. Pro Woche werden beruflich (inkl. Anfahrtszeit) 45 Stunden sitzend und ebenso viele Stunden in der Freizeit bei Videospielen, PC, Internet

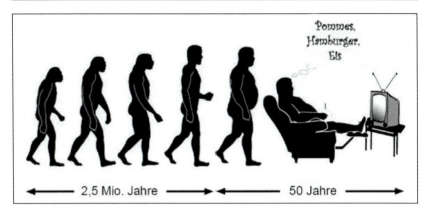

Abb. 38. Bewegungsmangel und sitzender Lebensstil als Ursachen der Adipositas
Schon jetzt ist jeder 2. Arbeitsplatz in der EU ein Computerarbeitsplatz

und Fernsehen sitzend und meist häufig noch essend, weil die Nahrungsmittelwerbung dazu motiviert, zugebracht.

Die Entwicklung von Übergewicht wird ebenso begünstigt durch beengte Wohnverhältnisse, wenig entwickeltes Gesundheitsbewusstsein und chronischen Stress bzw. geringe Fähigkeit, die Alltagsanforderungen zu bewältigen (sog. non-coping). Verwitwete beider Geschlechter sind am häufigsten adipös, gefolgt von Verheirateten. Vor allem bei Frauen ist weiters ein sozioökonomisches Gefälle hinsichtlich der Adipositasprävalenz erkennbar: Einkommensschwächere, weniger Gebildete in niedrigeren beruflichen Positionen sind häufiger adipös.

Definition und Ausmaß der Adipositas

Der Body Mass Index (BMI) wird berechnet aus Körpergewicht [kg] dividiert durch das Quadrat der Körperlänge [m]. Bei einem BMI von 20–25 ist man normalgewichtig, unter 20 untergewichtig. BMI über 25 bedeutet übergewichtig und ab 30 besteht Fettleibigkeit bzw. Adipositas. (Bei der unterscheidet man zwischen Grad I mit BMI 30–35 und Grad II mit BMI 35–40 und Adipositas Grad III mit BMI über 40.

Schon derzeit haben in der EU über 50% der Erwachsenen einen BMI von über 25. Österreichische Männer sind im Vergleich zu ihren Geschlechtsgenossen aus anderen EU-Ländern überdurchschnittlich häufig dick. In der EU sind 150 Millionen Erwachsene adipös! Weltweit sind über 1 Milliarde Menschen übergewichtig und über 300 Millionen adipös.

Besonders alarmierend ist die starke Zunahme übergewichtiger bzw. adipöser Kinder und Jugendlicher, weil dicke Kinder später häufiger Diabetiker werden; eine der schwersten und teuersten Folgeerkrankungen, die sehr zugenommen hat (und spätestens dann zu einem finanziellen Kollaps der Gesundheitssysteme führen wird). Schon Kleinkinder entwickeln frühzeitig einen sitzenden Lebensstil und sowohl Kinder als auch Jugendliche bewegen sich täglich nur noch 20 Minuten statt mehrerer Stunden! Unter österreichischen Kindern und Jugendlichen sind 1/5 der Burschen und über 17% der Mädchen übergewichtig und nahezu je 10% der Burschen und Mädchen adipös! Anders als bei den Erwachsenen ist hier die Prävalenz der Adipositas in fast allen verfügbaren Untersuchungen bei den Burschen höher. Besonders hohe Prävalenzen von Übergewicht und Adipositas findet man bei weiblichen Lehrlingen (Stand 2006). Wenn die Entwicklung so weitergeht, muss damit gerechnet werden, dass 2040 die Hälfte aller Kinder übergewichtig ist. Schon jetzt gibt es weltweit fast 200 Millionen Diabetiker (siehe Abb. 41)!

Mit zunehmendem Alter steigt die Haüfigkeit der Adipositas und erreicht bei Männern und Frauen in der Altersgruppe zwischen 60–70 Jahren ihren Gipfel (siehe Abb. 36). In dieser Altersgruppe sind doppelt so viele adipös als in anderen Altersgruppen; etwa jeder 5. Mit zunehmend höherem Alter nimmt die Adipositasprävalenz dann wieder ab. Aber diese Zahlen täuschen, weil auch bei nicht erhöhtem BMI mit zunehmend steigendem Alter eine sog. sarkopenische Adipositas vorliegt, d.h. eine Erhöhung des Körperfettanteils durch zunehmende Atrophie der Muskulatur. Das ändert die Körperzusammensetzung: weniger Muskelmasse und zunehmendes Fettgewebe, insbeson-

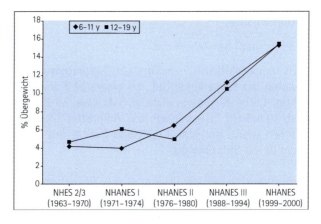

Abb. 39. Die Genetik hat sich in den letzten 50 Jahren nicht geändert, aber der Anteil übergewichtiger Kinder und Jugendlicher hat sich in den letzten 30 Jahren fast vervierfacht!
NHES=National Health Examination Survey
NHANES=National Health and Nutrition Examination Survey

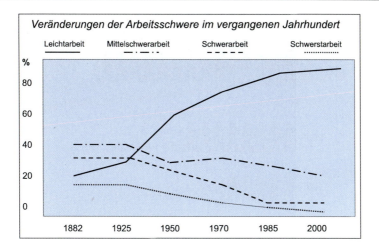

Abb. 40. In den letzten 100 Jahren hat sich die Zahl der Leichtarbeiter nahezu vervierfacht und ist auf 80% der Werktätigen gestiegen. Hingegen ist die Zahl der Schwer – und Schwerstarbeiter auf ein Zahntel gesunken.

dere Bauchfett und Vergrößerung des Hüftumfanges. Auch das Fettgewebe in und um die Muskulatur steigt mit dem Alter an.

Zusammenfassend: Schönheitsideale unterliegen zeitlichen und gesellschaftlichen Einflüssen, u.a. erkennbar an der Venus von Willendorf vor ca. 20.000 Jahren, als auch an Rubensbildern (u.a. als Fruchtbarkeitssymbol) etc. Ebenso gab es immer schon Individuen, die offensichtlich nur selten Hunger leiden mussten. Aber noch nie gab es in der Menschheitsgeschichte so viele Adipöse. Deshalb wird heute von einer Adipositasepidemie gesprochen.

Bei fast allen Manifestationen der Adipositas stehen Lebensstilfaktoren im Vordergrund. Vor 5000 Jahren haben Menschen pro Tag noch 49 kcal/kg KG umgesetzt, während es heute nur noch 32 kcal sind. Die Abnahme des Energieumsatzes in Beruf und Freizeit von über 1/3 bildet die Grundlage des globalen Anstiegs von Übergewicht und Adipositas mit all ihren Folgekrankheiten. Allein durch die PC-Einführung vor 30 Jahren werden täglich etwa 300 kcal weniger umgesetzt! Der BMI zeigt eine positive Korrelation zur Screentime (TV bzw. PC etc.). Im Vergleich zu Kindern mit 0–2 Stunden TV pro Tag, haben diejenigen mit mehr als 5 Stunden pro Tag 5mal häufiger Übergewicht. Schon 4-Jährige verbringen 4–5 Stunden pro Tag vor dem TV und Erwachsene meist noch mehr – über 40 Stunden pro Woche!

Mit zunehmender Adipositas steigt die Diabetesgefahr (siehe Abb. 21), eine für die Betroffenen folgenreichste und für das Gesundheitssystem teuerste Erkrankung. Der Diabetesanstieg (siehe Abb. 41) ist eine Wohlstandskrankheit und durch den Überkonsum insbesondere von Kohlenhydraten

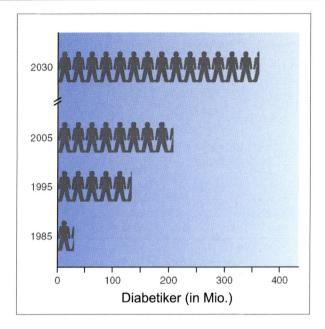

Abb. 41. Diabetes-Entwicklung: 2007 gibt es weltweit so viele Diabetiker wie alle Einwohner in den USA zusammen!

bedingt. Denn ohne KH gäbe es keinen Diabetes, weil Glukose zur Zerstörung der ß-Zellen der Bauchspeicheldrüse führt (Glukotoxizität). Nicht nur Süßigkeiten, Schokolade, Getränke (Softdrinks) und Eis enthalten reichlich leicht resorbierbaren Zucker, sondern auch zahlreiche industriell gefertigte Nahrungsmittel wie Saucen, Erdnussbutter, Snacks.

> Zur Diabetesprävention soll die tägliche „Zuckerbelastung" von leicht resorbierbarem Zucker (Mono- und Disaccaride – siehe Tabelle 1) möglichst gering sein. Als KH-Nahrungsmittel sind Polysaccaride wie Kartoffeln, Reis, Getreide, Brot, Nudeln, Gemüse zu bevorzugen!

Auch bei sportlicher Betätigung soll die Glukoseaufnahme in Sportgetränken mit Maß und Ziel erfolgen, weil Glukose diabetogen wirkt. So empfiehlt sich die Zufuhr kohlenhydratreicher Getränke nur bei den ersten 2–3 Trainingseinheiten am Saisonbeginn z.B. im Frühjahr bzw. nach längerer sportlicher Pause, um dem sog. Hungerast vorzubeugen, und bei intensiven Belastungen, die länger als 1 Stunde dauern. Bei kürzerer Belastungsdauer und geringer Schweißbildungsrate ist Wasser als Flüssigkeitsersatz ausreichend!

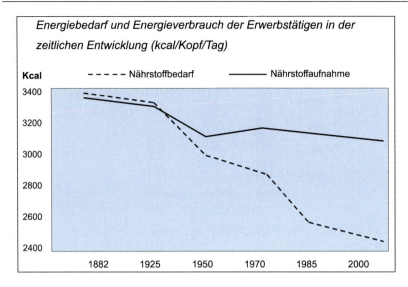

Abb. 42. Der Nährstoffbedarf der Bevölkerung hat sich im letzten Jahrhundert deutlich vermindert, während die Nährstoffaufnahme kaum zurückging. Das Ausmaß der Bewegung während der letzten 30 Jahre hat um etwa 25% (oder um bis zu 800 kcal/Tag) abgenommen!

Welche Bedeutung haben Alltagsbewegungen für das Körpergewicht?

Bei Menschen mit überwiegend sitzendem Arbeits- und Lebensstil werden etwa 2/3 des Tagesenergieumsatzes für den Grundumsatz benötigt, die Thermogenese der zugeführten Nahrung braucht 5–10% des TU's und die restlichen 25–30% werden für den Leistungsumsatz aufgewendet, der sich aus beruflicher und sonstiger Aktivität (Alltagsbewegung) zusammensetzt, wie Hausarbeit, Einkaufen etc.). Gerade die Alltagsbewegungen schwanken beträchtlich, nicht nur von Mensch zu Mensch, sondern auch beim Einzelnen von Tag zu Tag und können 15–50% des TU's ausmachen! Deshalb kann der kumulative Effekt der Alltagsbewegung beträchtlich sein und dieser Energieumsatz übersteigt meist kurzdauernde sportliche Belastungen. Der unterschiedlich hohe Anteil der Alltagsbewegung am TU führt dazu, dass der eine Mensch schlank ist, während der andere mit geringerer Spontanaktivität („träger" bzw. „fauler" Typ), obwohl er Sport betreibt, korpulent oder dick ist (siehe Abb. 43).

Welche Faktoren beeinflussen die Höhe der Alltagsbewegungen?

- Lifestyle: mit steigendem Einkommen und zunehmender Verstädterung nimmt die für die Bewegung bzw. den Transport aufgewendete Energie ab (durch Auto, Aufzüge, Rolltreppen, Drive-in-Restaurants

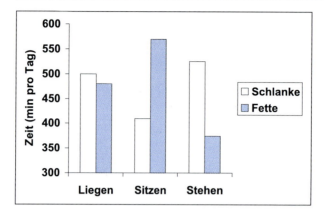

Abb. 43. Dicke sitzen 3 Stunden pro Tag länger als Schlanke. „Kleine" Alltagsbewegungen sind somit ausschlaggebend, ob man schlank bleibt.

etc.). Der LU wird durch den Maschineneinsatz geringer; so korreliert sogar der Waschmaschinenverkauf signifikant mit dem Übergewicht.

– Geschlecht: Durch Erziehung, aber auch kulturelle Faktoren und durch den etwas höheren relativen Muskelanteil des männlichen Geschlechts, machen Buben und später Männer mehr Alltagsbewegung als Mädchen bzw. Frauen.

– Jahreszeit und Witterungsabhängigkeit: im Sommer wird etwa doppelt soviel Bewegung gemacht als im Winter. Ebenso je nach Wetterlage, denn wer geht schon gerne bei Regen zu Fuß zur Arbeit?

– Körpergewicht: die Bewegung eines höheren KG's benötigt mehr Energie. Daher wird nach Gewichtsabnahme weniger Energie umgesetzt (bei gleichem Bewegungsverhalten) und es kommt im Anschluss wieder zur Gewichtszunahme.

– Genetik: eine gewisse genetische Neigung bez. der Höhe der Alltagsbewegung konnte in Zwillingsstudien nachgewiesen werden. Übrigens wählen Menschen mit mehr Bewegungsdrang eher berufliche und Freizeitaktivitäten, die ihrem „unruhigen Naturell" entsprechen, und nicht so sehr Bürojobs.

– Alter: mit zunehmendem Alter nimmt die Alltagsbewegung ab. So kommt es zwischen dem 25.–55. Lj zu einer Gewichtszunahme von etwa 10 kg. (Das scheint viel, ist jedoch nur eine um 0,4% positive Energiebilanz innerhalb dieses Zeitraumes: bei z.B. 2000 kcal/Tag×365× 30=22 Mio kcal. 1 kg Fett hat 9000 kcal×10=90.000 dividiert durch 22 Mio=0,4%.)

- **Alltagsaktivität:** Schlanke machen mehr Alltagsbewegung (siehe Abb. 43). Das sagt schon der Volksmund: der gemütliche Dicke und der quirlige, nervöse Dünne („Zappelphilipp", „Tausendsassa").
- **Psyche:** Nervosität und innere Unruhe erhöhen den Energieumsatz um 20–40%.
- **Bildung:** Mit zunehmender Bildung steigt der Energieumsatz wegen des höheren Gesundheitsbewußtseins. Essen und Trinken sind für Einkommensschwache oft das einzig Lustvolle, das sie sich leisten können.
- **Ernährung mit positiver Energiebilanz:** In Überfütterungsversuchen, mit 1000 kcal pro Tag Mehraufnahme, konnte gezeigt werden, dass jene Individuen mit der geringsten Alltagsbewegung am meisten Gewicht zulegen. Diejenigen mit der höchsten Alltagsbewegung haben über 600 kcal pro Tag durch vermehrten Energieumsatz verbrannt und daher fast nichts zugenommen.
- **Ernährung mit negativer Energiebilanz:** in Hungerperioden kommt es zu sog. Energiesparmechanismen (Hungerstoffwechsel). Dabei Verringart sich der GU, da u.a. weniger Schilddrüsenhormone produziert werden: Hypothyreose und Low-T3-Syndrom als Stoffwechseladaptation bei energetischer Mangelernährung. Bei einem tgl. Energiedefizit von 500 kcal nimmt der GU nur um ~10% ab und die Alltagsbewegung wird um 200–300 kcal pro Tag reduziert (Lethargie). Daher kommt es bei weitem nicht zu der rein rechnerisch ermittelten Gewichtsabnahme. Deshalb sollte bei gewünschter Gewichtsabnahme ein Energiedefizit von max. 10% des TU nicht überschritten und die Bewegung gesteigert werden. (Übrigens halten das Ziel einer Gewichtsabnahme von 5% des KG über ein Jahr nur etwa 1/3 aller Abnahmewilligen!)

b) Allgemeine Ursachen

„Fastfood" und „Convenient Food" (Fertiggerichte, auch gekühlte oder gefrorene) liegen im Trend der Zeit. (So haben seit den 1950er Jahren allein in den USA 250.000 Fastfood Restaurants eröffnet! Es zeigt sich eine positive Korrelation zwischen Fastfoodkonsum und Gewichtszunahme inkl. Insulinresistenz (mit erhöhtem Risiko für Fettsucht und Typ-II-Diabetes). Fastfood und Schnellimbisse sog. „Food on the move" werden nicht mehr als Mahlzeit wahrgenommen! Es wird nur der Hunger, aber nicht das Essbedürfnis gestillt. Für die Stillung des Essbedürfnisses ist jedoch die mit dem Essen verbrachte Zeit zu festen Zeiten und mit festem Ritual maßgeblich. Daher verleitet Fastfood zum häufigeren Essen („Grasen").

Für das Sättigungsgefühl und die Stillung des Hungers ist u.a. die Menge maßgeblich (wegen der Dehnungsrezeptoren in der Magenwand). Da aber immer mehr energiedichtere Nahrung [viele kcal/g] und wenig Salate, Obst bzw. ballaststoffreiche Nahrungsmittel verzehrt werden, die wenig energiedicht sind, werden bis zur Sättigung beträchtliche Energiemengen aufgenommen. So hat sich in den letzten 50 Jahren der Nahrungsmittelkonsum deutlich verändert: Der Konsum balaststoffreicher Nahrungsmittel (wie Hülsenfrüchte) hat um 75% abgenommen; aber auch Früchte und Getreideprodukte werden um 1/3 weniger gegessen. Aber gerade wasserreiche (wie Obst, Reis oder Nudeln) und ballaststoffreiche Nahrungsmittel (wie Salate) haben eine geringe Energiedichte (meist sogar unter 1 kcal/g). Daher kann man die 6-fache Menge essen im Vergleich zum Konsum eines Nahrungsmittels mit 6 kcal/g (Erdnüsse). Zum Decken des Tagesumsatzes braucht man also bei weniger energiereichen Nahrungsmitteln große Mengen. Das führt eher zum Sättigungsgefühl, als die Aufnahme kleiner energiereicher Portionen.

Fastfood ist energiedicht (über 2 kcal/g) und hat somit einen hohen Nährwert! Der kalorische Gehalt z.B. eines Hamburgers mit Pommes und Cola entspricht etwa 1000 kcal. Diese Energiemenge ist für die meisten Menschen der halbe Tageskalorienbedarf, ohne dass man ausreichend satt wird. Viele kleine hochkalorische Portionen verleiten jedoch zum Mehrkonsum, um eine „ordentliche" Sättigung zu erreichen. Zusätzlich wird dann noch als Dessert ein Donut, der sehr energiereich ist (über 4 kcal/g), oder/und ein Eis (über 2 kcal/g) verspeist.

Um satt zu werden, nehmen viele Menschen mit einer einzigen Fastfood-Mahlzeit nahezu den gesamten Tageskalorienbedarf auf!

Außerdem haben Ernährungsfehler nicht so energiedichter Nahrung geringere Folgen, als der Verzehr energiereicher (=fetthaltiger) Nahrung, wie folgendes Beispiel zeigt: Der Mehrkonsum von 200 g mit hoher Energiedichte von 3 kcal/g führt zu 600 kcal Mehraufnahme. Der gleiche Mehrkonsum einer weniger energiedichten Nahrung mit nur 1 kcal/g hat nur 200 kcal zusätzlicher Energiezufuhr zur Folge. Werden 2×wöchentlich derartige Ernährungsfehler begangen (bei Fastfood leicht möglich), dann führt das zu einer Mehraufnahme von 60.000 kcal pro Jahr und damit zu fast 7 kg Körperfettzunahme pro Jahr.

Der „Durchschnittsmensch" nimmt pro Jahr fast 1 kg zu, wobei diese Gewichtszunahme nur durch einen geringen täglichen Energieüberschuss von 20–50 kcal verursacht wird. Daher reicht zur Prävention einer Gewichtszunahme ein tägliches Energiedefizit von nur 100 kcal oder ein Bewegungsumfang von nur 2000 Schritten (Kontrolle mittels Schrittzähler empfohlen). Beide Maßnahmen, weniger Energiezufuhr (z.B. Wasser statt Softdrinks) und 2000 Schritte täglich, führen folglich zu einem täglichen Energiedefizit von 200 kcal oder 8 kg Gewichtsabnahme pro Jahr. Wenn durch einen Bandscheibenvorfall (oft bedingt durch Übergewicht) die Bewegung schmerzbedingt deutlich eingeschränkt wird, dann kommt es zu einer noch rascheren Gewichtszunahme und es entwickelt sich ein Teufelskreis: mehr Gewicht, Überlastung der Wirbelsäulenmuskulatur, neuerlicher Bandscheibenvorfall usw.

Fettreiche Speisen schmecken besser, da Fette wichtige Geschmacksträger sind. Daher enthalten auch zahlreiche Süßwaren (Schokolade, Eis, Kekse etc.) viel Fett. Die Folge ist, dass zwischen 40–50% der Tageskalorienaufnahme aus Fett bestehen; das sind pro Jahr fast 50 kg reines Fett.

c) Übergewichtig oder Fett? Die Grenzen des BMI
Für das Gesundheitsrisiko kommt es nicht nur auf den Schweregrad des Übergewichts an, sondern auch auf die Verteilung der überschüssigen Fettdepots. Bei mäßigem Übergewicht entscheidet vor allem die Fettverteilung maßgeblich über das Gesundheitsrisiko! Somit ist der BMI zur Beurteilung des individuellen Ernährungszustandes alleine nur begrenzt geeignet, weil dabei der Köperfettanteil nicht berücksichtigt wird. Der BMI gibt jedoch keinen Hinweis auf die Körperzusammensetzung. So überschätzt der BMI den tatsächlichen Körperfettanteil von sehr muskulösen Menschen, aber unterschätzt ihn bei denen mit wenig Muskelmasse.

Mit steigendem Alter wird der BMI durch verschiedene Parameter beeinflusst. So haben Ältere weniger Muskelmasse, was bedeutet, dass sie bei gleichem BMI trotzdem mehr Körperfett haben als Junge. Es verändern sich der Zähler (Körpergewicht) und der Nenner (Körpergröße), weil im Alter die Körpergröße um ca. 5 cm bei Männern und 8 cm bei Frauen sinkt, hauptsächlich aufgrund von Verformungen der Wirbelsäule mit Verringerung der Höhe von Bandscheiben und von Wirbelkörpern durch Osteoporose. Deshalb wird immer der Taillenumfang gemessen, weil diese Messung stark mit viszeralem (Bauchfett) und dem Gesamtkörperfett assoziiert ist. Weiters eignet sich der BMI nicht zur Beurteilung des Körperfettanteils, wenn Ödeme vorliegen oder man sehr klein ist. Patienten mit Ödemen haben weniger Körperfett, als es der BMI vermuten lässt.

Beispiel: Zwei Männer mit je 180 cm Körpergröße haben je 85 kg KG, sind also beide übergewichtig, weil sie eine BMI von 26 haben. Der eine ist untrainiert mit 27% Körperfettanteil und somit übergewichtig und adipös, der andere ist ein Bodybuilder mit 8% Körperfettanteil und somit auch übergewichtig, aber extrem mager (der Bodybuilder wäre somit overweight, aber nicht overfat). Männer über 20% Körperfett sind fett und Frauen bei über 30% Körperfettanteil.

Für die Beurteilung des individuellen Ernährungszustandes und auch für Ernährungsberatungen ist daher ausschließlich der Körperfettanteil geeignet. Nur der erhöhte Körperfettanteil entspricht dem klinischen Begriff der Adipositas (Fettleibigkeit), die neben dem Zigarettenrauchen zu den häufigsten vermeidbaren indirekten Todesursachen gehört. Durch Inaktivität wird Adipositas gefördert und Adipositas fördert Inaktivität und damit Muskelatrophie mit allen orthopädischen Folgen. Besonders an den Kniegelenken kommt es vorzeitig zu Abnützungen, weil das Gelenk einerseits durch das Übergewicht dauerbelastet ist und andererseits die stabilisierende „Muskelmanschette" für dieses Gewicht zu wenig trainiert ist.

d) Apfel- oder Birnentyp?
Im Körper wird das Depotfett typenspezifisch abgelagert und an den entsprechenden Stellen leider zuerst angelagert und auch erst zuletzt abgebaut. Das Versprechen „Gewichtsabnahme an den Problemzonen" ist daher eine teuer verkaufte Fiktion. Man unterscheidet den männlichen (androiden) Typus mit Stammfettsucht, auch „Apfeltyp" genannt, bei dem der Taillenumfang größer ist als der Hüftumfang (keine Taille), vom weiblichen (gynoiden) Typus, auch „Reithosentyp" oder „Birnentyp" genannt, bei dem der Hüftumfang größer ist als der Taillenumfang (Waist/Hipp-Ratio, bei Frauen <0,8, bei Männern <1).

Neben dem Ausmaß des Übergewichts, welches über den BMI erfasst wird, bestimmt das Fettverteilungsmuster das Stoffwechselrisiko und auch das kardiovaskuläre Risiko. Der Taillenumfang ist ein einfacher, wenngleich indirekter anthropometrischer Parameter der intraabdominalen viszeralen Fettdepots.

Männer sollten einen Bauchumfang (in Nabelhöhe) von weniger als 100 cm und Frauen unter 80 cm haben. Höhere Werte zeigen an, dass das besonders gefährliche intraabdominale Bauchfett erhöht ist.

Zusätzlich werden zur Einschätzung des artherogenen Risikos die Blutfette und Entzündungsparameter, wie CRP, analysiert. Das LDL-Cholesterin sollte unter 130 mg/dl liegen, damit es nicht zur frühzeitigen Gefäßverkalkung kommt. Bei Übergewichtigen mit Triglyceriden über 150 mg/dl, HDL unter 40 mg/dl bei Männern bzw. unter 50 bei Frauen und Nüchternblutzucker über 110 mg/dl liegt eine gefährliche Insulinresistenz vor. Die Identifizierung insulinresistenter Übergewichtiger ist deshalb so wichtig, weil sie „Hochrisikopatienten" für die Entwicklung eines Diabetes Typ 2 und KHK sind und am meisten von einer Gewichtsabnahme und einem Training profitieren (siehe Abb. 44). Das bedeutet aber nicht, dass die restlichen ungefähr 75% Übergewichtigen ohne Insulinresistenz keine Gesundheitsprobleme haben (s.u.).

16.1.2.6 Folgen von Übergewicht und Adipositas

- Einbuße in der Mobilität durch Verlust von Muskelmasse und Erhöhung der Körperfettmasse, ev. bis zur Arbeitsunfähigkeit. Bei adipösen

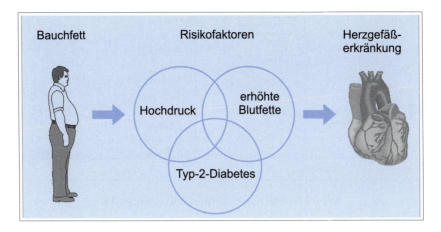

Abb. 44. Bauchfett verursacht das tödliche Quartet: Bluthochdruck, Fettstoffwechselstörungen und Diabetes mellitus Typ 2, Bauchfett

älteren Personen ist die Rate an Pflegeheimaufnahmen höher als bei nicht adipösen.
– Adipositas im Alter ist assoziiert mit Gebrechlichkeit, was zu Einbußen in den Aktivitäten des täglichen Lebens, wie Körperpflege und Einkaufen oder Stiegensteigen, führt.
– Bluthochdruck ist eine der häufigsten Begleiterkrankungen von Übergewicht und Adipositas und tritt ab BMI von 30 bei fast 50% auf!
– Störungen des Kohlenhydratstoffwechsels mit Insulinresistenz und Entwicklung eines Diabetes mellitus Typ 2. – Adipöse entwickeln dreimal häufiger DM als Normalgewichtige! Wenn der Kohlenhydratstoffwechsel bereits gestört ist, besteht ein 15fach höheres Diabetesrisiko und bei einem BMI von über 30 ein 30fach höheres Risiko!
– Stoffwechselstörungen wie Fettstoffwechselstörungen (Dyslipidämie) und Gicht (Hyperurikämie) und damit doppelt so hohes Risiko für die Entstehung von Atherosklerose in unterschiedlichsten Gefäßregionen mit massiver Beeinträchtigung der Lebensqualität.
– Kardiovaskuläre Erkrankungen wie KHK, Schlaganfall, Herzinsuffizienz mit einem 10fach erhöhten Mortalitätsrisiko.
– Schnarchen wegen Verfettung der Rachenmuskulatur
– OSAS=obstruktives Schlafapnoesyndrom, d.h. Aussetzen der Atmung während des Schlafens für kurze Zeit u.a. mit der Folge einer Hypertonieentwicklung und ev. Abhängigkeit von einem Beatmungsgerät während der Nacht.
– Lungenkomplikationen wie Atemnot (Dyspnoe), Hypoventilation.
– Deutlich erhöhtes Narkose- und Operationsrisiko.

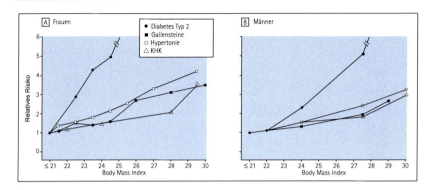

Abb. 45. Erhöhtes Erkrankungsrisiko mit steigendem BMI

– **Bösartige Tumore** in Endometrium, Zervix, Ovarien, Brust, Prostata, Niere und Dickdarm werden u.a. durch Hyperinsulinämie gefördert.

– Gastrointestinale Erkrankungen wie **Gallensteine** und nicht-alkoholische Fettleberhepatitis.

– Degenerative Erkrankungen des Bewegungsapparates **(Arthrosen, Wirbelsäulensyndrome, Bandscheibenvorfall)**.

– Beschwerden (verstärktes Schwitzen, Gelenksbeschwerden, Belastungsdyspnoe=Atemnot oder Kurzatmigkeit).

– **Hormonelle Störungen** wie Hyperandrogenämie, Polycystisches Ovar, erniedrigte Testosteron-Spiegel bei Männern.

– Übergewichtige und fette Männer haben ein über 30% höheres Impotenzrisiko **(ED=Erektile Dysfunktion)** als jene mit BMI unter 25. So sind 80% der Männer mit ED übergewichtig.

– Psychosoziale Konsequenzen: Persönlichkeitsstörung mit vermindertem Selbstwertgefühl, erhöhter Depressivität und Ängstlichkeit, soziale Diskriminierung mit Einsamkeitsfolge. Zusammengefasst: **verminderte subjektive Lebensqualität** durch Einschränkung der Aktivitäten des täglichen Lebens.

16.1.2.7 Sinn und Zweck einer Adipositas-Prävention

Die Notwendigkeit von Präventionsmaßnahmen ergibt sich aus folgenden Gründen:

– mit zunehmender Dauer und Ausprägung der Adipositas wird die **Behandlung immer schwieriger und komplexer**,

– die gesundheitlichen Folgeerscheinungen der Adipositas sind nach Gewichtsverlust **nicht immer reversibel**,

- die Prävalenz der Adipositas ist mittlerweile in den meisten Industrienationen so hoch, dass die verfügbaren Ressourcen nicht mehr ausreichen, um allen Betroffenen eine Behandlung anzubieten.

Primäres Präventionsziel auf Bevölkerungsebene ist eine Gewichtsstabilisierung, da das mittlere Körpergewicht Erwachsener bis zu einem Alter von 65 Jahren kontinuierlich zunimmt! Bei einem BMI zwischen 25–30 sollte eine mäßige Gewichtssenkung angestrebt werden, um die Entwicklung der oben genannten Folgen von Übergewicht und Adipositas zu verhindern.

Neben dem Rauchen gilt die Adipositas als die wichtigste Ursache für vermeidbaren vorzeitigen Tod.

16.1.2.8 Methoden der Gewichtsabnahme

Im Rahmen einer Schulung sollte über die Möglichkeiten und Grenzen von Gewichtsreduktionsprogrammen informiert werden. Zur Senkung des Körpergewichtes, insb. des Fettanteils, wird eine langfristige negative Energiebilanz benötigt. Dann nämlich muss das Energiedefizit aus den Fettdepots zugeschossen werden. Was auch während des Schlafes erfolgen kann. (So verlieren z.B. Bären während des Winterschlafes 25–50% ihres Körpergewichts.) Grundlage jedes Gewichtsreduktionsprogramms ist zunächst der kombinierte Einsatz von hypokalorischer Kost, Bewegungssteigerung und Verhaltensänderung. Denn schon zur Konstanthaltung des Körpergewichtes ist ein Bewegungsausmaß von 30 Minuten zügigem Gehen pro Tag bzw. 3–4 Stunden pro Woche (ca. 15 km/Woche) notwendig.

Auch wenn der Gewichtsverlust bei gleich großer negativer Energiebilanz durch Hungern oder durch Bewegung gleich groß ist, wird bei Bewegung mehr Fett abgebaut als beim Hungern, weil beim Hungern der Gewichtsverlust u.a. auch durch Muskelabbau bedingt ist. Außerdem nimmt der Grundumsatz bei Bewegung, im Gegensatz zum Fasten, nicht ab. Die Insulinausschüttung nimmt durch Bewegung um mehr als das Doppelte ab und wirkt gegen die so gefährliche Erhöhung des Insulins (Hyperinsulinämie), die charakteristischerweise bei Insulinresistenz vorliegt!

Eine gangige Strategie zur Gewichtsreduktion ist die mehr oder weniger drastische Kalorienreduktion bis zur Null-Diät über einen beschränkten Zeitraum (Diät- und Fastenkuren). Null-Diäten bewirken einen durchaus nennenswerten Gewichtsverlust. Dieser Gewichtsverlust besteht aus 3 Komponenten:

(1) Erwünschter Fettabbau. Dieser kann bei einer 14 Tage-Fastenkur maximal 2,2 kg Depotfett betragen.

(2) Neutrale Wasserausscheidung durch Freisetzung aus dem Fettgewebe und aus der glykogenverarmten Muskulatur, was 5–6 kg ausmachen kann.

(3) Unerwünschter Muskelabbau. Auch dieser kann bei einer 14 Tage-Fastenkur 1–2 kg betragen.

Fastenkuren haben aber eine fast 100%ige Rückfallquote. Dafür gibt es hauptsächlich 2 Gründe:

(1) Durch das Fasten und die Umstellung des Körpers auf Hungerstoffwechsel kommt es zu einer Abnahme des Grundumsatzes. (Außerdem werden beim Hungern die Schilddrüsenhormone, Wachstums- und Geschlechtshormone nur noch vermindert produziert.) Das alles zusammen führt einerseits zur Verlangsamung der Gewichtsabnahme und andererseits zu einer rascher Gewichtszunahme nach dem Ende der Fastenkur bei Wiederaufnahme der Normalkost. Bei Wiederholung derartiger Kuren mit entsprechendem Ab und Auf des Körpergewichts spricht man von einem Yo-Yo-Effekt oder Weight-Cycling.

(2) Die Gewichtszunahme erfolgt in der Regel über längere Zeit aufgrund fester Ernährungs- und Bewegungsgewohnheiten. Da diese durch Kuren/Diäten nicht verändert, sondern nur unterbrochen werden, führen sie nach Ende der Kur/Diät ebenso zu Übergewicht wie vor der Kur.

Ein unerwünschter Effekt von Fastenkuren ist der Abbau von Muskeleiweiß, da der Körper auch im Fastenzustand ein Eiweißminimum von 30–40 g pro Tag benötigt (ca. 100 g Muskel). Die Gewichtszunahme nach Beendigung des Fastens betrifft fast immer das Fettgewebe und nicht die Muskelsubstanz, da meist kein entsprechendes Krafttraining durchgeführt wird.

Das Ergebnis mehrfacher Fastenkuren sind dann häufig „schlanke fette" Individuen, die trotz Normalgewicht einen hohen Fettanteil mit geringem Muskelanteil haben. Auch solche Menschen tragen das Risiko der Adipositas. Daher sollte bei Übergewicht keine kurmäßige und radikale, sondern eine langfristige und moderate (10–20% des Tagesumsatzes) Negativierung der Energiebilanz angestrebt werden. Dafür eignet sich am besten eine Doppelstrategie:

– Verminderung der Energiezufuhr durch Diät und
– Erhöhung des Energieumsatzes durch vermehrte körperliche Aktivität.

Da das Übergewicht das Ergebnis fester über Jahre bis Jahrzehnte wirksamer Gewohnheiten ist, kann diese Strategie nur durch eine Änderung dieser Gewohnheiten umgesetzt werden.

a) Änderungen der Essgewohnheiten

Die Änderungen der Essgewohnheiten betreffen einerseits das Essen selbst, also wie man isst und andererseits die Auswahl und Zubereitung der Nahrungsmittel, also was man isst.

Wie kann man langfristig eine negative Energiebilanz erreichen:

- Realistische Ziele setzen! Mehr als 10 kg Gewichtsabnahme im Jahr ist illusionär. Nach dem Motto: lieber langsam, aber dafür dauerhaft Gewicht reduzieren, als rasch runter! Denn das führt eher zum Abbruch des Abspeckversuches bzw. zum Yo-Yo-Effekt innerhalb kurzer Zeit.
- Deshalb kein zu großes tägliches Energiedefizit – max. 300 kcal – durch bevorzugten Konsum ballaststoffreicher Kohlenhydrate (Salate, Obst, Gemüse). Denn diese haben eine geringe Energiedichte, weshalb man daher viel essen darf, um satt zu werden und man nimmt dennoch nicht allzuviel Energie auf.
- Da der normale Fettanteil der österreichischen Kost über 40% beträgt, soll eine Reduktion auf unter 30% erfolgen!
- Auf verstecktes Fett achten und meiden: Paniertes, Frittiertes, Wurst, Fleisch, Saucen, Dressings, Aufstriche, Pasteten, Cremes, Tips, Einbrenn, Käse, Butter auf dem Brot nur „sparsam" konsumieren. Brotscheiben dicker schneiden, dafür Belag reduzieren. Achtung: Süßigkeiten und Eis enthalten ebenfalls viel Fett!
- Aufteilen der Kalorien des Tagesumsatzes auf bis zu 6 Mahlzeiten (Frühstück, Snack, Mittag, Snack, Abend, Snack) mit maximalen Pausen von 4 Stunden, denn sonst wird der Hunger zu groß und der Heißhunger führt dann zu Fressattacken (binge eating), weil das Kaloriendefizit zu groß wird. (Binge eating-Attacken werden damit erklärt, dass sich gezügelte Esser nie satt essen und damit die Fähigkeit verlieren, Sattheitssignale zu erleben.)
- Da Übergewichtige häufig schnelle Esser sind, soll jeder (wirklich jeder) Bissen 40–50 mal gekaut werden, denn es dauert ca. 20 Minuten bis die Signale aus dem Magen-Darm-Trakt ins ZNS gelangen.
- Während des Kauens soll das Besteck abgelegt werden, bzw. der Verzehr heißer Suppen verhindert ebenso eine „gierige" rasche Nahrungsaufnahme.
- Mit dem Essen aufhören, wenn alle anderen „Normalesser" ihre Mahlzeit beendet haben.
- Verführungen vermeiden, nach dem Motto: „Aus dem Auge, aus dem Sinn" (und damit nicht im Mund). Daher nur wenig Freizeit in der Küche verbringen und auch keine Nahrungsmitteldepots in der Nähe des Schreibtisches oder Betts anlegen. Als Treffpunkte nicht Imbiss- bzw. Fastfoodlokale wählen.
- Mit dem Kaloriengehalt der üblicherweise konsumierten Nahrungsmittel vertraut werden, aber großzügig zählen (50, 100 kcal) um ein Gefühl zu bekommen „Wie schmecken und sättigen z.B. 600 kcal?" Ziel ist es, wieder auf die Körpersignale Hunger und Sattheit zu hören.
- In unserer durch Überfluss und Nahrungsmittelwerbung dominierten Gesellschaft kommt es leichter und häufiger zu Ernährungsfehlern

mit Mehrkonsum (siehe oben), weshalb ein Obsttag sinnvoll ist, weil mit zunehmendem Übergewicht die Gegenmaßnahmen schwerer werden.

- Auf abwechslungsreiche Ernährung achten und den Speiseplan nicht nur mit einigen wenigen Nahrungsmitteln einseitig gestalten.
- Suppen sind ideal. Erstens haben sie wie alle wasserreichen Nahrungsmittel nur eine geringe Energiedichte und man kann daher viel essen, um satt zu werden und nimmt dennoch nicht besonders viel Energie auf. Und zweitens kann man heiße Speisen nicht so schnell essen, bzw. immer nur kleine Portionen aufnehmen.
- Flüssigkeit vor dem Essen, wie ein Glas Wasser, bringt nicht viel, weil die Verweildauer im Magen zu kurz ist. Besser ist es flüssigkeitsreiche Nahrungsmittel, wie Suppen, zu essen, weil diese eine geringere kalorische Dichte haben. Außerdem ist die Verweildauer länger und die Sättigung homogenisierter Nahrungsmittel oft besser, als die fester Nahrungsmittel. Da kleinere und größere Portionen fast immer aufgegessen werden ist es daher zweckmäßiger, immer nur kleinere Einheiten zu bestellen!

b) Änderung des Bewegungsverhaltens

Das bezieht sich auf 2 Bewegungskategorien.

(1) Bewegung im Alltag (siehe Abb. 43 und Abb. 46)
Das bedeutet konsequentes und striktes Verzichten auf mechanische Bewegungshilfen, wie Aufzüge, Rolltreppen sowie für Wege bis 1 km auf Auto oder Straßenbahn. (Bis zu dieser Entfernung ist man zu Fuß nicht langsamer). Wenn auf diese Weise etwa 1/2 Stunde Fußmarsch pro Tag zustande kommt, bedeutet das einem zusätzlichen durchschnittlichen Energieumsatz von 100 kcal. Bei 220 Arbeitstagen pro Jahr erreicht man alleine dadurch einen Abbau von 2 kg Körperfett ohne Diät und ohne Training.

(2) Ausdauertraining
Vorerst muss man klären, wie viel Kalorien man bei einer Stunde Joggen verbraucht? Dazu brauchen wir eine individuelle Angabe, nämlich die maximale Sauerstoffaufnahme. Nehmen wir an, diese wäre 2 l/min (Durchschnittswert einer 20-jährigen Frau) und nehmen wir weiter an, dass beim Joggen 60% der $\dot{V}O_2$max genutzt werden (das ist ein eher gemütliches Joggen): 2 l/min×0,6×5×60 (min)=360 kcal/Stunde. Bei 2 Stunden Joggen pro Woche und regelmäßigem Training in 50 Wochen des Jahres ergibt das den kalorischen Gegenwert von 3,8 kg Depotfett.

Mit Bewegung im Alltag (2 kg) macht in Summe 5,8 kg ohne Diät. Die einzige Bedingung ist: Man darf nicht mehr essen als vorher. Können durch moderate Änderungen des Essverhaltens 200 kcal pro

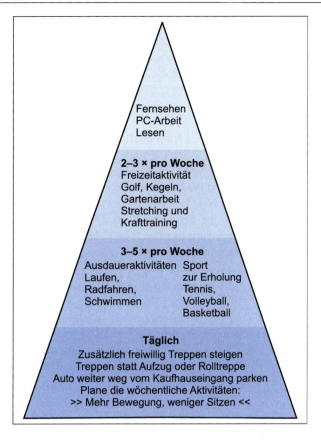

Abb. 46. Die Bewegungspyramide

Tag eingespart werden, dann ergibt das weitere 7,6 kg Fettabbau. Insgesamt sind 12 kg Fettabbau pro Jahr oder rund 1 kg pro Monat realistisch möglich. Mit diesen Zahlen kann man sich ausrechnen, wie lange es dauern wird, bis man wieder sein „Idealgewicht" erreicht haben wird, wenn man durchhält.

Abnehmen erfordert viel Geduld und eine negative Energiebilanz über eine lange Zeitperiode!

Diese Lebensstiländerungen zeigen nur bei 10–20% aller Teilnehmer von Gewichtsreduktionsprogrammen Langzeiterfolge. Dies liegt vor allem auch daran, dass die gesellschaftlichen Lebensbedingungen kontraproduktiv sind und eine gesundheitsfördernde Lebensweise eher erschweren. Auch bei kompetenter Betreuung sind daher Rückschläge häufig. Als nächster Schritt in einer Eskalation der Ernährungstherapie ist zunächst die Möglichkeit einer Mahlzeitenersatzstrategie zu erwägen Dabei werden üblicherweise ein bis zwei Hauptmahlzeiten durch energetisch definierte Fertigprodukte von ca. 200 kcal ersetzt. Dieses Konzept erleichtert es vielen Übergewichtigen, das vereinbarte Energiedefizit einzuhalten.

16.1.3 Nährstoffbilanz

Die Nährstoffe Eiweiß, Fette und Kohlenhydrate in unserer Nahrung haben im Stoffwechsel unterschiedliche Funktionen. Daher ist der Bedarf je nach Beanspruchung stark unterschiedlich. Die Angabe des Bedarfs erfolgt primär durch die Angabe, wieviele Prozent der Kalorien des Tagesumsatzes von einem Nährstoff stammen. Daher ist zur Berechnung des Nährstoffbedarfs zuerst der individuelle Tagesumsatz festzustellen.

16.1.3.1 Berechnung des Eiweißbedarfs

Die entscheidende Größe für den Eiweißumsatz ist die Höhe der muskulären Beanspruchung. Allgemein gilt: Je mehr die Kraftkomponente eine Rolle spielt, desto höher muss der Proteinanteil an der Gesamtnahrung sein. Das Krafttraining hat in allen Sportarten große Bedeutung und der Erfolg des Trainings ist von zwei Komponenten abhängig:

– vom Trainingsreiz und
– von ausreichender Eiweißzufuhr.

Wird einer der beiden Komponenten zu wenig Beachtung geschenkt, so ist der Kraftzuwachs deutlich geringer. Mit anderen Worten:

Krafttraining ist nur wirksam, wenn auch die Eiweißzufuhr stimmt. Höhere Eiweißzufuhr ist nur dann sinnvoll, wenn trainiert wird.

Mit zunehmender Kraftleistung und Muskelbildung steigt der Eiweißbedarf und ist bei Schwerathleten, Werfern, Boxern, Ringern etc. am höchsten. Je höher die muskuläre Beanspruchung, desto stärker ist die katabole Wirkung auf die Myofibrillen, die durch eine adäquate Proteinaufnahme kompensiert werden muss. Nach der Höhe des durchschnittlichen Krafteinsatzes werden daher die Sportarten in 4 Kategorien mit unterschiedlichem durchschnittlichem Eiweißbedarf eingeteilt:

– Normalpersonen und reine Ausdauersportarten: 12% Eiweiß (EW),
– Ausdauersport mit höherem Krafteinsatz (Kampfsport, Ballsport): 15% Eiweiß,

- Kraftsport: 20% Eiweiß,
- Kraftsport mit forciertem Muskelaufbau: 25% Eiweiß.

Beispiel: Wie hoch ist der tägliche Eiweißbedarf eines 70 kg schweren Mannes mit leichter beruflicher Tätigkeit und ohne Training?

EW=2240×0,12/4,3=62,5 g oder 0,89 g/kg KG
0,12 bedeutet den Eiweißanteil in Prozent am TU
4,3 sind die kcal pro g Eiweiß

Beispiel: Wie hoch ist der tägliche Eiweißbedarf einer 60 kg schweren Frau mit leichter beruflicher Tätigkeit sowie einer wöchentlichen Trainingszeit von 7 Stunden Joggen mit mittlerer Intensität von 60% und einer maximalen Sauerstoffaufnahme von 2,4 l/min? Der Proteinanteil am Tagesumsatz soll 12% sein.

TRU=2,4×0,6×5×60×7/7=432 kcal/Tag
TU=2040×60/70-60×0,9×7/7+432=2235 kcal/Tag
EW=2235×0,12/4,3=62 g oder 1 g/kg KG

Interessant ist, dass die umfangreich ausdauertrainierende Frau trotz geringerem Körpergewicht bei gleichem Eiweißanteil von 12% einen geringfügig höheren Eiweißbedarf als der nichttrainierende Mann hat!

Auch bei umfangreich trainierendem Kraftsportler mit extremer Zielstellung erreicht der tägliche Eiweißbedarf nur 2,5 g/kg Körpergewicht. Daher sind Angaben von bis zu 3 g Eiweiß pro kg Körpergewicht Verallgemeinerungen, die nur für ganz wenige Hochleistungssportler zweckmäßig sind.

Beispiel: Wie hoch ist der tägliche Eiweißbedarf eines 100 kg schweren Bodybuilders mit leichter beruflicher Tätigkeit? Täglich 2 Stunden hartes Krafttraining (wöchentliche Trainingszeit 10 Stunden) mit Im von 30% und einer $\dot{V}O_2$max von 3,6 l/min. Gewünschter Proteinanteil ist 25%.

TRU=3,6×0,3×5×60×10/7=462 kcal/Tag
TU=2240×100/70-100×14/7+462=3462 kcal/Tag
EW=3462×0,25/4,3=200 g oder 2 g/kg KG

An diesem Beispiel sieht man, dass auch sehr umfangreich trainierende Kraftsportler keinen wesentlich höheren Eiweißbedarf als 2 g/kg Körpergewicht und Tag haben. Bei 7 Stunden Training pro Woche und gleichem Eiweißanteil von 25% sinkt der Eiweißbedarf auf 1,5 g Eiweiß/kg Körpergewicht und Tag.

Beispiel: Wie hoch ist der tägliche Eiweißbedarf eines umfangreich Ausdauer-Trainierenden 70 kg schweren Radfahrers mit leichter beruflicher Tätigkeit und wöchentlicher Trainingszeit von 10 Stunden mit Im von 50% bei einer $\dot{V}O_2$max von 3,5 l/min und zweckmäßigem Proteinanteil am Tagesumsatz von 12%?

TRU=3,5×0,5×5×60×10/7=750 kcal pro Tag
TU=2240−70×20/7+750=2800 kcal pro Tag
EW=2800×0,12/4,3=78 g oder 1,1 g/kg KG

Der Radfahrer hat bei nur 12% Eiweißanteil am Tagesumsatz einen relativen Proteinbedarf wie ein Kraftsportler mit 5 Stunden wöchentlicher Trainingszeit und 25% Eiweißanteil. Das ist durch den enorm großen Trainingsumfang beim Radfahrer bedingt.

Auswahl eiweißhaltiger Nahrungsmittel

Bei der Wahl der Nahrungsmittel ist vor allem die biologische Wertigkeit zu beachten. Besonders gut geeignet sind aus diesen Gründen Milch und fettarme Milchprodukte. Milchprotein ist zudem wertvoll als Methioninspender für die Kreatinsynthese in der Muskulatur. Schließlich ist eine Kost aus Milch und Milchprodukten auch reich an Calcium und enthält verschiedene andere Mineralstoffe und Vitamine. Fleisch aller Art ist reich an Protein, Eisen, Phosphor, Calcium und B-Vitaminen. Bei den Fleischproteinen ist die biologische Wertigkeit hoch. Die Verdauung erfolgt langsamer als bei Milchprotein. Fettreiches Fleisch enthält meist viel gesättigte Fettsäuren sowie Cholesterin und Purine, die alle bei hoher Zufuhr ein Gesundheitsrisiko darstellen (u.a. Gicht). Magere Fleischarten sind zu bevorzugen.

Rein vegetarische Kost kann nur dann den Bedarf an essentiellen Aminosäuren abdecken, wenn verschiedene Typen pflanzlicher Nahrungsmittel kombiniert werden (Getreideprodukte und Hülsenfrüchte). Ausdauersportler können rein vegetarisch zurecht kommen, weil diese Nahrungsmittel sehr kohlenhydratreich sind. Durch die Kombination von Getreideprodukten mit tierischen Proteinträgern kommt es zu einer gegenseitigen Aufwertung. Nahrungsmittel aus Getreide sind zudem neben den Kohlenhydraten reich an B-Vitaminen und Vitamin E. Das Eiweiß von Erbsen und Bohnen in größeren Mengen ist in der Sporternährung eher ungeeignet, weil diese Gemüse eine lange Verweildauer im Verdauungstrakt aufweisen. Bei einem sehr hohen Proteinbedarf, insbesondere bei umfangreich trainierenden Kraftsportlern, kann es deshalb angezeigt sein, einen Teil des Eiweißbedarfs mit einem Eiweißkonzentrat zu decken, um das Nahrungsvolumen auf eine Größe zu beschränken, die vom Verdauungssystem bewältigt werden kann.

Üblicherweise wird der Eiweißgehalt in den Lebensmitteln in Gewichtsprozent angegeben (g pro 100 g Lebensmittel), die einschlägigen Nahrungsmitteltabellen entnommen werden können.

Würde der Eiweißbedarf ausschließlich über Fleisch gedeckt werden, dann müsste ein 75 kg schwerer Mann ca. 250 g Fleisch verspeisen, um den Eiweißbedarf von 1 g Eiweiß/kg Körpergewicht pro Tag aufzunehmen. Es ist aber günstiger, verschiedene Eiweißquellen zu benutzen, wobei zu beachten ist, dass der Bedarf an essentiellen Aminosäuren auf jeden Fall dann gedeckt

Tabelle 20. Eiweißgehalt einiger Nahrungsmittel

Nahrungsmittel	Eiweißgehalt
Hafer	12%
Vollkornbrot	8%
Nüsse	25%
Trinkmilch	4%
Topfen	14%
Joghurt	4%
Camenbert	26%
Emmentaler	29%
Fleisch mager	20%

ist, wenn 80% des Nahrungseiweißes aus tierischen Quellen stammen (Fleisch, Milch, Eier).

Leider gibt es für die Eiweißbilanz kein so einfaches Messgerät wie die Badezimmerwaage für die Energiebilanz. Bei Ausdauersportarten ist eine ausgeglichene Bilanz relativ einfach erreichbar, da Getreideprodukte (z.B. Brot) einen erforderlichen Eiweißanteil von 10–12% enthalten. Für Kraftsportler, die eine positive Eiweißbilanz anstreben, erkennt man dies an der Muskelzunahme, der Körpermasse und Muskelkraft.

Neben der Bedeutung für den Muskel haben die aus dem Eiweiß stammenden Aminosäuren noch andere wichtige Funktionen im Organismus. Sie sind Bausteine für Hormone, Immunstoffe (Antikörper) und vor allem für Enzyme, die u.a. im Energiestoffwechsel wichtige Funktionen haben. Proteine erfüllen wichtige Aufgaben im Regulationsstoffwechsel und stehen in direktem Zusammenhang mit Vitaminen und Mineralstoffen. Bereits ein kurzfristiger Eiweißmangel hat eine herabgesetzte Aktivität der verschiedenen Enzymsysteme im Organismus zur Folge, die unter anderem den geordneten Ablauf der Verbrennungsvorgänge stören und die Energiefreisetzung behindern. Beides zusammen macht sich subjektiv in einer herabgesetzten Leistungsbereitschaft, Energielosigkeit, Antriebslosigkeit und ev. Apathie bemerkbar. Die sportliche Maximalleistung verringert sich, ebenso die geistige Leistungsfähigkeit.

16.1.3.2 Berechnung des Fettbedarfs

Fette mit ihren Fettsäuren sind die Basis des Energiestoffwechsels im Muskel. In Ruhe und bei mäßiger körperlicher Belastung bis zu 50% $\dot{V}O_2$max erfolgt die notwendige Energiebereitstellung überwiegend durch FOX. Bei Belastungen mit einer Intensität von 60–70% $\dot{V}O_2$max wird bei steigendem

Laktatspiegel im Blut ab 4 mmol/l die FOX blockiert und die Muskelzelle deckt ihren Energiebedarf durch ausschließliche Glukoseverbrennung.

Entscheidend, ob Fett und Glukose oder ausschließlich Glukose verbrannt werden, ist somit nicht die Dauer der Belastung, sondern die Intensität (Tempo). Weiters von Bedeutung ist, ob eine Belastung langsam und einschleichend begonnen wird und das Tempo nur langsam gesteigert wird. Wenn das Anfangstempo zu hoch ist, entsteht zu Beginn der Belastung durch das Sauerstoffdefizit ein Laktatspiegel von 4 mmol/l oder höher, der die FOX blockiert. Wird die Belastung mit geringer Intensität fortgesetzt, kann erst dann auf gemischten Stoffwechsel umgestellt werden, wenn der Laktatspiegel im Blut auf unter 4 mmol/l abgefallen ist.

Auch die täglich benötigte Fettmenge richtet sich in erster Linie nach dem TU, der eventuell durch den Trainingsumsatz maßgeblich beeinflusst wird. Daher muss zuerst der individuelle Tagesumsatz-Wert und dann der Fettbedarf pro Tag berechnet werden.

Der optimale Fettanteil (F) liegt beim:

- Kraftsport bei 35% Fettanteil
- Kraftsport mit sehr hohem Tagesumsatz 40% Fettanteil
- bei allen anderen Sportarten und Nichttrainierenden unter 30% Fettanteil.

Beispiel: Der bekannte Radfahrer mit einem Tagesumsatz von 2800 kcal pro Tag und einem zweckmäßigen Fettkalorienanteil von 30%.

F=2800×0,3/9,5=88 g oder 1,3 g/kg KG und Tag

9,5 kcal sind die freiwerdende Energie bei vollständiger Verbrennung von 1 g Fett.

Als vergleichendes Beispiel der bekannte Kraftsportler mit einem TU von 3462 kcal pro Tag und einem gewünschten Fettanteil von 35%.

F=3462×0,35/9,5=127 g oder 1,3 g/kg KG und Tag

Auch hier sieht man das etwas unerwartete Ergebnis, dass nämlich der umfangreich trainierende Radfahrer den gleichen Fettbedarf hat als der erheblich schwerere Kraftsportler.

Da aus 1 g Fett 9,5 kcal gebildet werden, ist die kalorische Ausbeute mehr als doppelt so groß wie beim Abbau von Kohlenhydraten oder von Eiweiß. Die Qualität der Nahrungsfette wird durch die enthaltenen Fettsäuren bestimmt (kurzkettige oder langkettige bzw. gesättigte und ungesättigte Fettsäuren) und durch das Verhältnis der mehrfach ungesättigten zu den gesättigten Fettsäuren als P/S–Verhältnis beschrieben. Eine Zufuhr großer Mengen an gesättigten Fettsäuren bedeutet ein hohes Risiko für Herz- und

Gefäßerkrankungen. Besonders gefäßschädigend sind die sog. Transfettsäuren, die in zahlreichen Fertigprodukten und Mehlspeisen enthalten sind.

Eine mit Omega-3-Fettsäuren angereicherte Ernährung reduziert das kardiovaskuläre Risiko bei gesunden Erwachsenen. Mehrfach ungesättigte Fettsäuren finden sich v.a. in bestimmten pflanzlichen Ölen (Sonnenblumenöl, Kernöle u.a.) sowie in Seefischen. Daraus erklären sich die Vorteile der „Mittelmeerdiät" (reich an pflanzlichen Ölen und Fisch), die ein hohes HDL bei niedrigem Gesamtcholesterin begünstigt und somit Gefäßerkrankungen und Herzinfarkten vorbeugt. Omega-3-Fettsäuren sind in Fischen und Meeresfrüchten (2x wöchentlicher Fischkonsum) sowie in Nuss- und Pflanzenölen enthalten.

Milchfett gilt als leicht verdaulich, allerdings ist bei Verwendung von Butter, Sahne und fettreichen Käsesorten der Gesamtfettgehalt der Ernährung im Auge zu behalten.

Im Gegensatz zur Vollmilch, die etwa 3,5% Fett enthält, muss man beim Käse schon mehr auf den Fettgehalt achten. Käse wird allgemein als eiweißreich angesehen, aber bei einem Fettgehalt von über 45% Fett in der Trockenmasse unterliegt der Proteingehalt dem Fettanteil! Da Käse während der Reifung seine Zusammensetzung verändert, gibt man den Fettgehalt in Prozent der Trockenmasse (Fett i.Tr.) an, um eine gleichbleibende Bezugsgröße zu haben. Der tatsächliche (absolute) Fettgehalt liegt bei allen Sorten niedriger. Ein Schnittkäse mit 50% Fett i.Tr., der etwa zur Hälfte aus Wasser besteht, enthält dann etwa 25 g Fett/100 g Nahrungsmittel. Magertopfen, der viel mehr Wasser (80%) enthält, hat weniger als 10% Fett i.Tr., was weniger als 1 g Fett in 100 g Topfen ausmacht. Bei einem Hartkäse, z.B. Appenzeller, können 50% Fett i.Tr. dagegen schon gut 30 g Fett/100 g Käse absolut ausmachen, weil der Wassergehalt niedriger ist. Energetisch betrachtet liefern die 30 g Fett aber 50% der aufgenommen Kalorien von 100 g Käse.

Der durchschnittliche Nahrungsfettanteil in Österreich beträgt über 40% der Tageskalorien. Die Hauptaufgabe der Ernährungsberatung besteht daher primär in der Reduktion des Fettgehalts der Nahrung.

16.1.3.3 Berechnung des Kohlenhydratbedarfs

Der Anteil der Kalorien aus Kohlenhydraten am TU ergibt sich aus der Differenz des Eiweiß- und Fettanteiles auf 100%. Zweckmäßige Kohlehydratanteile wären:

- Normalperson: 55–58%,
- Ausdauersportler: 58–60%,
- Sportarten mit Kraft und Ausdauer: 55%,
- Kraftsport: 45%,
- Kraftsport mit forciertem Muskelaufbau: 35%.

Eine kohlenhydratreiche Kost erhöht die Ausdauerleistungsfähigkeit verglichen mit einer eiweiß- oder fettreichen Kost, sodass die Ernährung im Hinblick auf Training und Wettkampf darauf abgestimmt sein muss. Der Vorteil von Mehrfachzucker oder Stärke (Polysaccharide), wie sie in Getreide, Kartoffeln u.a. vorkommen, ist der verzögerte Glukoseeinstrom ins Blut (siehe Abb. 1). Die komplexen Kohlenhydrate müssen nämlich vor der Aufnahme aus dem Darm in Monosaccharide aufgespalten werden. Anschließend müssen alle Zuckerarten (außer Glukose) in der Leber in Glukose umgewandelt werden, bevor sie zur weiteren Verwertung in die Muskulatur gelangen. Der Blutzuckeranstieg nach der Aufnahme von komplexen Kohlenhydraten (niedrigerer glykämischer Index) ist daher geringer als der nach der Aufnahme der gleichen Glukosemenge.

Sportler sollten Nahrungsmittel nach deren glykämischen Index einteilen: in solche mit hohem, moderatem (mittlerem) und niedrigem. Denn Nahrungsmittel mit hohem glykämischen Index sind zweckmäßig vor Wettkämpfen und vor intensiven Belastungen, wo es zur Glykogenverarmung kommen wird. Hierbei sind 4–6 Stunden vor der Belastung 200–300 g Kohlenhydrate mit hohem Index und wenig Fett, Protein und Ballaststoffen empfohlen. Andererseits führen Nahrungsmittel mit geringem glykämischen Index nur zu einer geringen Insulinausschüttung aus der Bauchspeicheldrüse und sind dann sinnvoll, wenn die KH-Speicher bereits voll sind. Für Personen mit über 48 Stunden Erholung zwischen den Belastungen, spielt der glykämische Index der Nahrung keine Rolle, weil mit jeder Ernährung, die aus über 60% Kohlenhydrate besteht, ausreichend Muskelglykogen synthetisiert wird. Wenn aber anstrengende körperliche Aktivität alle 24 Stunden geplant ist, dann wird die Bevorzugung von Nahrungsmitteln mit hohem glykämischen Index empfohlen, damit auch in dieser kurzen Regenerationszeit ausreichend Muskelglykogen gebildet werden kann.

16.1.3.4 Anhang: Ballaststoffe

Ballaststoffe sind nicht verdauliche, meist unlösliche Substanzen, die daher unverändert in den Dickdarm gelangen, wo sie langsam mehr oder weniger vollständig abgebaut (fermentiert) werden. Fast alle Ballaststoffe sind Kohlenhydrate (vom Typ der Poly- oder Oligosaccharide).

Ballaststoffe haben als einziger Nahrungsbestandteil während der ganzen gastrointestinalen Passage Kontakt mit der Schleimhaut (bei normaler Transitzeit 24–36 Stunden. Die normalen Darmpassagezeiten weisen bekanntlich große individuelle Unterschiede auf: Magen meist 1–2 Stunden, Dünndarm 2–4 Stunden, Dickdarm 24–48 Stunden.)

Die wesentlichen Ballaststoffe sind:

Cellulose, Hemicellulose, Pektin, Guar, Lignin und verdauungsresistente Stärke

Ballaststoffe kommen in unterschiedlichem Gehalt in pflanzlichen Lebensmitteln vor. Seit die traditionelle ballaststoffreiche Kost mit Beginn des 20. Jahrhunderts einer fett-, zucker- und eiweißbetonten ballaststoffarmen Ernährung hatte weichen müssen, liegt der Ballaststoffkonsum in Europa und den USA mit 15 g weit unter dem empfohlenen Richtwert von mindestens 30 g pro Tag.

Ballaststoffwirkungen:

- modifizieren die Nährstoffabsorption von Fetten und Kohlenhydraten im Dünndarm;
- bestimmen die Zusammensetzung und die Menge des Stuhls;
- sind Nahrungssubstrat der Dickdarmflora;
- beschleunigen die Darmpassage;
- Bei ihrer Verwertung (Fermentation) durch die Darmbakterien werden kurzkettige Fettsäuren gebildet, die das Dickdarmepithel ernähren und das Gleichgewicht von Zellbildung und -elimination steuern.
- Außerdem entstehen Gase, entgiftende Enzyme, Antioxidantien und Karzinogen-inaktivierende Stoffe.

Woher stammen die Ballaststoffe und was ist bei der Zufuhr zu beachten?

(1) Konsum pflanzlicher Lebensmittel, denn Gemüse in der „westlichen Kost" ist der Hauptlieferant, vor Getreide und Obst,

(2) Natürliche, konzentrierte Ballaststoffe in Präparaten, wie Weizenkleie, Haferkleie, Leinsamen,

(3) Isolierte Ballaststoffe sind zur Prophylaxe nicht zweckmäßig.

Die Ballaststoffzufuhr soll mit viel Flüssigkeit (20-Fache der Menge) erfolgen; am besten nach vorherigem kurzen Suspendieren oder Einweichen in Milch oder Joghurt. Mit der reichlichen Wasserzugabe wird die Quellung oder der Übergang in visköse Lösung in Gang gesetzt. Die Einnahme soll vor oder zu Beginn der Mahlzeiten stattfinden, um Fülleffekt, Absorptionshemmung, Interaktion mit Enzymen im Dünndarm ausüben zu können. Die Dickdarmeffekte sind vom Einnahmezeitpunkt unabhängig.

Welche Wirkungen und Nebenwirkungen haben Ballaststoffe?

Durch Ballaststoffgabe lassen sich die einzelnen Passagezeiten im Darm verändern. (Deshalb unterscheiden sich die Transitzeiten, wenn man die Konsumenten der üblichen ballaststoffarmen Kost in Europa mit ballaststoffreich ernährten Afrikanern vergleicht: etwa 80 Stunden in Europa und 40 Stunden in Afrika.) Die Magenentleerungszeit verlängert: durch 20 g Pektin zum Essen um das Doppelte und durch 15 g grobe Weizenkleie um etwa 30 Minuten. Die Dünndarmpassage wird verkürzt. Nach 3-wöchiger Einnahme von täglich 20 g Weizenkleie verringert sich die gastrointestinale Gesamt-Transitzeit auf 24–36 Stunden (weniger Verstopfung).

Die Nebenwirkungen der Ballaststoffe sind substanz- und dosisabhängig:

- Leicht fermentierbare Ballaststoffe steigern die Gasbildung im Dickdarm.
- Schwer fermentierbare erhöhen das Volumen und die Dichte des Darminhalts.
- Höhere Dosen können zu Völlegefühl, Blähungen und massigen oder breiigen, auch zu flüssigen Stühlen führen. (Bei langsamer Dosissteigerung sind die Beschwerden bes. der Gasbildung vermeidbar.)
- Nur nach Einnahme höherer Dosen (täglich 50 g Haferkleie) und unzureichender Trinkmenge kann es zu chronischer Verstopfung kommen und ev. sogar zum Darmverschluss!
- Bei Darmentzündungen sollte man vor Einnahme zusätzlicher Ballaststoffe den Arzt konsultieren.

16.1.4 Flüssigkeitsbilanz

Schon der tägliche Wasserbedarf ohne körperliche Belastungen beträgt 1,5 Liter pro Meter Körperlänge, also 2–3 Liter Wasser täglich. Ein Flüssigkeitsdefizit hat in Abhängigkeit vom Ausmaß unterschiedliche Folgen entsprechend dem Schweregrad:

- 2,5% des Körpergewichts (das sind bei 70 kg KG 1,8 Liter) bewirken erhebliche Müdigkeit und Leistungsminderung,
- 5% Flüssigkeitsdefizit des Körpergewichts führt zu Schwindel und Kollaps, Krämpfen,
- ab 10% Flüssigkeitsverlust drohen Kreislauf- und Nierenversagen.

Körperliche Belastung bedeutet immer Wasserverlust durch Schweiß. Flüssigkeitsverlust durch Schwitzen darf nicht mit Gewichtsverlust durch Fettabbau verwechselt werden, sondern dient der Wärmeregulation. Flüssigkeitsverlust muss ersetzt werden! Auch hohe Wasserverluste von 4 Litern können nach Substitution bei Trainierten über Nacht wieder ausgeglichen werden, während höhere Verluste längere Regenerationszeiten (über 2–4 Tage) benötigen.

Wovon hängt die Schweißproduktion im Wesentlichen ab?

- Außentemperatur und Luftfeuchtigkeit,
- Körpergewicht, genauer gesagt von der Körperoberfläche,
- Belastungsintensität,
- Belastungsdauer.

Je höher die Luftfeuchtigkeit, desto schlechter ist die Verdunstung. Deshalb steigen die Schweißproduktion und damit der Flüssigkeitsverlust. Bei entsprechender Witterung ist vor jedem Training die Messung der Temperatur und

Luftfeuchtigkeit empfehlenswert, um dann an Hand des Hitzestress-Index zu entscheiden, ob unter diesen Bedingungen ein sicheres Training oder Rennen überhaupt möglich ist (siehe Tabelle 13).

Die Schweißrate ist auch wesentlich von der Körperoberfläche KO und damit vom Körpergewicht KG abhängig (siehe Formel nach Dubois). Je höher die relative Körperoberfläche (KO/KG), desto mehr Schweiß kann abgegeben werden. Menschen mit höherem KG haben eine geringere relative KO und schwitzen daher aus thermoregulatorischen Gründen leichter. So verlieren Marathonläufer mit 55 kg KG nur etwa 2 Liter im Vergleich zu 70 kg schweren Läufern, die über 4 Liter beim Marathon „verschwitzen".

Ebenso beeinflusst die Zielsetzung bzw. Motivation die Schweißrate, weil bei zunehmender Belastungsintensität die Schweißproduktion von 0,5 auf 2,5 Liter/Std deutlich zunimmt. So macht es einen Riesenunterschied, ob man „nur" in's Ziel kommen will („train to train") oder sich mit anderen mißt, bzw. gegen die Uhrzeit („train to compete") „kämpft" oder gewinnen will („train to win").

Und auch die Belastungsdauer ist für die Schweißproduktion wichtig! Denn je kürzer diese ist, desto geringer ist meist die Flüssigkeitszufuhr im Verhältnis zur oft sehr hohen Schweißrate, da man sich bei kurzer Belastungsdauer intensiver belasten kann.

Am Belastungsende besteht immer ein mehr oder weniger großes Flüssigkeitsdefizit mit der Gefahr eines Kreislauf- und Nierenversagens bzw. Überhitzung (Hitzeerschöpfung).

Auch wenn der Flüssigkeitsverlust durch Schwitzen individuell sehr stark schwankt, kann er folgenderweise abgeschätzt werden:

- Trockene Haut: Dennoch Schweißproduktion bis 0,5 Liter pro Stunde.
- Schweißbedeckte Haut: bis zu 1 Liter Schweißproduktion pro Stunde.
- Tropfender Schweiß: über 1 Liter Schweißproduktion pro Stunde.

> Das Training immer nur gut hydriert beginnen. Je frühzeitiger man schwitzt, desto früher muss Flüssigkeit ersetzt werden. Je mehr man schwitzt, umso mehr Flüssigkeit muss zugeführt werden!

Wie kann man herauszufinden, wie hoch die Schweißrate pro Stunde ist?

Vor dem Training wiegt man sich auf 100 g genau ab und notiert den Wert. Die während der Belastung zugeführte Flüssigkeitsmenge merkt man sich, was wegen der normierten Trinkflaschengrößen meist keine Problem ist. Nach dem Training wiegt man sich abermals mit möglichst wenig Bekleidung und errechnet die Gewichtsdifferenz. Dazu wird die Flüssigkeitsaufnahme addiert. Die Summe ergibt die Schweiß- und Atemfeuchtigkeitsmenge. Zu Ermittlung der Schweißproduktionsrate pro Stunde braucht man nur die Gesamtmenge durch die Belastungsdauer zu dividieren. Mit ein wenig Erfahrung bei verschiedenen klimatischen Bedingungen und auch bei Rennen kann man so ziemlich genau feststellen, wie viel getrunken werden muss, um den Schweißverlust auszugleichen.

Wie viel muss nach der Belastung getrunken werden?

Da eine Flüssigkeitszufuhr während der Belastung von mehr als 1 Liter pro Stunde häufig zu Magenbeschwerden und Durchfällen führt, entsteht bei Belastung häufig ein Flüssigkeitsdefizit. Das verlorene Körpergewicht, also die Differenz des Körpergewichts vor minus nach Belastung, wird mit dem Faktor 1,3 multipliziert und diese Flüssigkeitsmenge innerhalb der ersten Stunde nach der Belastung aufgenommen.

16.1.4.1 Wie hoch sollte die Flüssigkeitszufuhr während langer Ausdauerbelastungen sein?

Folgendes Beispiel soll zeigen, dass Flüssigkeitsdefizite größeren Ausmaßes während des Trainings und insb. bei Wettkämpfen ein sehr häufiger Grund für Leistungsabbruch und gesundheitliche Probleme sind.

Beispiel: Ein 60 kg schwerer Marathonläufer schwitzt beim Rennen sehr stark mit einer Schweißrate von 2 Litern pro Stunde. Da eine Flüssigkeitszufuhr von mehr als 1 Liter pro Stunde häufig zu Magenbeschwerden und Durchfällen führt, entsteht somit ein Flüssigkeitsdefizit von über 1 Liter pro Stunde. Wenn er den Marathon in 3 Stunden schafft, hätte er bei 3 Litern Gesamtflüssigkeitszufuhr dennoch ein Flüssigkeitsdefizit von immer noch 3 Litern bzw. 5% des Körpergewichts!

Ergebnis: Unser Beispielathlet erreicht während des Marathons ein Flüssigkeitsdefizit von 5% des KG, auch wenn er 1 Liter pro Stunde trinken sollte. Daher sind seine Beschwerden wie Müdigkeit mit Leistungsabfall, Krämpfe, aber auch beginnender Schwindel, Kollapsneigung und Kreislaufinstabilität verständlich.

Der Flüssigkeitsverlust sollte unter 2% des Körpergewichts liegen (Schweißverlust ca. 1,5–2 Liter). Wenn der Flüssigkeitsverlust höher ist und nicht ersetzt werden kann, dann ist der Belastungsabbruch aus gesundheitlichen Gründen sinnvoll. Kurzfristige Gewichtsänderungen innerhalb eines Tages zeigen die Flüssigkeitsbilanz (Gewichtskontrolle mittels Waage). Eine andere Möglichkeit wäre, wenn keine Waage zur Verfügung steht (am Berg), die Beobachtung der Urinfarbe: hellgelber Harn bei ausreichender Flüssigkeitszufuhr, dunkler, hochkonzentrierter Urin ist ein Zeichen eines eingetretenen Flüssigkeitsmangels. Die Bestimmung der Harnmenge (mind. 1 Liter Harn pro Tag bzw. 4x urinieren) und des spezifischen Gewichts (Harnstreifentest unter 1020 g/l) braucht ebenfalls Hilfsmittel, die meist nicht vorhanden sind.

Ist es egal, was man trinkt? Welche Temperatur sollen Getränke haben?

Grundsätzlich reicht Wasser; besser sind aber isotone Getränke (siehe unten). Denn Leitungswasser, wenn sehr reichlich konsumiert, führt zur Verdünnung der Blutsalze (Untersalzung) mit der Gefahr von Hyponatriämie, was dann sogar eine vermehrte Harnproduktion zur Folge hat und den Flüssigkeitsverlust noch verstärkt. Das gleiche gilt auch für so genannte Softdrinks (Limonaden etc.), die ebenfalls elektrolytarm sind.

> Da die Kochsalzkonzentration (NaCl) im Schweiß zwischen 1–4 g/l (0,1–0,4%) schwankt, kann bei sehr hohen Schweißverlusten (mehreren Litern) die Zufuhr von Kochsalz in Sportgetränken sinnvoll sein (bis max. 3,5 g Kochsalz pro Liter). Nur so kann eine positive Flüssigkeitsbilanz gehalten werden!

Um zu zeigen, wie hoch Flüssigkeits- und Salzverluste im Extremfall werden können, sei das Radrennen „Race across America" (4900 km Nonstop) genannt. Dabei werden täglich 25–30 Liter Flüssigkeit getrunken und nur 2 Liter mit dem Urin ausgeschieden. Die Differenz, also über 20 Liter Flüssigkeit und etwa 10–20 g NaCl, gehen als Schweiß über den Fahrtwind „verloren". (Die Sieger erreichen eine Durchschnittsgeschwindigkeit von „nur" 25 km/h, weil 30.000 Höhenmetern zu überwinden sind. Die Schnellsten brauchen mind. 8 Tage, bei max. 2 Stunden Schlaf täglich. Der Energieumsatz pro Tag liegt bei ca. 18.000 kcal. Pro Tag können jedoch nur maximal 10.000 kcal aufgenommen werden und davon 90% als Flüssignahrung. Eine ausgeglichene Energiebilanz ist nur schwer möglich, auch wenn während des Schlafes hochkalorische Infusionen verabreicht werden, was aber verboten ist. Daher besteht immer ein Energiedefizit, das zu einem Gewichtsverlust von bis zu 1kg pro Tag führt.)

Aber nicht nur bei Extremwettbewerben, auch beim Ausdauertraining muss man auf rechtzeitige und ausreichende Flüssigkeitszufuhr achten, um u.a. die Steigerung der Körperkerntemperatur niedrig zu halten. Denn durch Trinken wird der Wärmeabtransport über den Blutkreislauf verbessert und die Schweißbildung angeregt.

Getränke unter 5°C und über 45°C werden langsamer resorbiert und haben eine längere Magenverweildauer. 10–15°C kalte Getränke machen die wenigsten Magenbeschwerden (Gastritis); bei sehr kalten Außentemperaturen sind wärmere Getränke bekömmlicher.

Kann eine zu hohe Flüssigkeitszufuhr gefährlich sein?

Leider ja, und sie kann sogar lebensgefährlich werden. Durch die Zufuhr elektrolytarmer Flüssigkeit kommt es zur Verdünnung der Blutsalze (Untersalzung) mit Hyponatriämie und ev. lebensbedrohlichem Hirnödem. Insbesondere bei mehreren Stunden dauernden Belastungen z.B. bei Ultraausdauerbelastungen, wie 24-Stunden-Lauf, besteht die Gefahr der Überwässerung (Wasservergiftung) mit Verdünnung der Blutsalze und daraus resultierenden ZNS-Problemen (Kopfschmerzen als Zeichen eines beginnenden ev. lebensbedrohlichen Hirnödems). Denn lang andauernde Belastungen sind nur mit geringer Intensität möglich, die üblicherweise nur zu geringer Schweißbildung führen (abhängig von Temperatur und Luftfeuchtigkeit). Wenn dann noch reichlich getrunken wird, kann es zur Überwässerung mit Kopfschmerzen etc. kommen.

> Üblicherweise reicht eine Flüssigkeitszufuhr von ½–1 Liter pro Stunde, weil mehr als 1 Liter pro Stunde häufig zu Magenbeschwerden und Durchfällen bzw. zu Überwässerung führen kann.

Eine realistische Abschätzung des Flüssigkeitsbedarfes bei körperlicher Belastung zeigt die Gewichtskontrolle vor und nach dem Training. Deshalb sollte der Flüssigkeitsbedarf bereits unter Trainingsbedingungen mit etwa ähnlicher Temperatur/Luftfeuchtigkeit wie sie z.B. beim geplanten Marathon herrschen werden, evaluiert werden (s.o.).

Stimmt es, dass am Berg mehr Flüssigkeit verloren geht?

Bemerkenswert ist, dass in Höhen über 3000 m (aufgrund des abnehmenden Luftdrucks) allein über die Atemwege pro Tag mehrere Liter Flüssigkeit verloren gehen, jedoch ohne Salzverlust. Salz wird über Schweiß und Harn ausgeschieden. Zufuhr von aufgetautem Schnee bedeutet Aufnahme von destilliertem, fast salzfreiem Wasser!

Zusammenfassend: Der Flüssigkeitsverlust durch Schwitzen und Atmung kann bei jeder körperlichen Belastung zum gesundheitlichen Problem werden, wenn das Flüssigkeitsdefizit über 2% des KG ansteigt. Auch wenn in der Regel jeder Sportbetreibende weiß, wie lange die Belastung voraussichtlich dauern wird, ist aufgrund wechselnder Außentemperaturen und indiv. Faktoren die Flüssigkeitsbilanz nur schwer vorhersehbar. Deshalb ist bei einer voraussichtlichen Belastungsdauer von über 60 Minuten und hohen Außentemperaturen eine frühzeitige Flüssigkeitszufuhr notwendig, um das Flüssigkeitsdefizit nicht in gesundheitsgefährdende Bereiche ansteigen zu lassen. Als Trinkstrategie ist dann eine stündliche Zufuhr von 6 Mal etwa 1/8 Liter sinnvoll. Höhere Flüssigkeitszufuhr von über 1 Liter pro Stunde ist nicht zweckmäßig, weil nicht mehr durch die Magenpassage gelangt.

16.1.4.2 Exkurs: Hypovolämischer Kreislaufkollaps

Während intensiver körperlicher Belastung, vor allem bei schwül-warmen Außentemperaturen, können max. 2 Liter Schweiß pro Stunde produziert werden. Die hohe Flüssigkeitsabgabe führt zu einer Verminderung des zirkulierenden Blutvolumens. Die aus thermoregulatorischen Gründen erforderliche Hautdurchblutung von oft über 4 Liter Blut pro Minute verstärkt den Verlust an effektivem Blutvolumen noch mehr (siehe Beispiel in Kap. 14.2.4).

Dank der Muskelpumpe wird der venöse Blutstrom zum Herzen, allerdings in reduzierter Form, aufrechterhalten. Deshalb sind die „Opfer" voll bei Bewusstsein, jedoch unfähig ohne Hilfe zu Gehen.

Solange sich der Sportler körperlich belastet, reicht der arterielle Druck meist aus, um eine hinreichende Gehirndurchblutung zu garantieren. Wenn aber nach Passieren der Ziellinie die Muskelaktivität und damit die Muskelpumpe aussetzt, sinkt der venöse Rückfluss schlagartig ab, und die Sauerstoffversorgung der Gehirnes reicht nicht mehr aus. Es besteht die Gefahr eines Kreislaufkollapses. Dies dürfte ein häufiger Grund für den Kreislaufkollaps nach Ultralangzeitwettbewerben sein. Betroffen sind vor allem schlecht trainierte bzw. schlecht hitzeadaptierte Sportler.

Zusammenfassend: Der hypovolämische Kollaps ist letztlich die Konsequenz thermoregulatorischer Prozesse während intensiver körperlicher Aktivität. Wichtig für seine Verhinderung ist daher die Bilanzierung von Flüssigkeitsverlusten im Verlauf des Trainings bzw. Wettkampfes.

16.1.4.3 Zweck und Zusammensetzung von Sportgetränken

(1) Für eine ausgeglichene Flüssigkeitsbilanz

(2) Verhinderung der Unterzuckerung (Hypoglykämie) damit die Versorung des Gehirns mit seinem wichtigsten Nährstoff Glukose ausreichend gesichert ist. Denn der Blutzucker beginnt während der 2. Belastungsstunde abzunehmen. Daher wird eine Zuckerzufuhr üblicherweise bei länger als 60–90 Minuten dauernden Belastungen empfohlen. Da aber die Kohlenhydratverbrennung primär von der Belastungsintensität abhängt, ist eine Zuckerzufuhr bei über 80% $\dot{V}O_2$max nach bereits 1 Stunde Belastungsdauer zweckmäßig. Bei Belastungen unter 80% $\dot{V}O_2$max und weniger als 1 Stunde Dauer ist es nicht notwendig, zuckerhaltige Sportgetränke zuzuführen – hier reicht Wasser.

(3) Energiezufuhr: Durch kohlenhydratreiche Getränke kann zwar die Abnahme des Muskelglykogens mit steigender Belastung und längerer Belastungsdauer nicht verhindert werden, aber es gelingt dadurch die Belastungsdauer, bei einer Intensität von z.B. 65–75% $\dot{V}O_2$max von maximal 3 Stunden bei nur reiner Wasserzufuhr auf 4 Stunden zu verlängern! Kohlenhydratreiche 6–10%ige Sportdrinks erlauben somit eine um bis zu 1/4 längere Belastungsdauer bei gleicher Intensität. Das zeigt, dass die Blutglukose gerade in späteren

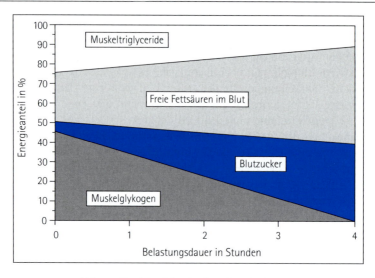

Abb. 47. Zugriff auf die einzelnen Energiesubstrate

Stadien der Belastung (über 2–3 Stunden) ein bedeutungsvolles Energiesubstrat ist, wenn schon der Großteil des Muskelglykogens verbrannt wurde.

Die 4 Hauptkomponenten, die in Sportgetränken üblicherweise modifiziert werden, sind:

- die Kohlenhydratzusammensetzung mit ihrer Konzentration und Kohlenhydratart (z.B. Traubenzucker, Maltodextrin etc.),
- Osmolarität,
- Elektrolytzusammensetzung und –konzentration,
- Andere Inhaltsstoffe wie Koffein etc.

Maltodextrine werden in Sportgetränken gerne verwendet, weil sie nicht süß schmecken und bis zu 100 g/l (= 10%ig) isoton sind. „Normal" aktive Menschen brauchen nicht unbedingt Sportgetränke, da sie kaum in der Lage sind, so anstrengende und über 1–2 Stunden dauernde Belastungen zu leisten. Wenn aber doch, dann ist eine Supplementierung sicherlich zweckmäßig. Andererseits brauchen auch Athleten keine Sportgetränke, wenn nur mit geringer Intensität und für kurze Zeit (unter 1 Stunde) trainiert wird, weil nur wenig Glykogen verbraucht wird.

16.1.4.4 Kohlenhydratzusammensetzung, Konzentration und Kohlenhydratart

Die Verwendung von Kohlenhydraten als Energielieferant während der Belastung hängt primär von der Belastungsintensität und nicht so sehr von der Belastungsdauer ab. Denn ab einer Belastungsintensität von 50% $\dot{V}O_2$max (crossover point) wird die Energiebereitstellung zunehmend durch die

Kohlenhydratverbrennung abgedeckt und die FOX nimmt schrittweise ab (aber auch bei wenig intensiver jedoch lang andauernder Belastung nehmen die KH-Vorräte langsam ab). Einfache Zucker wie Traubenzucker sind ideal, weil sie rascher über den Darm ins Blut aufgenommen werden, da sie vorher nicht erst zu Glukose ab- bzw. umgebaut (in der Leber) werden müssen.

Die optimale Kohlenhydratkonzentration in Sportgetränken beträgt 60 g Glukose pro Liter (= 6%ig), weil das die größtmögliche Kohlenhydratmenge ist, die pro Stunde über den Darm aufgenommen werden kann. Zweckmäßig ist die Zufuhr von 1/2–1 Liter dieser 6%igen Glukoselösung pro Stunde. Insbesondere bei Ausdauerbelastungen, die länger als 1 Stunde dauern und am Saisonbeginn (wenn die Muskelglykogenspeicher noch leer sind) kann man einer ev. Unterzuckerung des Gehirns (Hypoglykämie, Hungerast) vorbeugen. Hungerast nennt man den Zustand einer totalen Kohlenhydraterschöpfung mit Symptomen wie Schwindel, Konzentrationsmangel, ev. Kopfschmerzen, Orientierungslosigkeit und erheblichem Leistungsabfall u.a. Ein Zustand, der im Straßenverkehr (Fahrrad), aber auch im Gelände (Mountainbike) sehr gefährlich werden kann. Radsportler werden besonders im Frühjahr bei den ersten langen Trainingseinheiten ev. vom Hungerast „überrascht" und sollten daher immer einen „Reservetraubenzucker" griffbereit haben.

> Kohlenhydratlösungen mit einer Konzentration von 60 g Glukose pro Liter sind isoton (siehe Tabelle 21), gut magenverträglich (inkl. schneller Magenpassage) und werden im Darm rasch resorbiert.

Die Zufuhr unterschiedlicher Kohlenhydrate, wie Mischungen aus Traubenzucker, Saccharose, Maltrodextrin haben geschmackliche Gründe und den Vorteil, dass man bei gleichbleibender isotoner Osmolarität mehr Zucker zuführen kann. Denn bei Ultraausdauer geht es nicht nur um die Konstanthaltung des Blutzuckers, sondern um Energiezufuhr. (Pro Stunde meist 1–1,5g KH pro kg KG).

Folgende Zuckerlösungen sind isoton (Tabelle 21):

Tabelle 21. Isotone Zuckerlösungen

Zuckerart	Isotone Konzentration
Fruktose	bis 35 g/l
Glukose	bis 80 g/l
Saccharose	bis 100 g/l
Stärkelösung	bis 100 g/l
Maltose	bis 120 g/l
Maltodextrin	bis 150 g/l

Größere Mengen an Fruktose sollten vermieden werden, weil sie (bei vielen Menschen) zu Verdauungsstörungen (Durchfällen) führen können.

16.1.4.5 Osmolarität

Die Osmolarität gibt die Anzahl der gelösten, osmotisch wirksamen Teilchen pro Liter Lösung an und entspricht bei nichtdissoziierten Substanzen wie der Glukose der Stoffkonzentration.

Der sog. osmotische Gradient bestimmt die Richtung des Flüssigkeitsstroms im Körper (Wasser bewegt sich von der niedugen zur hohen Osmolarität). Da die Osmolarität des Blutplasmas 290–300 mosmol/l beträgt, liegt die Osmolarität der meisten Sportgetränke in diesem Bereich.

Getränke mit einer höheren Osmolarität (=hyperton) verzögern die Magenentleerung und führen sogar zum Wassereinstrom vom Kreislaufsystem in den Darm! Das kann bei einer schon kritischen Flüssigkeitsbilanz des Körpers zu einer Verschärfung des Flüssigkeitsmangels führen! Pure Fruchtsäfte und über 8%ige Glukoselösungen (je nach Zuckerart) sind Beispiele hypertoner Lösungen und sollten deshalb mit Wasser 1:1 verdünnt werden.

Das Leitungswasser ist das bekannteste Beispiel einer hypotonen Lösung. Aufgetauter Schnee enthält fast keine Elektrolyte und muss mit Salz erst zur isotonen Trinklösung werden.

Eine zu hohe Zufuhr elektrolytarmer Getränke – über 1 Liter pro Stunde – kann zu einer „Untersalzung" („Wasservergiftung") führen mit lebensgefährlichem Hirnödem (siehe Kap. 16.1.4.1)!

Zusammenfassend: Während des Trainings sollen zuckerhaltige, jedoch nicht elektrolytarme bzw. –freie Getränke zugeführt werden; insbesondere erst ab 60 Minuten Belastungsdauer. Ebenso nach dem Training 6–10%ige KH-Getränke.

16.1.4.6 Elektrolytzusammensetzung und –konzentration

In den meisten Sportgetränken ist eine Kochsalzkonzentration von etwa 1 g NaCl pro Liter enthalten. Diese reicht jedoch nicht aus, um eine positive Flüssigkeitsbilanz zu halten. Dafür ist eine NaCl-Konzentration von 60 mmol/l notwendig, das sind 3,5 g Kochsalz pro Liter.

Beispiel: Wie hoch ist der Kochsalzverlust bezogen auf den gesamten Salzvorrat im Körper? Ein 60 kg schwerer Läufer schwitzt beim Marathon extrem und verliert etwa 5 Liter Schweiß.

Zuerst wird der Gesamt-Kochsalzgehalt des Körpers berechnet:

Der Extrazellulärraum hat eine Größe von ca. 30% des KG, daher $60 \times 30/100 = 18$ Liter.

Die physiologische Kochsalzkonzentration ist 0,9%, daher errechnet sich der Gesamt-Kochsalzgehalt:

0,1 Liter enthalten 0,9 g, somit sind in 18 Liter: $18 \times 0,9/0,1 = 162$ g NaCl

Im Schweiß schwankt die Kochsalzkonzentration zwischen 1–4 g pro Liter $(=0,1–0,4\%)$.

Deshalb gehen in unserem Beispiel mit 5 Liter Schweiß z.B. $5 \times 3 = 15$ g Kochsalz verloren.

Auf den Gesamtkörperbestand an Kochsalz bezogen sind das: $15/162 \times 100 = 9,2\%$

Ergebnis: Es gehen über 9% des gesamten Salzvorrates bei diesem „schweißtreibenden" Lauf verloren!

16.1.4.7 Andere Inhaltsstoffe wie Koffein

Koffein ist nicht nur Inhaltsstoff im Kaffee, sondern auch im Tee etc. (siehe Tabelle 22):

Tabelle 22. Koffeingehalt einiger Getränke (pro 1/8 Liter)

	Koffein [mg]
1 Tasse entkoffeinierter Kaffee	4
1 normale Tasse Röstkaffee	150
1 Tasse starker Kaffee oder Espresso	250
1 Tasse Tee (Blatt oder Beutel)	60
1 Glas, Dose Coca Cola	40
1 Dose=250 ml „energy drinks" (Red Bull®)	300
1 koffeinhaltige Schmerztablette (z.B. Thomapyrin®)	50

Koffeinhaltige Getränke führen zu einem verstärkten Harnfluß und sind daher nicht ideal zur Redhydrierung („Wiederauffüllung") nach „schweißtreibenden" Belastungen. Achtung: Im Wettkampfsport gibt es Grenzwerte, ab denen ein Dopingtest positiv ist! (siehe www.wada-ama.org).

16.1.4.8 Einige Bemerkungen zu Alkohol

Der Energieinhalt von Alkohol liegt mit 7,1 kcal/g fast doppelt so hoch wie von Kohlenhydraten. Alkohol kann in Fett umgewandelt werden, sofern eine positive Energiebilanz besteht, und trägt dann zur Adipositas mit allen damit verbundenen bekannten Risikofaktoren bei. Bei hohem Alkoholgenuss können toxische Wirkungen vor allem auf die Leber, das Herz, das Gehirn, den Magen und die Bauchspeicheldrüse auftreten.

Alkoholische Getränke zum Rehydrieren („Wiederauffüllen") nach Belastungen sind nicht ideal, weil sie den Harnfluß anregen und den Elektrolytverlust verstärken. Außerdem kann es bei koordinativ anspruchsvolleren Bewegungen im Anschluss leichter zu Stürzen kommen (z.B. Skiabfahrt nach Hüttenbesuch).

Zusätzlich wird die Regeneration nach dem Training durch Alkohol verzögert, weil in der Leber zuerst Alkohol und erst dann Laktat abgebaut wird. Alkohol wird mit der Alkoholdehydrogenase zu Acetaldehyd (verursacht „Kater") und dann mit der Aldehyddehydrogenase zu Acetat (Essigsäure führt zur Übersäuerung) abgebaut.

Übrigens hemmt mehr als 1 g Alkohol/kg Körpergewicht (z.B. mehr als 0,5 Liter Wein oder mehr als 2 Flaschen Bier) die Freisetzung des wichtigen anabolen Hormons Testosteron. Da Sportler, insbesondere Kraftathleten, wegen der anabolen (muskelaufbauenden) Wirkung auf eine ausreichende Testosteronproduktion angewiesen sind, wirkt sich die regelmäßige Zufuhr so hoher Alkoholmengen auf die Leistungsentwicklung nachteilig aus. Nach einem Alkoholexzess dauert es daher 2–3 Tage, bis der Körper wieder eine normale Testosteronproduktion aufweist. Alkohol hemmt auch die Lipolyse!

16.1.5 Elektrolytbilanz

Bei Belastungen entsteht durch Schwitzen ein vermehrter Elektrolytbedarf, vor allem an Kochsalz. Kalium, Calcium und Magnesium gehen durch die Muskeltätigkeit selbst verloren. Bei hohen Außentemperaturen bzw. schwüler Hitze mit zu erwartender hoher Schweißbildung wird zur Vermeidung eines Natriumabfalls im Blut eine Natriumzufuhr in einer Konzentration von 1 g Natrium pro Liter und pro Stunde empfohlen.

16.1.5.1 Natrium

Natrium (Na) ist in Form von NaCl als Kochsalz in nahezu allen Fertiglebensmitteln enthalten und täglich werden über die Nahrung fast 15–30 g Kochsalz aufgenommen. Daher ist eine zusätzliche Zufuhr über Sportgetränke nur bei starker Schweißproduktion notwendig. Ohne extreme Diät ist es schwer möglich, die tägliche Kochsalzzufuhr (z.B. bei Bluthochdruck) unter 5 g abzusenken. Häufiger kommt es zu einer überhöhten NaCl-Zufuhr, was gesundheitlich bedenklich sein kann, weil die Entwicklung einer Hypertonie begünstigt wird. Daher sollten insbesondere Personen mit Hochdruck auf das Nachsalzen von Speisen verzichten.

16.1.5.2 Kalium

98% des Kaliums (K) befinden sich in den Körperzellen (intrazellulär). Die restlichen 2% befinden sich extrazellulär und beeinflussen die neuromuskulären Funktionen im Herz und im peripheren Gefäßsystem (Blutdruckregulation). Die Beziehung von Plasma- und Zellkalium wird durch das Säure-Basen-Verhältnis beeinflusst. So führt die bei körperlicher Belastung herrschende Azidose zum Kaliumaustritt aus der Zelle und somit zur verstärkten Ausscheidung. Insulinausschüttung aus der Bauchspeicheldrüse (beim Essen) führt zur Erhöhung des intrazellulären Kaliums. In der Regenerationsphase ist Kalium beim Wiederaufbau der Glykogenvorräte notwendig!

Kaliumverluste durch das Schwitzen machen ca. 200 mg Kalium pro Liter Schweiß aus, was im Verhältnis zum Gesamtbestand des Körperkaliums nur gering ist. Bei Belastungen kommt es auch zu erheblichen Kaliumverlusten aus den Muskeln. Die tägliche Kaliumaufnahme sollte 2–3 g betragen und ist mit kaliumreicher Ernährung (Bananen, Kartoffel, Trockenfrüchte, Fleisch) problemlos zu erreichen.

16.1.5.3 Magnesium

Magnesium (Mg) spielt bei zahllosen Stoffwechselvorgängen eine Rolle (aktiviert ca. 300 Enzyme). Der menschliche Organismus enthält ca. 25 g Magnesium, weniger als 1% davon befindet sich im Blut, daher dienen normale Blutwerte bestenfalls nur als Anhaltswerte, weil auch bei normalen Blutwerten relativ häufig ein Magnesiummangel bestehen kann. Bei einem reduzierten Magnesiumspiegel im Blut besteht deshalb schon ein deutlicher Magnesiummangel der Körperzellen, was häufig Muskelkrämpfe verursacht.

Ursachen einer negativen Magnesiumbilanz:

- vermehrter Bedarf bei Sport, Schwangerschaft, Wachstum (Kinder),
- einseitige Ernährung,
- Alkoholismus (sollte im Sport keine Bedeutung haben),
- Malabsorptionssyndrom (im Rahmen von schweren Darmerkrankungen).

Der Tagesbedarf an Magnesium liegt zwischen 5–10 mg/kg Körpergewicht. Solange Magnesium oral zugeführt wird, ist eine Überdosierung praktisch ausgeschlossen, da bei normaler Nierenfunktion überschüssiges Magnesium schnell ausgeschieden wird. Empfehlenswert ist die orale Mg-Einnahme abends und nicht unmittelbar vorm Training (z.B. Radtour) bzw. in Getränken aufgelöst, weil es u.U. zu Durchfall kommen kann. Salate, Bananen, Vollkorn, Hülsenfrüchte und Nüsse enthalten viel Magnesium.

16.1.5.4 Calcium

Calcium (Ca) liegt im Körper nahezu ausschließlich im Knochen gebunden vor (99%). Chronisch verminderte Calcium-Aufnahme oder erhöhter Verlust fördert den Knochenabbau und begünstigt die Entwicklung einer Osteoporose. Erhöhte Calciumverluste sind bei Sportlern vor allem durch Schwitzen zu erwarten. Ausdauersportlerinnen müssen dies berücksichtigen, da sich sonst ungünstige Faktoren verstärken können (z.B. Sexualhormonmangel bei zu geringem Körperfettanteil unter 16% etc.).

Der tägliche Bedarf liegt bei ca. 1 g Calcium. Calcium ist reichlich in Milch, Milchprodukten und grünem Gemüse (Brokkoli, Grünkohl, Kohlrabi) und Nüssen enthalten. Während der Schwangerschaft, Stillzeit und Wachstumsphase werden 1,3 g Calcium pro Tag empfohlen. Falls hierdurch eine ausreichende Ca-Versorgung nicht sichergestellt werden kann, wie bei einer Laktoseintoleranz oder einer Aversion gegen Milchprodukte, sollte Calcium ergänzt (supplementiert) werden. Übermäßiger Genuss von phosphathaltigen Softdrinks (insbesondere Cola-Getränken) reduziert die Calcium-Aufnahme und führt zur negativen Calciumbilanz, was bei Jugendlichen die normale Entwicklung der Knochendichte behindern kann und die Gefahr von Knochenbrüchen erhöht bzw. später (ab dem 50 Lj) zu Osteoporose führen kann.

16.1.5.5 Zink

Es sind heute über 100 Enzyme bekannt, an deren Funktion Zink als struktureller und regulatorischer Faktor beteiligt ist. Die Aufrechterhaltung von Membran-, Nukleinsäuren- und Proteinstrukturen, die Zellproliferation und damit Entwicklungs-, Wachstums- und Regenerationsprozesse, sowie die Transkriptionsfähigkeit der DNA zählen zu den Einflussbereichen von Zink. Der Tagesbedarf beträgt 10–20 mg Zink – mehr sollte man also nicht zuführen. Zn-Verluste enstehen durch Schwitzen (~1mg Zn pro Liter Schweiß). Vollkornprodukte sind zwar zinkreich, aber die Bioverfügbarkeit pflanzlicher Nahrungsmittel ist gering (wegen der Bindung an Phytinsäure). Andere pflanzliche Nahrungsmittel wie Obst, Gemüse oder Kartoffel tragen zur Zinkversorgung kaum bei. Die besten „Zinklieferanten" sind Fleisch, Käse und Eier, die ~4mg Zn/100g Nahrungsmittel enthalten und gut bioverfügbar sind. Durch einseitige Nahrungsmittelauswahl und mangelnde Energieaufnahme kann Zinkmangel (bei Leistungssportlern) zu Müdigkeit und erhöhter Infektanfälligkeit führen.

16.1.6 Vitamine- und Spurenelementbilanz

Die Aufnahme von Vitaminen und Spurenelementen in natürlicher Form, z.B. als Obst, ist einer Tablettenform vorzuziehen. Der natürliche Komplex von sehr vielen Substanzen, die wahrscheinlich noch gar nicht alle bekannt sind, ist der Gabe von einzelnen Substanzen in hoher Dosierung überlegen.

16.1.6.1 Eisen

Eisen (Fe) dient im Hämoglobin und Myoglobin dem Sauerstofftransport und im Cytochrom C der Energiebereitstellung. Die Ursache einer negativen Eisenbilanz ist oft eine fleischarme Ernährung bzw. ein hoher Eisen-Bedarf (in der Schwangerschaft oder im Wachstum) oder ein Eisenverlust (bei Blutungen z.B. bei Menstruation oder bei Geschwüren im Magen-Darm-Trakt). Nicht selten sind die Blutungsquellen nur kleine Magen-Darm-Geschwüre, die, wenn sie nur lange genug dauern (Monate), zur Anämie führen. Menstruierende Ausdauersportlerinnen haben ein hohes Risiko zur Anämieentwicklung, insbesondere bei vegetarischer Ernährung. Desgleichen bei häufigem „Gewichtmachen" wie bei Leichtgewichtrudern, Turnen, Gymnastik, Langstreckenlauf.

Eine länger andauernde negative Eisenbilanz kann zu einer Eisenmangelanämie führen, die einen Leistungsabfall zur Folge hat.

Einer besonderen Belastung unterliegt der Eisenstoffwechsel bei Dauerläufern, wo es zur sog. Läuferanämie bei umfangreich Trainierenden kommt. Ursache ist die mechanische Schädigung der Erythrozyten in den Fußsohlen bei jedem Schritt. In wesentlich geringerem Ausmaß kann dies auch bei Radfahrern und Ruderern auftreten, also bei Sportarten, bei denen die Fuß- und Handflächen regelmäßig über lange Zeit Druckbelastungen ausgesetzt sind.

Die wichtigste natürliche Eisenquelle ist dunkles Fleisch, das gut bioverfügbar ist. Auch dunkelgrünes Gemüse enthält reichlich Fe, ist aber wesentlich schlechter resorbierbar. Die Kombination von sauren Vitamin-C-haltigen Getränken (z.B. Orangensaft) fördert die Eisenaufnahme. In manchen Fällen ist aber eine medikamentöse Eisensubstitution unumgänglich, denn durch vegetarische Nahrung ist der Eisen-Bedarf wegen der schlechten Verfügbarkeit des Eisens kaum zu decken!

16.1.6.2 Vitamine

Vitamin C (Ascorbinsäure) ist ein wichtiges Antioxidans, dessen Bedarf bei körperlichem Training erhöht ist. Eine tägliche Supplementierung zur Normalkost ist bei unfangreichem Training empfehlenswert. Da für das Vitamin C kaum eine Speichermöglichkeit besteht, sollte man so genannte Retard-Präparate einnehmen, aus denen eine langsame kontinuierliche Abgabe erfolgt.

Vitamin D Mangel (im Blut unter 30 ng/ml 25(OH)D$_3$) ist nicht nur in Österreich sehr häufig (etwa 1/3 aller Menschen), sondern in allen Ländern, die über dem 35. Breitengrad (Sizilien) liegen und ganz besonders in lichtarmen Jahreszeiten von Dezember bis April. Für die Kraftentfaltung benötigen Muskeln Vit D, weil es die Calciumaufnahme im Darm erhöht. (Die Gabe von 800 IU Vit D führte zu einer 72%igen Reduktion von Stürzen bei alten Menschen).

Vit D hat jedoch noch andere unzählige protektive Wirkungen: so verzögert es die Osteoporoseentstehung etc., weshalb eine tägliche Zufuhr von 800 IU Vit D empfohlen wird, insb. vom Herbst bis Frühling (siehe oben).

16.2 Nährstoffzufuhr während und nach der Belastung

16.2.1 Soll man vor und während des Trainings Energie zuführen?

Im Ruhezustand wird die Energiebereitstellung im Muskel zu ca. 80% aus Fett- und zu 20% aus Kohlenhydratverbrennung bestritten. Um mit gut gefülltem Glykogenspeicher ins Training zu gehen, wird spätestens 4 Stunden vorher eine Kohlenhydrataufnahme von 4–5 g KH pro kg KG empfohlen. Denn bei zunehmender Belastungsintensität wird die FOX zugunsten des Kohlenhydratanteils reduziert, um die sauerstoffsparende Wirkung der Kohlenhydratoxidation zu nutzen.

Der Effekt einer Kohlenhydratzufuhr unmittelbar vor (bis zu 45 Minuten) der Belastung ist laut Literatur unsicher. So wurde von einer anschließenden Blutzuckerverminderung (bis auf 60 mg/dl) bei submaximalen Belastungen (mit einer Intensität von 60–70% $\dot{V}O_2$max) berichtet, die auch durch Kohlenhydratgabe nicht verhindert werden kann. Interessanterweise hat diese „reaktive"-Hypoglykämie am Belastungsbeginn keinen funktionellen Effekt auf die erbrachte Leistung! Zu keinem Blutzuckerabfall kommt es, wenn innerhalb der letzten Stunde vor Belastung keine Kohlenhydratzufuhr erfolgte, daher die allgemeine Empfehlung:

1 Stunde vor Belastungsbeginn keine Nahrungszufuhr!

Ab etwa 60%–70% $\dot{V}O_2$max (bzw. Laktat von über 4 mmol/l) wird die Fettsäurenmobilisation aus den subkutanen Depots blockiert, sodass bei derartigen Belastungen nur noch Energie aus der Glukoseverbrennung bereitgestellt werden kann. Bei sportlichen Ausdauerbelastungen mit über 60% $\dot{V}O_2$max kommt es daher schon nach 1 Stunde zu einer weitgehenden Erschöpfung des Muskelglykogens, was sich durch ein Gefühl der Müdigkeit bemerkbar macht und eine Verringerung des Tempos erzwingt. Bei emotioneller Stimulierung (z.B. Ehrgeiz oder auch Angst) oder Doping mit Stimulantien wird das Müdigkeitsgefühl nicht wahrgenommen, was zum Aufbrauch auch des normalerweise autonom geschützten Lebergglykogens führen kann und als Folge zu Glukosemangel und ev. zum lebensbedrohlichen hypoglykämischen Schock.

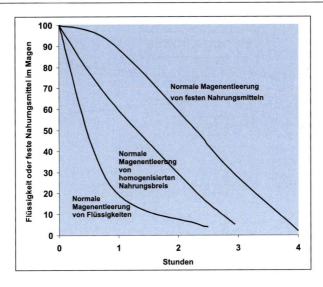

Abb. 48. Geschwindigkeit der Magenentleerung

Wenn keine Glukose zugeführt wird oder bei überlangen Belastungen die verfügbaren Glykogendepots trotz Supplementierung aufgebraucht sind, wird in der Leber mittels Glukoneogenese aus Aminosäuren (von vorher abgebautem Muskelprotein) Glukose synthetisiert, was bei derartigen Ultraveranstaltungen zu einer deutlichen Tempoverminderung führt. Das Maximum der Glukose-aufnahme über den Darm beträgt 60–80 g pro Stunde (=1 Liter einer 6–8%igen Glukoselösung). Während der Belastung sinkt ein ev. vorher erhöhter Insulinspiegel (z.B. nach KH-Aufnahme) innerhalb von etwa 20 Minuten auf basale Werte ab, bedingt durch den Katecholaminanstieg. (Erst durch den Insulinabfall wird die Lipolyse durch die Katecholamine ermöglicht.) So kommt es auch zu keinem Insulinanstieg, wenn während der Belastung eine 6%ige Glukoselösung zugeführt wird und somit auch zu keiner Hemmung der Lipolyse. (Denn ohne Lipolyse kann es keine FOX geben, was für die Energiebereitstellung kontraproduktiv wäre.)

Durch die Zufuhr von KH während der Belastung wird ein entsprechend hoher Blutzucker aufrecht erhalten, der letztendlich die Performance verbessert (sowohl längere Dauer, als auch höhere Intensität möglich). Durch Zufuhr von KH-haltigen Getränken während der Belastung wird einerseits der Blutzuckerspiegel konstant gehalten und andererseits steigen die Stresshormone Adrenalin und Noradrenalin inkl. Cortisol weniger stark an. (Vor allem abnehmende endogene Kohlenhydratreserven bei lang andauernden Belastungen erhöhen Cortisol, was in der Folge die Glukoneogenese und Lipolyse stimuliert. Hohes Cortisol führt zu Myosinabbau und somit zur Muskelatrophie!)

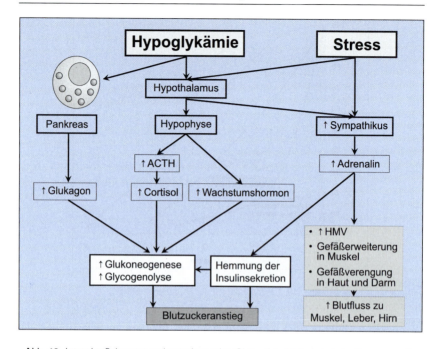

Abb. 49. Intensive Belastung und ganz besonders Blutzuckerabfall sind starke Stressoren, die zu Sympathikusaktivierung (mit Adrenalinanstieg), Ausschüttung von Hypophysenhormonen und Glukagonabgabe aus der Bauspeicheldrüse führen. Die Folge sind Glykogenolyse und Gluconeogenese und Hemmung der Insulinausschüttung. Alle diese Vorgänge führen zum Blutzuckeranstieg. Über GLUT-4-Rezeptoren in der Muskelzellmembran wird der Zucker aufgenommen. Jedoch nur in beanspruchter Muskulatur, weil nur diese GLUT-4 bilden. Die Durchblutungssteigerung in den belasteten Muskeln fördert die Substratzufuhr an die Stellen des Bedarfs.

Die Flüssigkeitsaufnahme über den Magen-Darm-Trakt nimmt bei Belastungen über 80% $\dot{V}O_2$max ab und es kann nur noch 1/2 statt 1 Liter Flüssigkeit pro Stunde resorbiert werden (siehe Abb. 48).

16.2.2 Wann soll man nach dem Training essen und was?

Die verbrauchten Glykogendepots in Muskeln und Leber werden nach Ende der Belastung und nach Nahrungszufuhr wieder aufgefüllt. Diese Glykogenresynthese wird unterstützt, wenn die Kohlenhydrate unmittelbar nach Belastungsende aufgenommen werden, da die Glykogensyntheserate in den ersten 2 Stunden nach Belastungsende in den vorher glykogenentleerten Muskeln am höchsten ist. Während der Belastung wird bei ausreichender Energieversorgung im Muskel nur wenig Muskelprotein abgebaut und zur Energiegewinnung verbrannt und muss daher, außer nach einem Krafttraining, nicht speziell „nachgefüllt" werden.

Unmittelbar (innerhalb von 30 Minuten nach Belastungsende) nach Ausdauerbelastung werden Kohlenhydrate (1,5 g/kg KG) empfohlen. Für Ausdauertrainierende wäre ideal, wenn sie ca. 65% ihrer Tageskalorien als KH zuführen, um die Glykogenvorräte innerhalb von 24 Stunden wieder zu optimieren. Auch nach erschöpfenden Belastungen kann mit hoher KH-Zufuhr das Muskelglykogen innerhalb von 24 Stunden wieder aufgefüllt werden.

Auf einen hohen, über 60%igen KH-Anteil der zugeführten Nahrung muss man speziell achten, denn unsere „übliche" westliche Ernährung enthält bestenfalls nur 40% KH. Daher muss man sich mit der Zusammensetzung der Nahrungsmittel beschäftigen.

16.2.3 Kohlenhydratladen

Das Kohlenhydratladen hat das Ziel, die Muskelglykogenspeicher zu erhöhen, und hat nur für Wettkämpfe, die länger als 60–90 Minuten dauern, eine Bedeutung. Voraussetzung für eine „übersteigerte" Muskelglykogensyntheserate ist, dass diese nur in den Muskeln stattfindet, die vorher durch intensivere Belastungen ihr Muskelglykogen verbraucht haben! Nur in diesen glykogenverarmten Muskeln kommt es auch bei normaler Ernährung zu einer Glykogenresynthese, die viel stärker ist, als in nicht bewegten Muskeln.

Das KH-Laden betrifft also v.a. die belastete Muskulatur.

Die Glykogensuperkompensation ist also nach vorausgehender Glykogenausschöpfung besonders groß, wenn im Anschluss KH geladen werden. Durch intensives Training (im aeroben Bereich) kann die Muskelglykogenkonzentration auf eine verbleibende Restkonzentration von ca. 1/3 gesenkt werden. Das führt zu einer überschießenden und besonders raschen Glykogenresynthese in den nächsten 3–6 Tagen, wenn eine sehr kohlenhydratreiche Nahrung (über 60% ~500 g KH/Tag) zugeführt wird. Dadurch steigt die Glykogenkonzentration im Muskel zwischen dem 5. und 6. Tag bis auf das Doppelte des Ausgangswertes. Bis zur vollständigen Glykogensuperkompensation dauert es fast 1 Woche, was für das Timing vor Wettkämpfen wichtig ist.

Kommt es nur in extrem glykogenverarmten Muskeln zur Superkompensation?
Nein. Auch nach nicht so intensiver Ausschöpfung des Muskelglykogens, kommt es nach KH-reicher Diät ebenfalls zu einer Superkompensation am 4. Tag, die aber bestenfalls nur +25% ausmacht.

Kann man während des KH-Ladens trainieren oder wird die Regeneration dadurch gestört?

Durch ein wenig intensives (unter 65% $\dot{V}O_2$max), kurzes (unter 30 min) tägliches Training wird das KH-Laden nicht gestört, wenn innerhalb von 30 min nach dem Training 1,5 g KH/kg KG zugeführt werden (z.B. mit einem KH-reichen Getränk). Denn innerhalb von 24 Std. erreicht das Muskelglykogen wieder seine Ausgangswerte, weil bei der Glykogenresynthese 2 Phasen unterschieden werden:

- Während der frühen, schnellen Phase (innerhalb der ersten 6 Stunden nach Belastung) ist der Glukosetransport in die Muskelzelle maximal stimuliert und insulinunabhängig. Daher ist gerade in dieser Zeit die KH-Zufuhr effektiv für die Glykogenresynthese nutzbar.
- Wenn in der 2. Phase (6-72 Std.) der Muskelglykogenresynthese auch noch ausreichend Glukose vorhanden ist, kann eine Glykogenkonzentration in der Höhe des Ausgangswertes innerhalb von 24 Std. erreicht werden. Muskelglykogen kann die normale Konzentration innerhalb von 72 Std. übersteigen, wenn eine KH-reiche Kost konsumiert wird und die Belastung in dieser Zeit limitiert wird. Denn gerade bei vollen Glykogenspeichern sinkt schon am Belastungsbeginn und besonders bei intensivem Training das Muskelglykogen um bis zu 2/3. Bei nur kurzdauerndem (unter 30 min) und wenig intensivem Training (unter 65% $\dot{V}O_2$max) wird max. 15% des Muskelglykogens umgesetzt, auch wenn täglich trainiert wird.

Wie lange persistiert die Glykogensuperkompensation, wenn man in der Zwischenzeit keinen Sport bzw. keine intensive Bewegung macht?

Die Glykogensuperkompensation „hält" bis zu 5 Tage und dann nimmt der Glykogengehalt der Muskulatur wieder kontinuierlich ab.

Überprüfungsfragen

Wie hoch ist der Grundumsatz bei Frauen und bei Männern?
Wovon hängt die Höhe des Grundumsatzes ab?
Wie wird der Leistungs- und Trainingsumsatz ermittelt?
Ursachen der Gewichtszunahme?
Wie ermittelt man die Energiedichte von Nahrungsmitteln und Beispiele?
Ab wann ist man fett, wann übergewichtig?
Welche Folgen hat Adipositas?
Welche Methoden der Gewichtsabnahme gibt es?
Wie wird der KH- EW- und Fettbedarf berechnet?
Welche Wirkungen und Nebenwirkugen haben Ballaststoffe?
Wie sollten Sportgetränke zusammengesetzt sein?

17 Anhang

17.1 Verwendete Abkürzungen

In alphabetischer Reihenfolge:

A	Alter in Jahren
AAA	alaktazid anaerobe Ausdauer
Acetyl-CoA	aktivierte Essigsäure
ADP	Adenosin-di-Phosphat
AÄ	Atemäquivalent
AMP	Adenosin-mono-Phosphat
AMV	Atemminutenvolumen
ANS	anaerobe Schwelle
ATP	Adenosin-tri-Phosphat
$AVDO_2$	arteriovenöse Sauerstoffdifferenz
BTPS	Body Temperature Pressure Saturated
C	Kohlenstoff
Ca	Calcium
CO_2	Kohlendioxid
DLO2	Diffusionskapazität der Lunge
EAA	extensiv aerobe Ausdauer
EDV	enddiastolisches Volumen
EIT	extensives Intervalltraining
EW	Eiweiß
EWM	Einwiederholungsmaximum
f	Frequenz
F	Fett
FAKT	fortlaufend adaptiertes Krafttraining
FFS	freie Fettsäuren
FL	Luftwiderstand
FOX	Fettoxidation
G	Steigung in %
Gew	Gewicht einer Zusatzlast in kg
GU	Grundumsatz in kcal
H^+	Wasserstoffionen, d.h. Säureequivalente
HF	Herzfrequenz
Hfmax	maximale Herzfrequenz pro Minute
HMV	Herzminutenvolumen
Hz	Hertz (Frequenzangabe)
HVR	Hyperventilation, Mehratmung
I	Trainingsintensität in % der O_2max
IAA	intensiv aerobe Ausdauer
Im	mittlere Intensität in % der $\dot{V}O_2$max
K	Kalium
KO	Körperoberfläche in m^2
kcal	Kilokalorien

kJ	Kilojoule
kg	Kilogramm
Kp	Kilopond
KG	Körpergewicht in kg
KH	Kohlenhydrat
KHK	koronare Herzerkrankung
LAA	laktazid anaerobe Ausdauer
LF	Leistungsfähigkeit
LF%Ref	Leistungsfähigkeit in % des Referenzwertes (Normalwertes)
Lj	Lebensjahre
LU	Leistungsumsatz
M	metabolische Leistung in Watt
MET	metabolic unit=metabolische Einheit
MLSS	max. Laktat-steady-state
Mg	Magnesium
Na	Natrium
N	Newton
NaCl	Kochsalz
NO	Stickoxid
O_2	Sauerstoff
pCO_2	Kohlendioxidpartialdruck
PL	Luftwiderstandsleistung
pO_2	Sauerstoffpartialdruck
RL	Rollwiderstandsleistung
RQ	respiratorischer Quotient
S/MG/W	Satz pro Muskelgruppe und Woche
SV	Schlagvolumen
STPD	Standard Temperature Pressure Dry
T	Terrainfaktor (Asphalt 1,0, verfestigter Schnee 1,3, loser Sand 2,1, weicher Schnee mit 15 cm Eindringtiefe 2,5, bei 25 cm 3,3 u. bei 35 cm 4,1)
TE/W	Trainingseinheiten pro Woche
TRU	Trainingsumsatz
TU	Tagesumsatz
v	Geschwindigkeit in m/s
$\dot{V}_E$	exspiratorisches Atemminutenvolumen
$\dot{V}CO_2$	Kohlendioxidabgabe
$\dot{V}O_2$	Sauerstoffaufnahme
$\dot{V}O_2max$	maximale Sauerstoffaufnahme
Vt	Atemzugvolumen
VT	Ventilatorische Schwelle (engl. threshold)=V_E/VO_2
W	Watt
WNTZ	Wochennettotrainingszeit (ist die Zeit nur im trainingswirksamen Bereich)
WTZ	Wochentrainingszeit (gesamte Trainingszeit pro Woche inklusive der nicht im trainingswirksamen Bereich gelegenen Trainingzeit)

17.2 Formelsammlung

Belastungsintensität in % der $\dot{V}O_2$max	$I=94-0,1\times$Zeit [min]
Herzminutenvolumen	$HMV=SV\times HF$
Sauerstoffaufnahme, Fick'sche Formel	$\dot{V}O_2=HMV\times AVDO_2$
Sauerstoffaufnahme nach Wasserman	$\dot{V}O_2=KG\times 6,3+10,2\times$Watt
ACSM-Formel (American College of Sports Medicine)	Watt$=(\dot{V}O2-3,5\times KG)\div 2\div 6,12$
Sauerstoffaufnahme nach Hawley und Noakes	$\dot{V}O_2$max$=0,01141\times$Watt$_{max}+0,435$
Sauerstoffaufnahme beim Radfahren nach McCole	$\dot{V}O_2=0,17\times v+0,052\times$Windgeschw.$+0,022\times$ KG$-4,5$
Sauerstoffaufnahme nach Lèger beim Laufen in der Ebene	$\dot{V}O_2$ [ml/kg/min]$=2,209+3,1633\times$ Laufgeschw [km/h]
Sauerstoffaufnahme am Laufband	$\dot{V}O_2=(0,1\times v\div 3,6\times 60+1,8\times v\div 3,6\times 60\times G\div$ $100+3,5)\times KG$
Metabolische Leistung in Watt nach Goldman für Gehen (auch in ansteigendem Terrain)	$M=1,5KG+2(KG+Gew)x(Gew/KG)^2+$ $T(KG+Gew)x(1,5v^2+0,35vG)$
Maximale Herzfrequenz pro Minute	$HFmax=220-$Alter (Jahre) oder $208-0,7\times$Alter
Auswurffraktion in %	Auswurffraktion$=SV/EDV$
Atemminutenvolumen in Liter pro Minute	$\dot{V}_E=Vt\times f$
Atemäquivalent	$A\ddot{A}=\dot{V}_E/O_2$
Kraft [kp]	Kraft$=$Masse$\times$Beschleunigung
Arbeit [kpm]	Arbeit$=$Kraft$\times$Weg
Leistung [Watt]	Leistung$=$Arbeit pro Zeit$=$Kraft$\times v$
Leistungsfähigkeit in % des Referenzwertes	LF%Ref$=100\times$Wmax/Normalwert%
Referenzwert der Leistungsfähigkeit für Männer [Watt]	$W_{max}=6,773+136,141\times KO-0,064\times$ $A-0,916\times KO\times A$
Referenzwert der Leistungsfähigkeit für Frauen [Watt]	$W_{max}=3,993+86,641\times KO-0,015\times$ $A-0,346\times KO\times A$
Körperoberfläche nach Dubois	KO [m^2]$=0,007184\times KG^{0,425}\times L^{0,725}$
systolischer Belastungsblutdruck [mmHg]	$RRsyst=145+1/3\times$Alter$+1/3\times$Leistung
exspiratorisches Atemminutenvolumen [l/min]	$\dot{V}_E=6+0,39\times$Leistung [Watt]
Trainingszustand	Abweichung$=$indiv. $W_{max}/W_{Referenzwert}\times 100\%$
Respiratorischer Quotient	$RQ=\dot{V}_{CO_2}/\dot{V}_{O_2}$
Trainingsherzfrequenz [min^{-1}]	$HF_{Tr}=(HF_{max}-HF_{Ruhe})\times 0,6+HF_{Ruhe}$
Grundumsatz [kcal] nach Mifflin	$GU=10\times KG+6,25\times KL-5\times A+166\times$Sex$-161$
Sex$=1$ bei Männern; 0 bei Frauen	
Trainingsumsatz [kcal] pro Tag	$TRU=\dot{V}O_2$max$\times$Im$\times 5\times 60\times$WTZ/7

Physical Activity Level	PAL=TU/GU in 24 Stunden
Fettverbrennung [mg/min]	$FOX=1,7\times(1-RQ)\times\dot{V}O_2$
Kohlenhydratumsatz [mg/min]	$KHox=(4,585\times RQ-3,255)\times\dot{V}O_2$
Luftwiderstand	$FL=0,25\times(Fahrgeschwindigkeit+ Gegenwind)^2$
Leistung	$Watt=Kraft\times Geschwindigkeit$
Luftwiderstandsleistung	$PL=0,25\times(Fahrgeschwindigkeit+ Gegenwind)^3$
Rollwiderstandsleistung	$RL=3,2\times Fahrgeschwindigkeit$

17.3 Weiterführende Literatur

AGA (Arbeitsgemeinschaft Adipositas im Kindes- und Jugendalter) (2004) Leitlinien. www.a-g-a.de/leitlinie.pdf

Armstrong LE (2003) Exertional heat illness. Human Kinetics

Åstrand PO, Rodahl K (2003) Textbook of work physiology. Human Kinetics

Baron DK, Berg A (2005) Optimale Ernährung des Sportlers. Hirzel

Benardot D (2000) Nutrition for serious athletes. Human Kinetics

Berghold F, Schaffert W (2001) Handbuch der Trekking- und Expeditionsmedizin. DAV Summit Club

Bompa TO (1999) Periodization. Human Kinetics

Beune A (2005) Did not finish. Der Radsport und seine Opfer. Covadonga

Brooks GA, Fahey TD, Baldwin KM (2005) Exercise physiology. Mc Graw Hill

Brouns F (2002) Essentials of sports nutrition. Wiley

Clark N (2003) Sports nutrition. Human Kinetics

Delavier F (2003) Muskel Guide. BLV, München

Delavier F (2003) Women's strength training anatomy. Human Kinetics

De Marées H (2003) Sportphysiologie. Sport & Buch Strauss

Deutsche Gesellschaft für Ernährung (2002) Prävention und Therapie der Adipositas. www.DGE.de

Durstine JL, Moore GE (2003) ACSM's exercise management for persons with chronic diseases and disabilities. Human Kinetics

Elmadfa I, Aign W, Muskat E, Fritzsche D (2001) Die große GU Nährwert-Kalorien-Tabelle. Gräfe und Unzer, München

Gottlob A (2001) Differenziertes Krafttraining. Urban und Fischer, München

Graves JE, Franklin BA (2001) Resistance training for health and rehabilitation. Human Kinetics

Gregor RJ, Conconi F (2000) Road cycling. Blackwell Science

Gressmann M (2002) Fahrradphysik und Biomechanik. Delius Klasing

Groll M, Holdhaus H, Morixbauer A, Schobel D (2004) Die 50 größten Fitness-Lügen! Hubert Krenn, Wien

Haber P (2003) Lungenfunktion und Spiroergometrie. Springer, Wien New York

Haber P (2005) Leitfaden zur medizinischen Trainingsberatung. Springer, Wien New York

Haber P, Tomasits J (2005) Medizinische Trainingstherapie. Springer, Wien New York

Hargreaves M, Thompson M (1999) Biochemistry of exercise. Human Kinetics

Hauner H, Buchholz G, Hamann A, Husemann B, Koletzko B, Liebermeister H, Wabitsch M, Westenhöfer J, Wirth A, Wolfram G. (2005) Prävention und Therapie der Adipositas. Evidenzbasierte Leitlinie der Deutschen Adipositas-Gesellschaft, der Deutschen Diabetes-Gesellschaft, der Deutschen Gesellschaft für Ernährung und der Deutschen Gesellschaft für Ernähungsmedizin. www.adipositas-gesellschaft.de/leitlinien.pdf

Hollmann W, Hettinger Th (2007) Sportmedizin. Schattauer, Stuttgart New York

Hollmann W, Strüder HK, Predel HG, Tagarakis CVM (2006) Spiroergometrie. Stuttgart New York

Howely ET, Don Franks B (2003) Health fitness instructor's handbook. Human Kinetics

Keystone JS, Kozarsky PE, Freedman DO, Northdurft HD, Connor BA (2004) Travel medicine. Mosby

Kjaer M, Krogsgaard M, Magnusson P, Engebretsen L, Roos H (2003) Textbook of sports medicine. Blackwell Science

Kraemer WJ, Häkkinen K (2002) Strength training for sport. Blackwell Science

Kroidl RF, Schwarz S, Lehnigk B (2007) Kursbuch Spiroergometrie. Georg Thieme Verlag

Löllgen H, Erdmann E (2001) Ergometrie. Springer, Wien New York

Maughan R, Burke LM (2002) Sports nutrition. Blackwell Science

McArdle W, Katch FI, Katch VL (2001) Exercise physiology. Lippincott Williams & Wilkins, Philadelphia

Molina PE (2004) Endocrine physiology. Mc Graw Hill

Müller MJ, Mast M, Bosby-Westphal A, Danielzik S (2003) Diagnostik und Epidemiologie. In: Übergewicht und Adipositas (Petermann, Pudel, Hrsg.), Hogrefe-Verlag, Göttingen

Neumann G (2003) Ernährung im Sport. Meyer & Meyer, Aachen

Neumann G, Pfützner A, Berbalk A (2001) Optimiertes Ausdauertraining. Meyer & Meyer, Aachen

Neumann G, Pützner A, Hottenrott K (2000) Alles unter Kontrolle. Meyer & Meyer, Aachen

Poortmans JR (2004) Principles of exercise biochemistry. Karger

Schmidt A (2007) Das große Buch vom Radsport. Meyer & Meyer, Aachen

Schnabel G, Harre D, Krug J, Borde A (2003) Trainingswissenschaft. Sport-Verlag, Berlin

Shepard RJ, Åstrand PO (1993) Ausdauer im Sport. Deutscher Ärzte-Verlag, Köln

Souci SW, Fachmann W, Kraut H (2000) Die Zusammensetzung der Lebensmittel, Nährwert-Tabellen. Medpharm, Stuttgart

Toplak H (2002) Praxishandbuch Adipositas. Springer, Wien New York

Trunz-Carlisi E (2003) Praxisbuch Muskeltraining. Gräfe und Unzer, München

Valerius KP, Frank A, Kolster BC, Hirsch MC, Hamilton C, Lafont EA (2002) Das Muskelbuch. Hippokrates, Stuttgart

Ward MP, Milledge JS, West JB (2000) High altitude medicine and physiology. Arnold

Wasserman K, Hansen JE, Sue DJ, Whipp BJ, Richard C (1999) Principles of exercise testing and interpreatation. Lea und Febiger, Philadelphia

Weineck J (2000) Sportbiologie. Spitta, Balingen

West JB (2001) Pulmonary physiology and pathophysiology. Lippincott

Wilkerson JA (1986) Hypothermia frostbite and other cold injuries. The Mountaineers

Zatsiorsky VM (1996) Krafttraining, Praxis und Wissenschaft. Meyer & Meyer, Aachen

Stichwortverzeichnis

SpringerMedizin

Paul Haber

Ernährung und Bewegung für Jung und Alt

Älter werden – gesund bleiben

Illustrationen von Piero Lercher.
2007. X, 244 Seiten. 36 Abbildungen in Farbe.
Broschiert **EUR 24,90**, sFr 41,–
ISBN 978-3-211-29183-2

Gesund und fit zu sein sind Attribute, die keine Altergrenze kennen. Das Altern selbst ist gewiss nicht zu verhindern, doch eine angepasste Lebensführung verzögert die Alterungsvorgäge signifikant und steigert Wohlbefinden, Vitalität und Lebensqualität. In diesem Sachbuch vermittelt Ihnen Univ.-Prof. Dr. Paul Haber leicht verständlich und wissenschaftlich fundiert, wie optimale Ernährung und regelmäßige Bewegung als Eckpfeiler eines gesunden Lebensstils zusammenwirken und in den persönlichen Alltag integriert werden können. Sie erfahren informatives und praxisnahes Hintergrundwissen über Stoffwechselvorgänge, Ernährung und altersspezifisches Ausdauer- und Krafttraining.

Die herzerfrischenden und humorvollen Karikaturen von Dr. Piero Lercher begleiten Sie in eine spannende Reise durch den menschlichen Körper und motivieren eine gesunde Lebensweise anzustreben, die mit mehr Lebensfreude und einer höheren Leistungsfähigkeit verbunden ist.

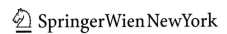

SpringerWien NewYork

P.O.Box 89, Sachsenplatz 4–6, 1201 Wien, Österreich, Fax +43.1.330 24 26, books@springer.at, **springer.at**
Haberstraße 7, 69126 Heidelberg, Deutschland, Fax +49.6221.345-4229, SDC-bookorder@springer.com, springer.com
P.O. Box 2485, Secaucus, NJ 07096-2485, USA, Fax +1.201.348-4505, service@springer-ny.com, springer.com
Preisänderungen und Irrtümer vorbehalten.

SpringerMedizin

Norbert Bachl, Werner Schwarz,
Johannes Zeibig

Fit ins Alter

Mit richtiger Bewegung jung bleiben

2006. XIV, 318 Seiten. Zahlreiche Abbildungen.
Gebunden **EUR 29,80**, sFr 48,50
ISBN 978-3-211-23523-2

Von Geburt an tickt die Uhr unseres kalendarischen Alters. Unser biologisches Alter lässt sich jedoch beeinflussen, um Gesundheit, Vitalität und Lebensfreude trotz zunehmenden Alters zu erhalten und damit „biologisch jünger" zu bleiben.

Das Geheimnis dieser Strategie liegt im Prinzip „use it or lose it", das eine Aktivität in allen Lebensbereiche vorsieht. Neben geistiger Aktivität und einer gesunden Ernährung ist regelmäßige körperliche Aktivität im Alltag sowie in der Freizeit der genetisch festgelegte und geforderte Imperativ! Dieses Buch widmet sich all diesen Gesundheitsthemen und zeigt auf, welches Potenzial in lebensbegleitender körperlicher Aktivität enthalten ist, um biologisch jünger zu bleiben.

Zahlreiche einfache und leicht umsetzbare Anleitungen für viele Sportarten, für Bewegung im Alltag und der Freizeit, aber auch Trainingskonzepte für Neu- und Quereinsteiger sowie Motivationshilfen zu regelmäßiger Aktivität werden von erfahrenen Medizinern und Sportwissenschaftern zusammengestellt.

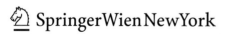

SpringerWienNewYork

P.O.Box 89, Sachsenplatz 4–6, 1201 Wien, Österreich, Fax +43.1.330 24 26, books@springer.at, **springer.at**
Haberstraße 7, 69126 Heidelberg, Deutschland, Fax +49.6221.345-4229, SDC-bookorder@springer.com, springer .com
P.O. Box 2485, Secaucus, NJ 07096-2485, USA, Fax +1.201.348-4505, service@springer-ny.com, springer .com
Preisänderungen und Irrtümer vorbehalten.

SpringerMedizin

Paul Haber, Josef Tomasits

Medizinische Trainingstherapie

Anleitungen für die Praxis

2005. XIV, 142 Seiten. 40 Abbildungen in Farbe.
Gebunden **EUR 49,80**, sFr 81,50
ISBN 978-3-211-23522-5

Dieses Buch richtet sich an alle Berufsgruppen, wie Mediziner, Physiotherapeuten oder Trainer, die im Bereich Rehabilitation und Gesundheitsprävention tätig sind, und die Training als hochwirksames therapeutisches Mittel einsetzen wollen. Der Schwerpunkt liegt dabei weniger auf den physiologischen Grundlagen und den allgemeinen Regeln des Trainings, die im „Leitfaden zur medizinischen Trainingsberatung" ausführlich behandelt werden, sondern in der konkreten Umsetzung des praktischen Trainings der motorischen Grundfähigkeiten Ausdauer und Kraft, wie sie in der Rehabilitation und Prävention anfallen.

Das Training mit den jeweiligen Übungsformen wird dabei bis ins kleinste Detail ausführlich erklärt und durch Fotos begleitend veranschaulicht. Häufig auftauchende Fragen und Probleme aus der Praxis werden ausführlich erläutert. Dieses Buch soll dem Leser helfen, die Wirksamkeit und Sicherheit der medizinischen Trainingstherapie auch in der praktischen Umsetzung zu gewährleisten.

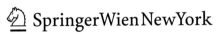

SpringerWien NewYork

P.O.Box 89, Sachsenplatz 4–6, 1201 Wien, Österreich, Fax +43.1.330 24 26, books@springer.at, **springer.at**
Haberstraße 7, 69126 Heidelberg, Deutschland, Fax +49.6221.345-4229, SDC-bookorder@springer.com, springer.com
P.O. Box 2485, Secaucus, NJ 07096-2485, USA, Fax +1.201.348-4505, service@springer-ny.com, springer.com
Preisänderungen und Irrtümer vorbehalten.

SpringerMedizin

Paul Haber

Leitfaden zur
medizinischen Trainingsberatung

Rehabilitation bis Leistungssport

Zweite, aktualisierte und erweiterte Auflage.
2005. XXII, 472 Seiten. 24 farbige Abbildungen.
Broschiert **EUR 59,95**, sFr 98,–
ISBN 978-3-211-21105-2

Die zweite Auflage bleibt dem bewährten Konzept treu und wendet sich wieder an Ärzte, Trainer und Sportwissenschaftler, die Trainierende leistungsmedizinisch beraten. Die wesentlichen Methoden werden physiologisch begründet und wissenschaftlich unter Berücksichtigung von aktueller Literatur systematisch dargestellt. Ergänzt wurden die Kapitel im Physiologischen Teil, indem z.B. auf die Höhenproblematik, den Tauchsport sowie auf molekulare Grundlagen der Muskelkontraktion eingegangen wird.

Das Kapitel über die Ernährung wird um den Regelkreis des Flüssigkeitshaushaltes, die Wärmeregulation sowie Nahrungsergänzungsmittel erweitert. Mit Hilfe der vorgestellten Regeln kann der Mediziner, auf Basis leistungsdiagnostischer Daten, dem Sportler konkrete Trainingsrichtlinien anbieten: vom mehrwöchigen Rehabilitationsprogramm bis hin zum mehrjährigen, leistungssportlichen Aufbautraining.

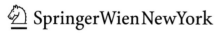

SpringerWienNewYork

P.O.Box 89, Sachsenplatz 4–6, 1201 Wien, Österreich, Fax +43.1.330 24 26, books@springer.at, **springer.at**
Haberstraße 7, 69126 Heidelberg, Deutschland, Fax +49.6221.345-4229, SDC-bookorder@springer.com, springer.com
P.O. Box 2485, Secaucus, NJ 07096-2485, USA, Fax +1.201.348-4505, service@springer-ny.com, springer.com
Preisänderungen und Irrtümer vorbehalten.

Springer und Umwelt